高等学校电气工程与自动化专业系列教材

在线分析仪器

第2版·微课视频版

于洋◎编著

清华大学出版社

北京

内 容 简 介

本书是辽宁省首批"十二五"规划教材《在线分析仪器》的第2版,是面向工程教育认证进程中编写的新教材。本书以在线分析仪器的工程应用为主线,详细介绍了工业流程上常用的气体和液体在线分析仪器检测理论及其在工业上的应用。全书还介绍了在线分析系统中自动取样和试样预处理装置,以及基于物联网和云计算的在线分析系统的发展。

本书在修订的过程中对原有的内容做了勘误,更新了背景介绍,为了便于更好地教学,特添加了微课视频、思维导图、教学大纲等教辅资源。

本书可作为普通高等院校测控技术与仪器、电子信息工程、化学工程、环境工程、过程自动化、应用化学等专业本科用书和研究生参考用书,也可作为分析仪器行业工程师的参考书。

图书在版编目(CIP)数据

在线分析仪器:微课视频版/于洋编著. —2版. —北京:清华大学出版社,2024.3
高等学校电气工程与自动化专业系列教材
ISBN 978-7-302-65728-6

Ⅰ. ①在… Ⅱ. ①于… Ⅲ. ①分析仪器－高等学校－教材 Ⅳ. ①TH83

中国国家版本馆 CIP 数据核字(2024)第 045289 号

责任编辑:赵 凯
封面设计:刘 键
责任校对:韩天竹
责任印制:沈 露

出版发行:清华大学出版社
  网 址:https://www.tup.com.cn, https://www.wqxuetang.com
  地 址:北京清华大学学研大厦A座 邮 编:100084
  社 总 机:010-83470000 邮 购:010-62786544
  投稿与读者服务:010-62776969,c-service@tup.tsinghua.edu.cn
  质量反馈:010-62772015,zhiliang@tup.tsinghua.edu.cn
  课件下载:https://www.tup.com.cn,010-83470236
印 装 者:三河市君旺印务有限公司
经 销:全国新华书店
开 本:185mm×260mm 印 张:18 字 数:442千字
版 次:2015年8月第1版 2024年5月第2版 印 次:2024年5月第1次印刷
印 数:1～1500
定 价:79.00元

产品编号:097288-01

前言

前言

　　针对目前工程教育认证对学生工程实践能力培养的需求,根据全国高等院校测控技术与仪器专业规范的要求,为本科测控技术与仪器专业和相关专业编写了本书。

　　在线分析仪器是用在工业流程上在线测量物质成分信息的仪表,广泛应用于石油、化工、冶金、食品、造纸、纺织、环境监测、制药等各个领域,对产品质量的提高、节能降耗、提高生产率、环境保护具有非常重要的作用。书中内容涵盖了常用的液体分析仪表和气体分析仪表,包括电化学式、热学与磁学式、光学式、色谱与质谱仪、在线物性分析仪器的检测原理和应用。介绍了在线分析系统必备的自动取样和试样预处理装置,以及在线分析仪器系统最新技术的发展。本书适用于测控技术与仪器、电子信息工程、化学工程、环境工程、过程自动化、应用化学等专业。

　　本书突出在线分析仪器工程实践的应用,以工业流程上常用的在线分析仪器为主线,阐述了在线分析仪器的检测原理、性能及应用经验,并介绍了各种原理的最新在线分析仪器。

　　本书特别介绍了在线分析系统发展的最新技术,基于物联网和云计算功能的大气监测系统、水质监测系统等,代表了在线分析系统的集成和最新发展前沿。

　　全书授课学时建议 48 学时,具体安排如下:第 1 章 2 学时;第 2 章 8 学时;第 3 章 8 学时;第 4 章 6 学时;第 5 章 6 学时;第 6 章 6 学时;第 7 章 6 学时;第 8 章 6 学时。

　　全书共 8 章,由于洋编著,河北工业大学张思祥参与编写 2.2 节、3.3 节、7.4 节,重庆科技学院王森给予了很多宝贵的指导意见和素材,沈阳工业大学杨平提供了有关实验的电子资源,在此一并表示衷心感谢。

　　在本书的编写过程中参考了许多优秀著作和文章,在此向收录于参考文献中的各位作者表示真诚的谢意。

　　由于编者水平有限,错误或不当之处在所难免,欢迎读者批评指正。

编　者

2024 年 3 月

教学大纲

思维导图

教学课件

实验指导书

目 录

第1章

绪　论

　　科学仪器是人类感觉器官的延伸,是人类认识世界获取信息的重要工具。在当今人类向宏观宇宙和微观分子、原子甚至"亚基本粒子"世界进军的过程中,科学仪器更是不可缺少的工具,它是许多重要而宝贵的信息的源头。

　　分析仪器是科学仪器的重要组成部分,它所测量或所获取的主要是物质的质和量的信息。它以一切可能的(化学的、物理的、生物医学的、数学的等)方法和技术,利用一切可以利用的物质属性,对一切需要加以表征、鉴别或测定的物质组分(包括无机和有机组分)及其形态、状态(以及能态)、结构、分布(时、空)等进行表征、鉴别和测定,以求得对样品所代表的问题有一个基本的了解。因此分析仪器是物理、化学、生物、光学、微电子、计算机、精密机械等学科领域各种高新技术的集成和结晶。

　　原创性科学仪器设备往往会开辟新的学科领域,带来崭新的研究成果。截至2022年,历届诺贝尔物理学奖、化学奖、生理学或医学奖获奖项目中,直接因测量科学研究成果或直接发明新原理仪器而获奖的项目有42项,如电子显微镜、质谱仪、CT断层扫描仪、超分辨荧光显微镜等。同时,70%以上的物理学奖、化学奖、生理学或医学奖都是借助于各种先进的高端仪器完成的。这些研究成果最终使得新型分析仪器诞生,部分获奖情况如下:

　　(1) 1922年诺贝尔化学奖。阿斯顿(Francis Willian Aston,英国),研究质谱法,发现整数规划。1925年,阿斯顿凭借自己发明的质谱仪发现"质量亏损"现象。

　　(2) 1926年诺贝尔化学奖。斯维德伯格(Theodor Svedberg,瑞典),发明超离心机,用于分散体系的研究。

　　(3) 1952年诺贝尔化学奖。马丁(Arcger Martin,英国)、辛格(Richard Synge,英国),发明分配色谱法,成为色谱法中一大类别。

　　(4) 1953年诺贝尔物理学奖。泽尔尼克(Frits Zernike,荷兰),发明相衬显微镜。

　　(5) 1972年诺贝尔化学奖。穆尔(Stanford Moore,美国)、斯坦(William H. Stein,美国)、安芬森(Christian Borhmer Anfinsen,美国),研制发明了氨基酸自动分析仪,利用该仪器解决了有关氨基酸、多肽、蛋白质等复杂的生物化学问题。

　　(6) 1979年诺贝尔生理学或医学奖。科马克(Allan M. Cormack,美国)、豪斯菲尔德

(Godfrey Newbold Hounsfield,英国),发明 X 射线断层扫描仪(CT 扫描)。

(7) 1981 年诺贝尔物理学奖。曼内·西格巴恩(Karl Manne Georg Siegbahn,瑞典),开发高分辨率测量仪器以及对光电子和轻元素的定量分析;肖洛(Arthur L. Schawlow,美国),发明高分辨率的激光光谱仪。

(8) 1986 年诺贝尔物理学奖。鲁斯卡(Ernst Ruska,德国),设计第一台透射电子显微镜;宾宁(Gerd Binnig,德国)、罗雷尔(Heinrich Rohrer,瑞士),设计第一台扫描隧道电子显微镜。

(9) 1991 年诺贝尔化学奖。恩斯特(Richard R. Ernst,瑞士),发明了傅里叶变换核磁共振分光法和二维核磁共振技术,使核磁共振技术成为化学的基本和必要的工具。

(10) 2002 年诺贝尔化学奖。芬恩(John Fenn,美国)、田中耕一(日本),发明了对生物大分子的质谱分析法。其中,芬恩发明了电喷雾离子源(ESI),田中耕一发明了基质辅助激光解析电离源(MALDI)。

(11) 2003 年诺贝尔生理学或医学奖。保罗·劳特伯(Paul C. Lauterbur,美国)和彼得·曼斯菲尔德(Peter Mansfied,英国),发明了磁共振成像技术(MRI),MRI 可应用于临床疾病诊断。

(12) 2005 年诺贝尔物理学奖。罗伊·格劳伯(Roy Glauber,美国)对光学相干量子理论做出贡献;约翰·霍尔(John Hall,美国)和西奥多·汉斯(Theodor Hänsch,德国),对基于激光的精密光谱测量做出贡献,包括光频梳理技术。

(13) 2014 年诺贝尔化学奖。埃里克·白兹格(Eric Betzig,美国)、威廉姆·艾斯科·莫尔纳尔(William E. Moerner,美国)、斯特凡·W. 赫尔(Stefan W. Hell,德国),研制出超分辨率荧光显微镜。

(14) 2017 年诺贝尔化学奖。雅克·杜波切特(Jacques Dubochet,瑞士)、阿希姆·弗兰克(Joachim Frank,美国)和理查德·亨德森(Richard Henderson,英国)发展了冷冻电子显微镜技术,以很高的分辨率确定了溶液里生物分子的结构。

钱学森院士曾深刻地指出:"新技术革命的关键技术是信息技术。信息技术由测量技术、计算机技术、通信技术三部分组成。测量技术是关键和基础。"分析仪器作为最重要的测量技术,是信息技术的重要组成部分,分析仪器工业因此也是实实在在的高技术信息产业。21 世纪,分析仪器必将是一个欣欣向荣的新局面。

在线分析仪器(on-line analytical instruments)是将分析仪器的检测器或整机置于生产流程线上,并与被测对象直接或间接接触的实时分析模式,是在生产流程上自动地测量物质的成分和性质的仪器仪表。它是分析仪器的一类,也是在线检测仪表的一个分支,是伴随着生产过程自动化而出现的。在线分析是实现生产系统动态控制的必要手段,也是生产过程自动化的理想手段。

在线分析仪器在地质、冶金、石油、化工、制药及环保、航天、海洋等方面有着非常广泛的应用,在工业生产流程中作为监控和分析的重要手段,是许多工业部门不可缺少的分析工具。

1.1　在线分析仪器的发展

在线分析仪器是伴随生产过程自动化而出现的。从国际上看,大约从 20 世纪 30 年代起,在线分析仪器就直接用于工业生产流程。20 世纪 30 年代,德国和英国开始把分析仪器用于工业生产过程。美国和苏联大约在20世纪40年代开始发展分析仪器。日本则较晚，在第二次世界大战后，20世纪50年代初期才开始发展分析仪器。目前分析仪器在世界上处于领先地位的是美国，其次是日本，再其次是欧洲的一些国家。

我国从1958年开始发展分析仪器，当时在北京、上海、南京等地建立了几个分析仪器制造厂。目前我国已能生产各类分析仪器。

最早分析仪器应用于钢铁工业、化学工业和石油工业上。目前在线分析仪器已广泛应用于工业生产的各个部门。

1.1.1 在线分析仪器的发展概况

在我国，回顾20世纪60—70年代，为配合中、小化肥工业的发展，许多在线分析仪器（如磁氧分析仪、热导式分析仪、电化学分析仪、红外分析仪等）得到开发应用。20世纪80年代，为配合石油化学工业、炼油工业的发展及环境治理、测量控制的需要，开发了工业在线气相色谱仪、紫外光分析仪、工业pH计、工业黏度计等。20世纪90年代，随着国家改革开放，经济、技术的迅速发展，瞄准20世纪80年代末国际先进水平的仪器性能指标，对工业质谱计、高温高精度工业pH计、微量氧分析仪、微量水分测定仪、智能型工业色谱仪进行了研究开发。此外，还结合工业生产的需要，相继开发出应用范围较广的生产单元，如提高锅炉燃烧效率、减少环境污染的主体配套分析控制系统，水泥窑炉分析控制系统等。由此也创造了专用防爆分析小屋，类似不同形式的分析小屋已逐步移植到其他生产系统和生产单元。分析小屋是集在线分析仪表的组合、成套和安装应用于一体，并配备有供电、接线、通风、照明电路及分析仪表所需载气、标准气、驱动气、控制气等基本设施，用于对被测介质进行连续自动的现场测量、分析和控制。成套的分析小屋能满足在线分析系统所要求的特殊环境条件（如温度、湿度和防尘防爆），为在线分析仪表的现场安装、投运和维护提供极大方便。

但是，我国产品无论在技术性能和仪器功能、自动化水平，还是在品种数量上，都落后于技术先进国家；而仪器的智能化、模块化还需发展。有些仪器如近红外分析仪、工业质谱计和以微细加工技术为先导的新型化学传感器组成的分析仪器、毒气可燃气体分析仪等还不多见，不少老产品的技术更新进程比较缓慢。虽然技术指标同国外同类产品比较差距不算很大，但稳定性和可靠性不高。高质量的分析仪、专用监测仪器和自动监测系统多是国外引进的，国产仪器所占份额很小。

在线分析仪器是现代工业生产中不可缺少的一部分，并且起着"指导者"和"把关者"的作用。为保证质量和生产安全，各种工业生产，特别是连续自动化生产都离不开关键环节的质量监控。根据美国国家标准化技术研究所（National Institute of Standards and Technology，NIST）的统计，美国在20世纪90年代初每年用于质量控制分析的费用已达500亿美元，每天要进行2.5亿次分析。严格的分析检测使美国大多数产品的质量都稳定在国际一流水平上，为美国在国际经济竞争中占据优势地位奠定了牢固的基础。美国商业部的评估报告也指出，占工业总产值4%的仪器工业，实际上影响着美国至少66%的国民生产总值。

1.1.2 仪器仪表行业"十三五"规划发展成就

"十三五"规划期间，国家对仪器仪表行业高度重视，相关政府部门通过智能制造专项、工业强基工程、工艺"一条龙"应用计划示范、"十三五"先进制造技术领域科技创新专项、"重大科研仪器设备开发"重点专项、"重大科学仪器设备研制"专项等项目以及支持行业优秀企业证券市场上市、融资,对行业给予了政策和资金上的大力支持。该行业在国家的大力支持下发生了巨大变化。

据统计,"十三五"规划期间,仪器仪表行业营收增幅分别为 10.1%、10.71%、8.88%、6.52%,四年营收累计增幅达到 41.36%。仪器仪表行业利润增幅分别为 12.5%、15.69%、9.82%、5.12%,四年利润总额累计增幅达到 50.25%。2019 年进出口总额 853.5 亿美元,与 2015 年相比增长 26.26%。其中,进口 528.5 亿美元,与 2015 年相比增长 27.66%,出口 325 亿美元,与 2015 年相比增长 24.05%;逆差 203.5 亿美元,与 2015 年相比增长 33.88%。国有及国有控股企业营业收入占比约 3%,民营企业营业收入占比约 62%,外资企业(包括港澳台)营业收入占比约 35%,外资企业(包括港、澳、台)营业收入在行业中的占比较 2015 年提高了近 12 个百分点。

"十三五"规划期间,大型控制系统装置在典型应用领域推广应用步伐加快。一批有代表性的重点产品打破国外垄断,实现国产替代,以 2019 年不同用户单位实验室常用设备国产化为例,详见表 1-1,从国产仪器配置的数量占比来看,四种实验设备国产化应用现状较好,平均比例在 48.4%~68.0%;部分具有国际先进水平的重点产品形成产业化能力并与国外知名产品同台竞争;传统优势产品实现转型升级,在国际、国内市场保持竞争优势。

表 1-1　不同用户单位实验室常用设备国产化比例(按数量)

用　户	仪　器			
	纯水器	离心机	微波消解仪	超低温冰箱
政府测试机构实验室	34.2%	52.9%	30.1%	37.8%
高校/科研院所实验室	41.3%	58.5%	47.8%	51.3%
第三方检测机构实验室	57.6%	78.3%	58.6%	67.8%
生产企业实验室	48.4%	82.1%	67.9%	71.2%
平均值	48.4%	68.0%	51.1%	57.0%

1. 控制系统及装置

自主核级数字化仪控平台"和睦系统"通过 IAEA 审评,得到世界权威组织的认可,技术先进性和装备可靠性在实际工程应用中得到了检验;推出具有国内自主知识产权的工业操作系统,以自动化为起点,从下至上推进的企业全信息操作平台;实现国产 DCS 在百万吨级乙烯装置上的应用,打破百万吨级乙烯控制系统的国外垄断;参与中国石油超过 1000km 的管道自动化建设,打破中国油气管道自动化产品进口品牌的垄断。国产控制系统首次应用于超过 15 万点的大规模联合装置,系统 I/O 点数规模超过 17 万点,控制系统的可靠性、稳定性达到世界一流水平,可用性好于国外控制系统;通过不断完善与升级覆盖电厂运行管理全流程的智慧化系统和解决方案,承接了数十家智慧电厂的项目;国产现场总线控制系统实现大型火电项目全厂集中数字化控制,助力火电企业满足绿色、低碳、清洁、高效、环保的现实要求;国产控制系统在海上中心平台项目取得重大突破,推进了海洋工程关键控制系统国产化进程,实现自主可控;工业信息安全方面,以嵌入式双体系可信计算为技术架构,实现 DCS、PLC 等关键工控系统的内生信息安全,并结合多层次防护产品与技术,构建从集团级到工厂级的全方位、一体化综合防护体系,实现贯穿设计、运行、服务全生命周期的防御、检测、响应、预测主动安全防御循环,全面满足"等级保护2.0"等法规标准要求。

2. 现场仪表及科学仪器

相继推出具有国际领先水平的智能全自动压力校验仪、智能多通道超级测温仪、智能干体炉等产品,并大量进入欧美市场;自主品牌的智能压力变送器产业化规模稳步扩大,合资生产的EJA/EJX智能变送器中国区销量突破400万台,在不到3年的时间里再次实现了100万台的跨越,开创了中国变送器市场的新纪录;电液执行机构、高性能多点温度计、浆液型电磁流量计、核级用仪表(温度、液位、变送器等)、LNG高磅级低温调节阀、石化流程用高频程控球阀、深海高压球阀、气化炉阀门(包括氧气阀以及黑水、灰水、渣水及煤粉输送等恶劣工况阀)在典型用户得到规模应用,实现进口替代;完成超分辨光学显微镜研制,"超分辨光学微纳显微成像技术"荣获国家技术发明二等奖;国内首创的倒置40吨振动试验系统、振动复合转动三轴系统、可吸收电磁波三综合试验系统等环境试验产品,处于国际先进水平;飞秒激光跟踪仪、共聚焦显微镜、场发射扫描电子显微镜、电感耦合等离子体质谱仪、全谱直读火花光谱仪、三重四极杆串联质谱仪(LC-MS/MS)、水质重金属在线监测系统、全自动水质COD分析仪、全自动总磷总氮分析仪、全自动微生物质谱检测系统、全自动超级微波化学工作站、复杂体系大气VOCs检测系统等主要产品进步明显。

3. 工业传感器及关键元器件

掌握超分辨显微系统的大数值孔径物镜、高性能荧光滤光片等核心部件设计与制备技术,在高分辨荧光显微成像仪关键核心部件上取得了突破;MEMS气体系列传感器、MEMS湿度传感器形成了从材料到最终产品的全产业链保障能力;具备了万分之一高精度压力传感器芯片的设计能力;研制成功柔性压力传感器产品并解决了工艺保障问题;依托"温漂传感器技术""HALIOS光电测距技术""微米级高精度激光测距技术",开发成功具有国际先进水平的接近传感器、光电传感器、测距传感器产品。

仪器仪表行业内工业自动化控制系统装置、医疗仪器、电工仪器仪表、光学仪器、运输设备及生产用计数仪表五个分行业营收规模位居行业前列,而以工业自动化控制系统装置、电工仪器仪表、光学仪器、运输设备及生产用计数仪表、实验分析仪器、供应用仪器仪表、试验机、环境监测仪器为代表的通用类仪器仪表在国家统计局的仪器仪表行业统计数据中,企业个数、营收、利润规模均超过三分之二。

经过多年的发展和积淀,行业已经形成细分门类基本齐全并达到一定规模的产业体系;行业整体科研能力和装备条件明显改善,信息化、自动化、智能化稳步推进;行业企业经过多年的市场磨炼、品牌培育、队伍培养和经营模式探索,各方面有利因素增多,经济实力显著增强,部分行业头部企业已具备与国际知名企业同台竞技的基本要素和条件;整体上看,行业综合实力显著提升,具备了良好的发展基础。

1.1.3 仪器仪表行业"十四五"规划发展建议

仪器仪表是物质世界信息获取、传输和转换、探测和控制的重要工具,是信息化和工业化深度融合的源头。能源、原材料、交通、农业、机械、电子、轻纺、建筑、医药、卫生、国防、环保和科学研究等各个行业的发展都离不开仪器仪表的支撑,可以说仪器仪表全面覆盖了国民经济和现代国防各个领域。同时,作为国民经济的基础性、战略性高技术产业,对促进工业转型升级、发展战略性新兴产业、提升科技发展能力、推动现代化国防建设、保障和提高人民生活水平具有十分重要的作用。

"十三五"规划期间行业取得了长足的发展和可人的成绩,同时也暴露出了存在的问题。主要体现在:供需差距明显、工业软件和高端产品大部分被国外产品垄断、产业基础保障能力薄弱、自主创新能力疲弱、行业企业管理理念和管理水平参差不齐,发展效果差异明显。

2021年是"十四五"的开局之年,根据《中共中央关于制定国民经济和社会发展第十四个五年规划和二〇三五远景目标的建议》,仪器仪表行业要满足重点领域的需要,稳步提升行业整体水平。"十四五"规划期间,仪器仪表行业主要通过以下路径进行发展。

1. 充分发挥科学技术对行业发展的支撑和引领作用

注重自主创新和技术开发产品技术和关键工艺技术并重,形成产品技术的护城河;科技成果技术先进性和成果产业化可操作性并重,确保先进成果的产业化进程;技术来源以我为主和合作开发并重,特别是在关注基础原理性技术的把握以及互联网技术、人工智能技术、5G通信技术和对应用场景的深刻理解上优势互补,切实提升核心价值。加强行业优势企业与具有关键核心技术的相关科研单位和高校的对接、合作,积极推进以企业为主体的联合研究实验机构的组建。

2. 将提升行业产品质量作为核心工作内容

充分认识质量问题是严重制约行业发展的客观现实并采取实际行动,在技术、工艺、管理等方面积极创新,切实提高产品质量,真正客观面对和着力解决行业长期被人诟病的产品可靠性、一致性、稳定性问题,消除行业企业在市场开拓(特别是国际市场开拓)中,因产品质量形成的严重掣肘,形成以产品高质量提升销量、以销量推进规模化生产并带动产品质量进一步提升的良性循环,帮助行业获取稳定的客户资源、良好的市场形象和长久的品牌影响力。

3. 及时适应数字化转型、工业互联网发展的新模式,找准定位、寻求商机

除少数自行研发拥有工业互联网(云)平台(技术)的企业外,多数行业企业要更多地加快与各种工业互联网平台的融入,在数字化管控中为平台和用户提供资产管理、运营管理类的产品和服务,在智能化生产中聚焦智能设备、智能产线、智能服务等场景,力争在工业互联网时代抢得市场先机;同时,要针对行业长期存在的共性、难点问题,利用工业互联网技术实施柔性化生产、个性化定制,寻求更好适应多品种小批量定制和"小作坊式"单件定制的生产模式;将现有的服务化延伸到产品效能提升服务、产业链条增值服务、综合解决方案服务等场景。

4. 保持对产业基础保障能力和产业链水平的底线思维

在现有的产业链(特别是供应链)体系不尽人意,许多材料、元器件、关键部件都来自美、欧、日,安全保障问题日益突出的情况下,国家对行业共性、基础前瞻性研究和特种材料、电子(光电子)元器件、关键部件等相关产业的发展统筹布局不可能有立竿见影的效果,行业企业应联合起来,在积极寻求国家支持的同时加快在国际不同地域、国内相应产业寻求"备料""备胎"的渠道建设;并做好在极端、特殊情况下,加大库存储备和降维使用的相关预案。

5. 根据行业发展的实际和需要,明确产品发展和技术发展重点内容

从产品发展重点的选择上,产业化、规模化是基本要求,既包括低端、通用型产品的升级提升,也包括部分高端产品的产业化和推广应用,如大中型 PLC、离散工业控制用传感器等都具备产业化、规模化基本要素;对于高端产品中的冷冻电镜、核磁共振波谱仪等单台价值量高、需求数量较少,且今后一段时期内行业产业化基础较弱的产品,暂不列入选择范围;行业工业软件发展的主要内容是控制软件,目前主流还是依托控制系统硬件应用推广,单独作为一个产品列为发展重点内容还略显单薄。而从关键技术看,需更多地反映行业的状况和趋势性,覆盖面可以适当宽泛,现有技术提升、更新换代需求、必要的先期储备等都应有所考虑。

6. 行业企业精准定位,聚焦发展

鼓励挖掘服务深度,加强用户体验;主动谋求自主创新、管理创新和商业模式创新;积极开展行业合作,参与国际化产业分工。形成一批充满创新激情和发展活力、在细分行业具备独特核心优势的头部企业和隐形冠军企业,为行业持续发展增加新动能。

"十四五"规划中强调建设制造强国、质量强国、网络强国、数字中国,推进产业基础高级化、产业链现代化,提高经济质量效益和核心竞争力的深远内涵;准确把握坚持创新在我国现代化建设全局中的核心地位,把科技自立自强作为国家发展的战略支撑的现实要求,仪器仪表行业"十四五"规划期间将勇担国家发展重任,为高质量发展贡献力量。

在产品和行业关键技术重点发展方面着重工业自动化控制系统装置及仪表、科学仪器及实验分析仪器。

(1) 工业自动化控制系统装置及仪表

工业安全系统、中大规模 PLC、设备健康监测诊断系统、高频气动执行机构、高频程控金属密封球阀、双向金属密封控制蝶阀、多级串式降压调节阀、智能型电气阀门定位器、智能压力控制器、现场全自动压力校验仪、低温储罐多点热电阻、高压柔性实体多点热电偶、智能温度变送器、智能干体炉、离散式阀门控制器(智能阀门监控器)、离散式阀门控制器(电磁阀)、浆液型电磁流量计、导波雷达液位计。

(2) 科学仪器及实验分析仪器方面发展重点

飞秒激光跟踪仪、发射扫描电子显微镜、高分辨激光共聚焦拉曼光谱仪、激光共聚焦显微镜、宽幅变温差示扫描量热仪、超高效液相色谱仪-质谱联用仪、全二维气相色谱-飞行时间质谱联用仪、宽谱定量飞行时间质谱平台、波长色散 X 射线荧光光谱仪、超高效液相色谱仪及色谱数据工作站、高端气相色谱、全自动超大尺寸金属构件原位分析仪、高效毛细管电泳仪、过程气体质谱分析仪、工业在线色谱分析仪、高低温低气压试验箱、超速离心机、全自动氨基酸分析仪、激光干涉仪、分析仪器用软件及软件平台。

(3) 工业传感器及关键元器件方面发展重点

智能传感器、无线无源温度传感器、高性能磁传感器、新材料、新技术(石墨烯、太赫兹等)传感器、MEMS 硅基压力传感器核心敏感器件、工业基础环境(气体)传感器、阶梯光栅、高柱效长寿命色谱柱、离子化器、四极杆检测器、比例阀、进样阀、超高真空电离真空计、全自动引伸计、位移传感器、激光测距传感器、激光位移传感器、光电传感器等多个仪器仪表将成为产品发展的重要方向。

(4) 工业自动化控制系统装置及仪表关键技术发展

人工智能技术、大数据云平台、机器视觉识别技术、智能制造技术、数字化仿真平台技术、人工智能和控制优化技术、智能控制器平台技术、特种材料应用和深加工技术、高精度流

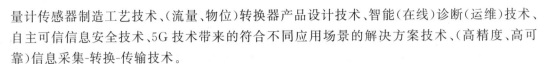

量计传感器制造工艺技术、(流量、物位)转换器产品设计技术、智能(在线)诊断(运维)技术、自主可信信息安全技术、5G 技术带来的符合不同应用场景的解决方案技术、(高精度、高可靠)信息采集-转换-传输技术。

（5）科学仪器及实验分析仪器关键技术发展

仪器微流控技术、微加工技术、微检测技术、全自动实验室仪器设计及集成技术、仪器联用技术、关键功能部件（专用检测器、四极杆、高压泵、进样阀、直通阀、磁体、专用光源和离子化器、高灵敏电极、中阶梯光栅、高频作动器、高精度电子引伸计等）制造及应用技术、四极杆电(磁)场分布精密测试技术、超分辨显微成像技术、亚百纳米级光学显微镜部件、系统与工艺技术、全自动微量、痕量样品分析预处理技术、人工智能能效控制技术、仪器平台软件技术。

（6）工业传感器及关键元器件技术发展重点

产品智能化-芯片化-多参数复合技术、MEMS 谐振压力传感器核心器件工艺技术、温度传感器劣化性影响评价技术、高端气体传感器技术、高端系列离散传感器技术、传感器智能化-网络化技术、基于传感器技术的智慧平台技术和系统集成技术、多维精密加工工艺技术、精密成型工艺技术、球面非球面光学元件精密加工工艺技术、晶体光学元件磨削工艺技术、特殊光学薄膜设计与制备工艺技术、精密光栅刻划复制工艺技术、特殊焊接-粘接-烧结等特殊连接工艺技术、基础材料制备技术。

1.1.4　分析仪器的发展趋势

几十年来，微电子技术、计算机技术、精密机械技术、薄膜技术、网络技术、纳米技术、激光技术和生物技术、云计算等高新技术得到了迅猛发展，21 世纪分析仪器的发展将向在线分析倾斜，并向综合、联用、信息网络化发展，同时更趋微型化和智能化。而中国日益发展的医药、生化、环保等产业，为现代化的分析仪器创造了巨大的市场空间。

当前，分析仪器的发展趋势主要体现在以下几个方面。

1. 准确度与灵敏度要求越来越高

随着科学技术的迅猛发展，对于分析仪器的准确度与灵敏度的要求越来越高，最终目标是实现单原子(分子)检测。例如，食品中农药残留、环境激素等有害物质的残留限量值由 mg/kg 级降低至 μg/kg 级，甚至很难检出。这些都对分析仪器的准确度与灵敏度提出了更高的要求。目前，气相色谱高分辨质谱(GC/MS)、液相色谱串联质谱(HPLC/MS/MS)等高灵敏度分析仪器适用于食品中超痕量有害残留物质的检测与分析。

2. 分析仪器自动化、智能化、网络化水平不断提高

由于计算机技术及应用软件的飞速发展和自动控制技术等在分析仪器的应用，世界分析仪器技术正在经历一场革命性的变化，传统的热学、电化学、光学、色谱、波谱类分析技术都已从经典的化学、精密机械、电子结构、实验室内人工操作应用模式，转化为光、机、电、算一体化及自动化的结构，仪器自动化、智能化、网络化水平不断提高。例如，应用十分广泛的光谱仪、色谱仪等，具有自校正、自诊断及联网功能，这种建立在专家系统理论基础上的智能系统，代表了新一代分析仪器的发展方向。一些高档产品还能进行复杂的数学变换(如傅里叶变换、哈德玛变换)，并配有专家分析系统、数据库以及三维图谱分析功能。一个复杂的样品在几分钟或更短的时间内就能得出分析结果。

3. 联用技术日趋成熟

为了对复杂的样品进行快速定性、定量分析,近年来分析仪器联用技术日趋成熟,通过采样接口和计算机把功能相互补充的不同仪器联为一体。目前较成功的联用仪器有气相色谱-紫外光谱、液相色谱-核磁共振、气相色谱-傅里叶变换红外光谱、液相色谱-质谱等。随着计算机功能软件的不断开发,预计联用仪器会得到进一步发展。

4. 分析仪器的微型化正在加速

随着微制造技术、纳米技术和新功能材料等高新技术的不断发展,分析仪器正沿着"大型落地式→台式→移动式→便携式→手持式→芯片实验室"的方向发展,越来越小型化、微型化。例如,手持式微金属探测仪可方便地检测水质;备受使用者喜爱的便携式气质联用仪,重量只有几千克,在应急监测领域出尽了风头;Mass Sensors 公司推出的微型质谱仪,重量不到 2kg,可测质量数在 $1\sim200$ 的任何气体,由于整机带有无线电通信系统,所以很适用于远距离现场分布式实时监测,微型化达到极致。

5. 柔性分析仪器的发展

近年来,利用计算机硬件和软件技术成果,实现柔性仪器,甚至虚拟仪器(virtual instrument)已经成为可能。起源于电子测量仪器的虚拟仪器技术今后也一定会在分析仪器的设计中得到广泛应用。

在模块化硬件基础上,采用专用或共用开发平台,配上专门设计的"柔性"软件系统构成的虚拟仪器,具有一种或几种传统仪器的基本功能,容许用户根据变化的使用要求随时定义,通过适当匹配、搭建补足新的应用需求。虚拟仪器不具有明确的仪器品种、外形、结构和用途,用户可以按要求改变其结构甚至外形,达到所需的功能和性能指标。当然,基于技术、经济等一系列实际问题,每种虚拟仪器不可能是万能的。

虚拟仪器技术是对传统科学仪器设计、制造、应用概念的挑战,其优点是可以灵活变化、功能更强,适应性更大,便于技术升级,且总成本低。

6. 分析仪器的应用日益拓展

以前,经典的分析仪器主要是为服务分析、监控工农业生产,保证产品质量,保障工农业生产流程安全高效的要求而发展。今天分析仪器的应用领域已经大大拓展,最引人注目的是在生物技术及工程、食品、环境保护、医学等领域的应用日新月异,由物到人的拓展趋势将更加显著。例如,聚合酶链反应(Polymerase Chain Reaction,PCR)仪广泛用于分子生物学、医学、食品工业、生物工程等领域以聚合酶链式反应为特征、以检测 DNA/RNA 为目的的各种病原体检测及基因分析;CXP—3000 型总磷在线分析仪应用于环境保护中河流、湖泊、工业废水、市政废水水样中磷含量的测量,从而控制水体的含磷量,以防止封闭水域的富营养化;紫外线分析仪广泛应用于分子生物学、生物化学、医学检验、生物制品等各个领域,是基因扩增技术必备仪器之一。

分析仪器的飞速发展将带动在线分析仪器的技术更新,使其拥有更广阔的应用前景。

1.2　在线分析仪器的组成

对于大型在线分析仪器来说,一般包括 6 部分。组成框图如图 1-1 所示。

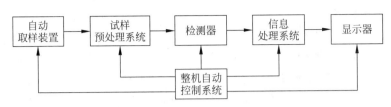

图 1-1　在线分析仪器的组成框图

(1) 自动取样装置：取样装置自动快速地把被分析试样取到仪表主机处。

(2) 试样预处理系统：其任务是对气体和液体试样进行过滤、稳压、冷却、干燥、定容、稀释、分离等操作，对固体试样进行切割、研磨、粉碎、缩分、加工成型等操作。

(3) 检测器：根据某种物理或化学等原理把被测的成分信息转换成电信息。

(4) 信息处理系统：其任务是对检测器给出的微弱电信号进行放大、对数转换、模数转换、数学运算、线性补偿等处理工作。

(5) 显示器：用模拟表头、各种数字显示器或屏幕显示器显示出被测成分量的数值。

(6) 整机自动控制系统：自动控制各个部分协调地工作，每次测量时自动调零、校准；有故障时显示报警或自动处理故障。

信息处理系统和显示器、整机自动控制系统总称为仪器的电气部分，一般由电子线路和微机组成。本书重点介绍检测器及其原理、自动取样装置、试样预处理系统，以及分析仪器在工业上的应用和典型在线分析仪器。

在线分析仪器与实验室分析仪器相比较，它应具有 3 个特点：

(1) 从生产工艺流程取样，样品状态复杂，必须作预处理，才能送入分析仪器进行分析。因此，在线分析仪器必须具有自动取样和试样预处理系统。

(2) 分析数据处理自动进行，并显示或输出给调节器或计算机。从取样操作到数据处理全部自动进行，在线分析仪器必须是完全自动的。

(3) 在线分析仪器的精度可以低些，但是长时间运行，其稳定性要好。

从第一项要求出发，为了发展在线分析仪器，必须加强自动取样和试样预处理系统的研制工作。这项研究工作十分辛苦，成本较高，又往往不被人们重视。

例如，由于化学工艺过程的不同和所处的环境及原料不规范的差异，即使同类型工业流程也往往由于原料、环境(尘埃、腐蚀、气候)等需要有特定的预处理系统与装置，这也是在线分析仪器能否快速、准确、长期稳定、可靠运行的关键。它的专用性与通用单元组合的要求，促成发展了专门设计生产各式各样预处理装置的新兴产业。如美国 Sentry 公司设计的包括核电站、燃煤电站、石油化工、造纸、轻纺等工业的预处理装置，并包括与用户联合开发前期试验、安装调校培训和定期检修维护等工作。

满足第二项要求，使在线分析仪器完全自动化，主要是靠计算机的应用。在线分析仪器中应用的大型分析软件、数据处理功能、专家系统等，是离不开计算机的。

满足第三项要求，须考虑影响在线分析仪器精度的原因。如选择不同机理的成分检测元件，除了最小检测限的考虑外，最严重的是共生杂质产生的信号干扰。例如，在各种化学反应过程中，无论是气体或液体状态，都有主流体与共生的非主流体存在，非主流体也可称为杂质，它们也必然会产生相关的信号。因此在许多在线分析仪器的设计中需要考虑消除它的影响,如光学式的红外气体分析仪就需要采用双光路和增加参比气室或者滤波器等消除干扰气体的影响。

任何过程都对仪器的长期使用可靠性提出严格的要求。一般情况下,连续作业时间不得少于8000h,也是保证主要生产装置最小的停机检修间隔。当然在极端条件下,也可以采用双机联锁的热后备措施,但在投资与维护上都会产生问题。其次,为保证仪器的准确度,信号的定期循环标定也是必要的手段,要增添一套自动标定系统。为适应现场环境变化的要求,分析仪器小屋已普遍受到认可。而微处理器和计算机技术相结合所构成的自诊断与自适应系统及其软件,已成为现代化在线分析仪器的开发热点,并取得了显著成效。

根据第三项要求,应从实验室里选择分析原理与方法比较成熟可靠且性能稳定的分析仪器,有步骤地发展成在线分析仪器。可从两方面入手,一方面解决它所需要的自动取样和试样预处理问题;另一方面要提高主机的自动化程度,使其达到全自动化。

1.3 在线分析仪器的分类

在线分析仪器一般按测量原理分为8类。

(1) 电化学式:采用电位、电导、电流分析法的各种电化学分析仪器,如电导式、电解式、酸度计、离子浓度计、氧化锆氧分析器、电化学式有毒性气体检测器等。

(2) 热学式:利用气体的热学性质进行气体成分分析的热导式气体分析仪、热磁式氧分析仪。

(3) 磁学式:目前主要用于氧含量分析。它利用氧的高顺磁特性制成,如磁力机械式、磁压力式氧分析器等。

(4) 光学、电子光学及离子光学式:采用吸收光谱法原理的红外线气体分析器、近红外光谱仪、紫外-可见分光光度计、激光气体分析仪等;采用发射光谱法的化学发光法、紫外荧光法分析仪器;利用透射和散射光度法原理的烟尘浓度计、烟尘不透明计等。

(5) 射线式或辐射式:如X射线分析仪、γ射线分析仪、同位素分析仪、微波分析仪等。

(6) 色谱仪与质谱仪:利用物质性质进行组分分离并检测的定性、定量分析方法,如气相色谱仪、液相色谱仪、四极杆质谱计、飞行时间质谱仪等。

(7) 物性测量仪表:定量检测物质物理性质的一类仪器。按其检测对象来分类和命名,如水分计、黏度计、密度计、湿度计、尘量计、浊度计以及石油产品物性分析仪器等。

(8) 其他:如半导体气敏传感器等。

1.4 在线分析仪器的性能指标

在线分析仪器是用来检测生产工艺流程中经常变化的各种成分量的仪器,其性能指标应面向生产的需要而定。

在线分析仪表的性能指标含义广泛,但大体上可以分成两类。一类性能指标与仪器的工作范围和工作条件有关,工作范围主要是指测量对象、测量范围等;工作条件包括环境条件、样品条件、供电供气要求,仪表的防爆性能和防护等级等。另一类性能指标与仪器的分析信号,即仪器的响应值有关,这类指标主要有灵敏度、检出限、重复性、准确度、分辨率、稳定性、线性范围、响应时间等。

1. 测量范围

测量范围主要指被测组分占全部试样量的百分数,且规定仪器能检测的上、下限范围之差叫量程。测量范围主要有量程和最小检测量指标。

(1) 量程

指仪器测量范围上、下限之差。如果测量范围是 10%～30%,则量程为 20%。一般规定含量为 1%以上为常量范围,1%以下为微量范围;进一步细分,0.01%以下为痕量范围。工业生产流程为在线分析仪器提供的试样量较多,属于常量范围。

(2) 最小检测量

仪器能准确检测出被测组分的最小含量。它主要取决于仪器的噪声。

噪声是指仪器输入成分量为零时,仪器显示仪表指示值围绕零点抖动的程度。当把噪声归算为被测成分量时,最小检测量常取噪声的 2～5 倍,用实验求得。

2. 测量精度

(1) 精确度

精确度又称精度,是表征仪器测量误差大小的指标。在线分析仪器精度的规定与电工仪表精度的规定一样,采用相对额定误差划分仪器的精度等级。

$$\text{相对额定误差} = \frac{\text{绝对误差的最大值}}{\text{仪表量程范围}} \times 100\% \tag{1-1}$$

绝对误差在仪器量程范围内各点不同,因此取仪器量程范围内绝对误差的最大值来定义相对额定误差。把相对额定误差的"%"去掉就是仪表精度等级。例如,相对额定误差为 5%,则精度等级为 5 级。在线分析仪器的精度等级较低,一般为 5 级。

精度主要取决于仪器的检测原理与结构(包括光、机、电等仪器的全部结构),也包含系统取样处理带来的系统影响误差。仪器周围环境的变化也会影响仪器的精度。仪器精度是表征仪器测量准确性的主要性能指标。为了进一步表征仪器测量的准确性,还规定了灵敏度、分辨率、重复性、稳定性等性能指标。

分析系统在检测标定时,一般分为系统内标及外标。内标主要测定分析仪器的测量误差,外标要求从取样探头处通入标气进行系统标定。也可以采用规定参比方法标准进行在线比对检测。

(2) 灵敏度

灵敏度是指仪器的输出变化量与输入变化量之比。输入量是成分量;输出量一般指显示仪表的指示值,有时也指检测器的输出量。灵敏度的定义为

$$S = \frac{dy}{dx} \tag{1-2}$$

式中:S——灵敏度;

y——输出量;

x——输入量。

当输出量与输入量之间是线性关系时,灵敏度为常量;如果是非线性关系,则是变量。

(3) 分辨率

分辨率表征仪器对不同组分物质的分辨能力,仅对分离仪器规定,如色谱仪、质谱仪等。

① 色谱仪器的分辨率是指色谱图上相邻两峰保留时间之差与两峰平均基线宽度之比。用 R 表示,即

$$R = \frac{2(t_{Rb} - t_{Ra})}{W_a + W_b} \tag{1-3}$$

式中: t_{Ra}、t_{Rb}——a、b 两峰的保留时间;

W_a、W_b——a、b 两峰的基线宽度。

② 质谱仪器的分辨率是指仪器能使样品中不同质量的组分分离辨认的能力。定义为当两个峰刚好分开时,质量 m 与相邻两峰间的质量差之比,即 $m/\Delta m$。

（4）重复性

仪器输入量不变,在短时间内仪器多次重复测量,各次测量值之间的误差。采用相对额定误差表示。

（5）稳定性

在规定的工作条件下,输入保持不变,在一定时间内连续运行中,仪器输出量保持不变的能力称为仪器的稳定性。常用单位时间仪器测量值变化占满量程值的百分数来表示。在线分析系统的稳定性指标,一般用在检测期间内的零点漂移和量程漂移的相对示值误差表示,如≤±2%F.S./7d。对分析系统检测期间的时间间隔大多要求为 7d(168h)。

仪器的输入量为零时,仪器的指示值偏离零点的误差,称为零漂,包括温度漂移和时间漂移。温度漂移是指外界温度每变化 1℃时输出量的变化;时间漂移是指在规定时间内,温度不变的条件下,输出量的变化。对在线分析仪器来说,主要指长时间的稳定性。

从上述灵敏度、分辨率、重复性、稳定性等性能指标的定义可看出,它们都直接影响仪器的精度,特别是重复性、稳定性指标更是精度指标在特定条件下的具体化,它们被包含在精度指标之内。

3. 响应时间

响应时间是动态指标,表征仪器测量速度的快慢。这个指标对在线分析仪器非常重要。特别是作为自动控制生产过程的在线分析仪器,一般都要求测量速度快。

响应时间一般定义为:从测量开始到显示值与最终值相差为额定相对误差时的一段时间。表示响应时间应注明距最终值的差,如 7s(±10%),10s(±5%)等。

对于间歇式在线分析仪器,可用测量滞后时间作为表征测量速度快慢的指标。

在线分析仪器都有自动取样和试样预处理系统,试样经过它们的时间往往比仪器主机的响应时间长得多,因此一般把它们的响应时间和仪器主机的响应时间分别标出。一般要求分析系统的总滞后时间不大于 60s。

4. 平均无故障时间

平均无故障时间(Mean Time Between Failures,MTBF)定义为在一段时间内(比如一年或几年)发生故障停机的次数去除那一段时间,用来表征仪器的全面质量。氧化锆氧分析仪的 MTBF 要求达到 8000h 以上。

国内用于环境监测的烟气连续排放监测系统(Continuous Emission Monitoring System,CEMS),在标准中提出了至少连续运行 90d 的质量保证要求。在 90d 运行时间内,除系统正常维护外,不允许出现需要维修的故障;如出现故障维修后需重新检测,这也是对系统可靠性及长期稳定性的强制考核要求。

5. 在线分析仪器的安全性

在线分析仪器的安全性主要包括系统电气安全、系统气路密封性、防爆安全及网络信息安全等。

(1) 系统电气安全

系统电气安全包括系统防止触电、着火、防雷击、防电磁干扰等电气安全。

(2) 系统气路密封性

系统气路密封性是防止管路泄漏造成毒害气体危及人身安全。

(3) 防爆安全

系统的防爆安全是系统在爆炸环境下的防爆设计的级别和能力,包括在线分析仪器及分析小屋的防爆设计要求。

(4) 网络信息安全

系统的网络信息安全是系统输出的信息在传输中的安全性,以及分析仪器及系统的专业网络的安全性等。

在线分析系统的安全性又可分为硬件和软件的安全性,系统硬件的安全性主要指系统各功能部件的安全性和系统对内外部的安全性。软件安全主要指防病毒及通信安全,特别是信息数据传输的安全。

近年来,对能够适应现场和在线分析检测的仪器需求量大大增加,要求分析仪器适应现场(如厂矿生产现场、野外环境和生态分析现场、病床前、卫星上)的复杂性甚至恶劣环境(高温、严寒、多尘、日晒雨淋、强振动、严重电磁干扰),实现快速、准确能遥控遥测的分析检测任务。

就应用要求而言,在线分析仪器应满足以下各方面的技术要求:对分析检测试样预处理要求低,甚至无须预处理就可进行在线、实时检测;对试样的物理形态(气、液、固态或凝胶、粉末、活体生物组织)或化学构成(单组分、多组分、聚合物)有很好的适应性;仪器有足够高的检测精度、分辨率、选择性,并能在严酷现场或在线环境下长时间保持稳定;能快速获得分析数据,可实现数据实时处理、传输或转换就完成多路、多组分同时检测;具有高分析效率;仪器系统具有分散或集中控制网络功能,甚至具有远程联网能力,以便实现远距监控;为便于野外无人长期自动检测,必须具有坚固、抗腐蚀、可使用电池组工作等特性。在线分析仪器在技术上是高难度的,必须综合运用现代设计理念、最新科技成果、性能优异的零部件和特殊的制造工艺才能研发和制造。

1.5　合成氨生产流程在线分析仪器应用

在线分析仪器是指用在工业流程中,对物化过程中的物质成分或物理状态进行连续检测并构成控制系统的主要装备。在线分析仪器主要用于流程工业,如连铸连轧钢厂、转炉、乙烯生产线、合成氨、大型发电机组、水泥旋转窑、环境监测等。目前在线分析仪器已成为过程自动化必不可少的手段。如年产 900 000 吨乙烯装置的在线分析仪器包括:工业色谱分析仪 32 台;环境工程分析仪 6 台;红外分析仪 1 台;溶解氧分析仪 2 台;水分分析仪 4 台;氧分析仪 13 台;pH 计 16 台;黏度计 1 台;热值分析仪 1 台。仅设备投资估算已超过400 万美元,从中可以看出在线分析仪器的需求量和重要性。值得注意的是,在线分析仪器在我国重点石化工业中的投资早已超过集散控制系统（Distributed Control System，DCS）一倍。

图 1-2 是在线分析仪器在合成氨生产流程上应用的示意图。合成氨工业是化学工业中的重要组成部分，在国民经济中发挥巨大作用。中华人民共和国成立以来，我国合成氨工业获得飞跃发展，氨产量已跃居世界第一位，在生产技术、设备制造、科学研究等方面都取得丰硕成果。图中 A1～A9 为检测点。

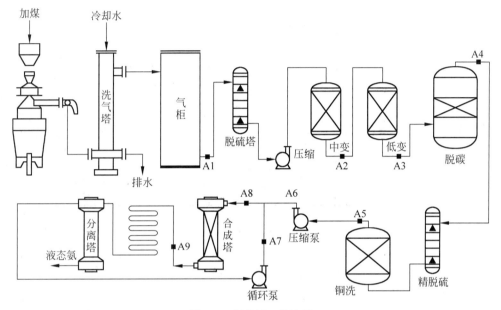

图 1-2 合成氨工艺流程

合成氨的生产是利用空气、水和煤或焦炭为原料，在高温高压及催化剂的作用下进行的，主要产品是碳酸氢铵和氨水。合成氨的生产流程包括造气脱硫、变换、氨水碳化、精炼和合成等过程。合成氨催化剂取得并保持良好活性是合成氨高产低耗的关键。合成塔内原料气中杂质 CO、CO_2 对催化剂有严重毒害作用，CO_2 还可能和氨生成碳酸铵堵塞设备管道。

合成氨生产成套系统的部分仪器选型见表 1-2。

Gasboard-3100 在线红外煤气成分热值仪采用国际最先进的 NDIR 非分光红外技术和基于 MEMS 的 TCD 热导技术，主要用于测量煤气、生物燃气的热值，以及 CO、CO_2、CH_4、H_2、O_2、C_nH_m 六种气体的体积浓度。该产品测量精度高、结构简单、操作方便、实用性好，目前在钢铁、化工、煤气化、生物质气化裂解等领域广泛应用，测量焦炉煤气、高炉煤气、转炉煤气、混合煤气、发生炉煤气、生物燃气等可燃气体的热值和不同成分的体积浓度。

其中，O_2 分析可监测和防止爆炸，在碳化工序中用 CO_2 分析器对碳化质量进行监测，微量 CO、CO_2 分析器分析精炼气中的 CO 和 CO_2，可监测防止催化剂中毒，是检验精炼气质量，保证合成氨正常生产的重要一环。分析循环气的成分，可监测合成效率。合成氨生产离开在线分析仪器是很难进行的。合成氨的生产对成套系统的检测准确性、防爆安全性和长期应用可靠性都有严格的要求。

表 1-2 煤制合成氨监测工艺点及系统选型表

序号	检测点	用途	组分及量程	选用探头	选用仪表	系统名称及型号
A1	气柜出口	工艺控制	O_2: 0~2% CO: 0~40% CO_2: 0~15% CH_4: 0~5% H_2: 0~50% C_nH_m: 0~5%	Gasboard-9082 直管式	Gasboard-3100	原料气在线分析系统 Gasboard-9020
A2	中变出口		CO: 0~5%			合成氨工艺气在线分析系统 Gasboard-9021
A3	低变出口		CO: 0~1%			
A4	脱碳出口		CO_2: 0~2%			
A5	精炼气出口		CO: 0~100ppm CO_2: 0~100ppm			
A6	压缩泵出口		H_2: 0~100%			
A7	循环泵出口		H_2: 0~80% CH_4: 0~5%			
A8	合成塔入口		NH_3: 0~5%			
A9	合成塔出口		NH_3: 0~25%			

　　在线分析仪器不但在改进产品质量和降低成本上得到认可,而且在以下几方面做出了非凡贡献:使管理人员能直接掌握流程中出现的异常并及时调整过程条件;便于在放能(散热、冷却)与吸能环节间改进流程工艺,减少能量消耗;提高生产率;能及时检出泄漏;能及时知悉物流中的浓度、成品的纯度;长期运行可靠性强,维修周期可逾一年;同步多参数检测等。在线分析仪器提高了劳动生产率,促进了生产的发展。

　　在线分析仪器是过程工业生产的有效保障手段。

思考题

1-1 简述在线分析仪器对科学研究的作用。

1-2 简述在线分析仪器在过程工业上的作用。

1-3 简述在线分析仪器与实验室分析仪器的区别。

1-4 简述在线分析仪器特有的技术指标。

1-5 简述在线分析仪器的发展趋势。

第2章

自动取样和试样预处理系统

  在线分析系统的工作过程大致分成 5 个步骤:自动取样;样品预处理;分析测定;数据处理;报告结果。从分析过程所需要的时间来看,其中自动取样和试样预处理时间约占整个分析过程的三分之二,这说明在改进分析方法,提高分析仪器灵敏度、选择性及分析速度的同时,要加强对自动取样和试样预处理的研究。作为连续取样及样品净化用的预处理装置是在线分析仪器与实验室分析仪器的主要区别,也是在线分析仪器能否稳定、灵敏度高、重复性误差小的关键所在。本章概述了在线分析系统中自动取样和试样预处理系统的任务、自动取样和试样预处理系统分类及系统性能指标,并对自动取样和预处理系统组件及应用、对试样测量和控制调节方法进行了详细叙述;介绍了在线分析系统在工业流程上的典型应用。

  在线分析系统(On-line Analysis System,OAS)的技术结构可以分为如下 5 个结构层次:①传感器和在线分析仪;②样品处理核心部件(即功能部件)和样品处理系统;③在线分析系统;④大型分析系统,即在线分析系统集成(习惯称为分析小屋);⑤混合 OAS 的工程应用技术。它们之间的关系如图 2-1 所示。

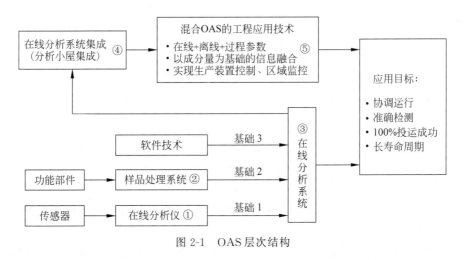

图 2-1 OAS 层次结构

从整个 OAS 层次结构图可见,取样探头在 OAS 这个大系统中属于"功能部件"次级子系统。取样探头在不改变样气组成及化学性质的前提下,实现无堵塞自动连续采样,并采用物理方法实现烟尘分离和过滤粉尘,为样气传输及后级样气处理创造良好条件。

2.1　概述

自动取样是指为了实验分析的目的而从较多量的物料中自动取一个适当的代表性部分,并自动快速地送到在线分析仪器主机的操作,抽取的部分称为样品。样品的代表性是指它的成分必须反映全部物料的成分。样品预处理一般和自动取样相配合,完成对样品被测组分的浓缩、消除基体与其他组分的干扰、衍生利于检测的衍生物、消除对分析系统有害物质,从而提高在线分析仪器的灵敏度、测量数据的可靠性以及仪器性能的稳定性。所以,自动取样和试样预处理系统是在线分析仪器的重要组成部分。与实验室分析仪器相比较,自动取样和试样预处理系统是在线分析仪器的主要特征之一。在线分析仪器的现代化程度、在线分析仪器性能高低、能否可靠运行,在很大程度上取决于自动取样和试样预处理系统的性能和技术水平。因此,在开发在线分析仪器中必须加强对自动取样和试样预处理系统的研究工作。

自动取样和试样预处理系统是复杂的机电一体化装置,具有很强的专用性,使得开发研制的费用投入非常高,其研制费用可能高达整个在线分析仪器成本的 50% 以上。自动取样和试样预处理系统不是在开发阶段用模拟方法考核其性能,而是在现场经过反复试验改进,最终获得满足要求的在线分析仪器的自动取样和试样预处理系统。

2.1.1　自动取样和试样预处理系统任务

自动取样和试样预处理系统具体要完成的任务是:能对气体和液体试样进行稳压、过滤、冷却、干燥、分离、萃取、定容和稀释等处理;能对固体试样进行切割、粉碎、研磨和加工成型等操作,然后再把被处理的试样送入在线分析仪器中的检测器进行测量。也就是自动取样和试样预处理系统必须能适应现场恶劣条件并使样品处理得符合分析仪器进样要求,保证分析工作快速、准确、稳定可靠进行。

1. 样气取样处理系统的基本功能

(1)样品提取:从排放源取样点提取所需样品流的功能,简称取样。通常采用取样探头抽取样品流,并根据样品流工艺参数设计相应的功能。

(2)样品传输:将样品流从取样点输送到在线分析仪器入口端,根据样品流的特性,选择合适的样品传输管线及其控制参数。

(3)样品处理:是指对样品流除去或改变那些障碍组分和干扰组分,使之符合在线分析仪器对样气检测的要求。样品处理要求只改变样品流的物理和(或)化学物质,而不改变其组分。

(4)样品排放:包括分析仪器样气出口端的烟气排放,以及旁通流(快速放散回路的烟气流)和废液的排放。

(5)流路切换:分析系统流路设计主要有分析回路、标定回路、快速放散回路及探头反吹回路等,分析回路包括系统经样气处理后,供给一套或多套分析仪器的样品流路。

（6）系统监控：样品处理系统通过 PLC 实现自动控制处理，包括系统流路切换、系统反吹控制及系统各主要部件的监控，如烟气温度、流量、含水分的报警等功能；还包括对监测信号的采集，即系统的状态监控等。

（7）公用设施：系统的公用设施主要是为分析仪器及样品处理各部件提供必要的工作条件，确保系统正常工作。

系统的气态污染物分析系统通常集成为气体分析柜，气体分析柜需要与其他设备安装在分析小屋内。

分析小屋应满足在线分析仪器的安装环境和使用要求。分析小屋的附属公用设施主要包括配电箱、反吹压缩空气源、标准气瓶、废气/废液排放设施、环境温度控制设备和安全保证措施等，从而保证在线分析系统的可靠、准确运行。

2. 样气取样处理系统作用

（1）调整生产流程的环境压力、温度、流速等，使其与在线分析仪器要求的环境压力、温度、流速等相匹配，以减少生产流程对在线分析仪器测量的干扰和对仪器的损坏。

（2）浓缩痕量的被测组分，提高方法的灵敏度，降低最小检测限。

（3）消除基体与其他组分对测量的干扰，提高方法选择性和灵敏度。

（4）稀释被测试样，以避免被测试样浓度超出分析仪器的量程，从而造成测量误差。同时，也可以降低试样的黏度，增加试样在管线中的流动性。

（5）通过衍生化处理，使得一些常用的检测器上无响应或低响应的物质转化成为高灵敏度的衍生物，同时，改变基体或其他组分的性质，提高它们与被测物的分离度，改进方法的选择性。

（6）除去那些强酸、强碱和生物大分子等对分析系统有害物质，延长仪器的使用寿命。

自动取样和试样预处理系统为实现上述任务所涉及的相关组件有取样探头、样品输送管线、过滤器、样品冷却器、采样泵、分离装置、样品流速测量控制装置、样品压力测量与调节装置以及其他电器装置。

国外对自动取样和试样预处理系统很重视，如美国、日本、欧洲等一些发达国家在其在线检测仪器上都配有自己开发的自动取样和试样预处理装置，其中，大部分都有专利保护。我国在 20 世纪 70 年代以前由于工业生产过程自动化程度不高，环保意识不强，对在线分析仪器的要求不十分强烈，所以，在自动取样和试样预处理方面重视不够，投入的研究也很少。一些自动取样和试样预处理系统在在线分析仪器中的应用也是由用户自己制造的简易装置，技术水平低下，适用性差。这也反过来影响了分析仪器在许多工业部门的推广应用。20 世纪 80 年代以来，我国在解决高温、高尘条件下的取样技术及其他技术方面有了突破，并且在转炉、水泥、石油裂解、污水监测等在线分析仪器方面开发了相应的自动取样和试样预处理装置。但是，其发展速度还落后于分析仪器的发展速度。从技术的发展趋势上，发展自动取样和试样预处理系统应着重考虑以下几方面：

（1）为使分析准确和适用于易溶于水的样品分析取样，过滤正从湿法向干法过渡。

（2）为减少维护工作量，系统正从手动向自动过渡。

（3）为降低成本和缩短交货期，研究开发的方式正由经验法逐步向采用 CAD 设计、可靠设计，以及标准化和通用化设计方向发展。

（4）计算机技术、网络通信技术、虚拟仪器技术正在成为自动取样和试样预处理装置中的重要内容。

2.1.2 自动取样和试样预处理系统组成

目前,在线分析仪器有的用于大气、水质等环境监测,有的用于化工、石油等工业过程检测,也有的用于生物工程、生命科学等科学实验的成分分析。由于在线分析仪器所使用的环境不同,检测的样品对象性质相差很大,这就使得自动取样和试样预处理系统的技术难度相差也很大,其装置构成也差别很大。但总体来说,自动取样和试样预处理系统技术集成复杂,涵盖了化学、物理、电子技术、计算机、机械、传感技术、化学分析等知识。

自动取样和试样预处理系统基本构成部分如下:

(1)取样装置:一般由取样探头和泵构成。

(2)过滤装置:包括除尘器、除湿器、有害物质过滤器、除结晶物等装置。

(3)检测装置:主要检测预处理过程中样品压力、流量、温度、进给量等物理量,以便给控制装置提供控制变量;这部分主要由一些传感检测装置组成,如流量计、压力计、温度计等。

(4)控制装置:根据检测装置提供的检测结果,控制压力、流量、温度、进给量,以为在线分析仪器检测器提供一个适宜的检测环境。一般主要由稳压器、稳流器、流量调节器、温度控制器、执行器调整装置构成。

(5)其他辅助装置:包括气体分配器、加热或冷却装置、自动转换阀以及控制器、安全报警、输送管线等。

图 2-2 是一个气体取样和试样预处理系统示意图。

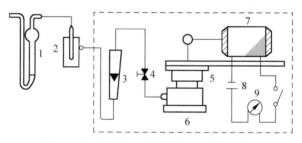

图 2-2　气体取样和试样预处理系统示意图

1—吸收管;2—滤水井;3—流量计;4—流量调节阀;5—抽气泵;6—稳流器;7—电动机;8—电源;9—定时器

此系统适用于采样流量为 0.5~2.0L/min 的气体自动采样与预处理。图中 1 是气体取样装置,这部分与生产工艺过程的管道或污染气体排放管道相互连接;2 是过滤器,样气经过取样装置和管路进入该装置,含有一定水气的样气经过与水混合后一方面使样气中的灰尘颗粒大部分落入水中,并和水一起排出,另一方面样气经过水冷却,同时被清洗;3 是检测装置,用于对样气流量进行检测,其测量结果直接供流量调节和稳流控制装置以及电机调速装置用于控制使用。4 是流量调节阀,用来调整气体试样流速大小,采用前置流速控制装置,结构简单维护方便。但是由于其稳流精度和控制效果不是很好,所以,在后面又加了一个稳流装置 6,以提高系统的样气流速的稳定性;5、7 是气体采样的动力装置,对于正压型生产过程管道,这部分不是必需的,其采样动力可以直接靠生产过程产生的正压力提供,同时,还要考虑采用适当的降压装置;8、9 是系统的辅助装置。

2.1.3 自动取样和试样预处理系统分类

自动取样和试样预处理系统根据处理对象可以分为气体、液体、固体和熔融金属、散状颗粒固体等几种；按照使用情况也可以分为通用型和专用型两种。通用型自动取样和试样预处理系统一般是由专业生产厂家提供，往往对于使用环境和条件要求比较苛刻，如对温度、压力、清洁度、腐蚀性等都会提出相应要求，可能难以满足用户要求。因此，需要设计、制造专用的自动取样和试样预处理系统，这些专用的系统可以由用户向专业生产厂家、科研院所专门定购，也可以由用户自己设计制造。

自动取样和试样预处理系统也可以按照自动化程度分为程序控制型和反馈控制型两种。程序控制型的工作是按照在线分析仪器系统流程规定的时间、速度、数量，自动取样和试样预处理系统按照程序控制完成相关任务。而反馈控制型自动取样和试样预处理系统一般都装有若干温度、压力、流量传感器，系统根据环境条件如温度、压力、流量和在线分析仪器工作进程的变化反馈信号自动完成进样和预处理工作。

另外，根据取样特点可以分为：点式取样，从接近于一点的小区域取样，常用于气动输送系统，其代表性较差；线式取样，沿贯穿物料各层的采样器槽口的全长同时抽取样品，可以获得有代表性的分层样品，适用于速度不高的固体颗粒物流；横截面取样，垂直于物流采集完整的断面，这种采样符合良好的采样操作原则，可以提供在采样瞬间最有代表性的试样。

2.1.4 自动取样和试样预处理系统性能指标

衡量自动取样和试样预处理系统性能的指标首先要看系统具备的功能是否完善，然后再看其完善程度。

1. 系统必须具备的功能

自动取样和试样预处理系统必须具备的功能如下：

(1) 能够足量地采集到可代表分析本体的样品。这一点，对均匀性较好的液态和气体物料较易实现，而对固体样品难度较大。

(2) 用一种新的与分析仪器相匹配而又不破坏分析仪器的方法处理或调制样品（如除尘、蒸发、冷却、压力和温度调节、稀释等预处理）。

(3) 利用最短的时间把代表性的样品传输到分析仪器。

(4) 把从分析仪器中流出的试样输送到适当的废物箱中，或在不影响流程的前提下再返回到流程中。

(5) 必须安全、无泄漏、不危害周围环境。

(6) 必须对所监测的过程无扰动、无危害。

2. 具体系统性能指标

(1) 取样精度。

根据取样方式分为两种情况：一种是对连续式的自动取样和预处理系统的取样精度只能定性评价，如取样是否真实，是否有代表性、是否有被测组分损失等；另一种是对间歇式的自动取样和预处理系统的精度可定量评价，这在很大程度上取决于定容瓶的精度。这时可按在线分析仪器的精度等级划分方法进行分级，即定容瓶的最大容积误差相对于定容瓶容积的百分数。精度这个指标很重要,因为在线分析仪器的精度,很大程度上取决于自动取样和预处理系统的精度。

(2) 响应时间。

根据取样方式分为两种情况:第一,对连续式的自动取样和预处理系统可采用响应时间来评价,即试样从取样点流出,经过取样管路流通和各种预处理操作到达检测器的试样池,并把试样池中90%的旧试样置换掉,总计所需的时间。一般来说,置换试样池中旧试样所需要的时间占整个响应时间的比例不大,因此这种响应时间基本上是纯滞后的。第二,对间歇式自动取样和预处理系统可采用取样滞后时间来评价,即试样从取样点取来,经过各种预处理操作后试样送入检测器,总计所需的时间。这个时间完全是纯滞后的。响应时间这个指标十分重要,特别是供给自动调节系统用的在线分析仪器更加需要这个指标。

(3) 预处理功能。

预处理功能对于气体与液体试样,应包括稳压、过滤、冷却、干燥、分离、定容和稀释等。对固体试样,应包括切割、粉碎、研磨、缩分、加工成形等,这个指标主要是用来评价自动取样和预处理系统的适用范围,要求能够最大限度地除去影响测定的干扰物质。

(4) 人工清扫间隔时间。

人工清扫间隔时间是用来评价自动取样和预处理系统日常维护工作量大小的指标。人工清扫间隔时间,主要指清扫过滤器和管道的间隔时间。当然,也包括更换干燥用的或吸收干扰组分用的化学试剂等的间隔时间。

2.2　组件

自动取样和预处理系统不是简单的功能单元的组合,其性能还取决于相互科学的配合、样品流路的设计以及自动控制系统的协调,是一个系统技术。为了介绍方便,本节按照功能单元分别逐个介绍,在下一节再综合介绍系统应用实例。

取样装置的功能是把具有代表性的物质流从工艺流程的管道或装置中不失真地连续地导出并送入预处理装置中。过程分析仪器大多为气体分析仪器,如果样品为液体也往往使它汽化,所以取样装置以气体为主要对象。例如,工业气相色谱仪就是这种工作方式,将液态样品通过蒸发器变为气态样品,并在分析中保持不冷凝,与分析气态样品的效果是相同的。

2.2.1　取样探头

取样探头是在线分析仪器处理系统的组件之一,其主要功能是将工业过程中的被检测物质以一定的压力、温度、数量送给自动取样和预处理系统中的过滤单元或直接送给分析单元。也就是说取样探头是在不改变工业流体化学组分特性情况下,精确地提取含有各种化学组分的工业过程流体,不失真地完成对样品流的分离。取样探头虽属次级子技术系统,但在技术链条上则处于最前级,其技术水平及质量直接决定着样气处理系统,甚至是在线分析系统工程应用的成败。

为了完成这一任务,要求取样探头要放在工业过程中适当的位置,首先要使取样探头放在样品流速比较快的地方,避免出现在流动死角、涡旋流和空气泄漏处,一般取样探头放在管道直径30%～70%深度处。其次要把取样探头设计安装在适宜装卸和调试的地方,也要考虑清洗取样探头方便,在拆卸取样探头时不会使管路出现泄漏。再次要考虑腐蚀气体、液体对采样传感器的影响,取样装置的材料不能与采样对象发生化学反应或起催化作用。最后要求取样探头要有一定的机械强度、抗高温和防止灰尘、杂质堵塞等能力,还要充分考虑与后续组件的可接续性。

根据保持试样物理稳定性来分,取样探头可以分为等动力取样式和非等动力取样式。等动力取样是根据样品分离速度同采样样品速度(流速)相等的关系来定义的。非等动力取样又包括正压取样装置和负压取样装置。根据样品状态分类可以分为气体样品取样装置和液体样品取样装置。根据采样装置使用环境又可以分为高温取样装置和低温取样装置。

气体取样和预处理是在线分析仪器分析对象最多的状态。所以,在取样探头中气体取样最先发展起来并应用范围最广。最简单的气体取样器形式就是不加反吹扫和加热等附属功能的直通式探头,图 2-3 是一些典型的直通式探头,为了避免在使用过程中灰尘沉积在探头的端部,造成取样探头很快堵塞,常常在安装时将取样探头倾斜安装,或者在探头端部安装弯头以避免端部积尘。

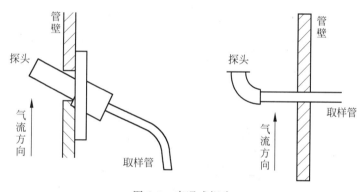

图 2-3　直通式探头

对于气体流速比较大时可以采用流线型取样探头,利用空气动力学原理滤除大颗粒灰尘。其结构如图 2-4 所示,在取样探头侧面或斜面处开取样孔,使流速较大的气体在取样探头表面形成流线型气流。

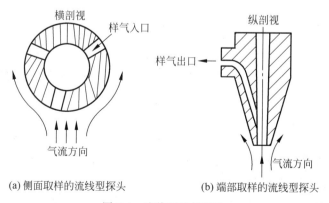

(a) 侧面取样的流线型探头　　　(b) 端部取样的流线型探头

图 2-4　流线型取样探头

为了滤除气体中的灰尘,取样探头设计了过滤装置,其中有外过滤式[图 2-5(a)]和内过滤式[图 2-5(b)]取样探头。其中过滤材料多为烧结不锈钢、硼硅玻璃纤维或陶瓷材料等。采用这些材料时过滤器即使带有热反吹系统,也不能将其表面清除干净,为了防止样气冷凝水和灰尘混合堵塞过滤器,常常在过滤器周围加一电筒形加热器,或者采用蒸汽加热方式加热,避免造成取样器堵塞。图 2-6 为一个过滤器带加热器的取样探头。

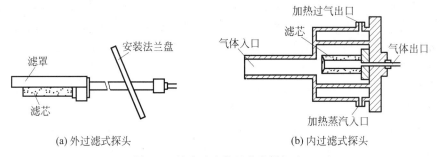

(a) 外过滤式探头　　　　　　　　　　　　(b) 内过滤式探头

图 2-5　具有过滤装置的取样探头

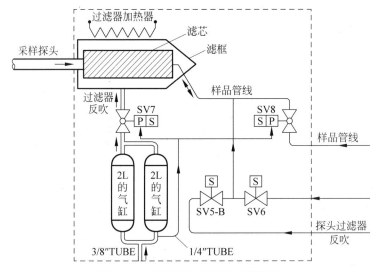

图 2-6　过滤器带加热器的取样探头

图 2-7 为蒸汽喷射取样和预处理系统示意图。蒸汽喷射探头由两个管构成。蒸汽由一个管引入烟道,再经过 90°转弯,然后经过一个节流孔形成高速细束注入文丘里管的喉部,而喉部的外侧对烟道样气敞开。样气被引入文丘里管,与蒸汽混合经过第二个管进入取样管。样气、冷凝物和蒸汽的混合物经过水洗冷却进入气水分离器,然后再经过离心式过滤器。样气被过滤后再经过一个流量计进入分析器。

这个取样和预处理系统有以下优点:蒸汽冷凝后稀释了样气中的腐蚀性冷凝物,因此减轻了取样管的腐蚀。由于蒸汽经过探头,有助于探头的清扫,可以延长探头寿命。从探头到分析仪器整个取样和预处理系统处于正压力,因此排除了空气漏入系统的可能性。由于探头上不加陶瓷过滤器,所以取样探头不易堵塞。系统没有机械活动部分,维修量小。

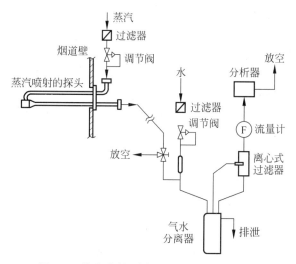

图 2-7 蒸汽喷射取样和预处理系统示意图

对于需要稀释采样气体的取样器,可以采用图 2-8 所示的带稀释装置的取样器。将 3～10L 的洁净压缩稀释空气用喷射泵(气动吸气器)吹入锐形喷嘴,进入文丘里管,内置换热器预热压缩空气,使其温度达到烟道气温度。压缩空气流经喷嘴在压缩气室引发局部真空,压缩气室也与节流孔的低压端连接。真空管依次从烟道提取样气,并依次通过初滤及深层过滤,然后到达文丘里管出口,在这里被稀释并与洁净的压缩空气混合。随后,稀释的样气借助于操纵电缆中的未加热出口管,在正压下被送到分析仪。

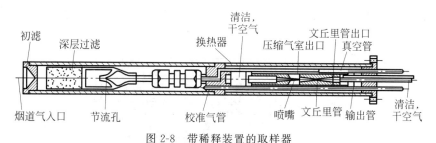

图 2-8 带稀释装置的取样器

此外,还有一些不直接采集试样,而是仅仅采集试样信息的取样探头,如用于傅里叶远红外光谱仪、近红外光谱仪、中红外光谱仪、紫外可见光谱仪和拉曼光谱仪的光电信息采集探头。这些探头采用铠装不锈钢光学纤维光缆,通过密封接头或压缩接头,直接将取样探头插入生产过程的气体或液体中。这些采样装置不带有样品处理系统,使得系统工作更加稳定可靠,更适合在条件恶劣的环境(如高温、高压、腐蚀、干扰严重等环境)使用。

有些分析仪器也可以直接分析液态样品,这时液态样品由液体进样泵进样。它是一种精密的计量泵,可以准确地计量液态样品的体积。由于液体样品比一般气体样品进样量小得多,管路通常非常细,所以也常使用旁路泵,以提高管线的速度,达到加快更新的目的。

2.2.2 常用的气体取样探头

1. 正压取样探头

取样探管直接插入管道,并安装球阀,可在线更换探管。

2. 内置过滤器取样探头

取样探头过滤器安装在探管头部(在烟道内),被称为内置过滤器式探头。

3. 外置加热过滤取样探头

探头过滤器安装在烟道外部与法兰连接的圆筒内,通过加热过滤器,可以避免湿烟气冷凝,烟气从加热的过滤器中抽出,经加热样品管线,再送到样品处理系统,如图 2-9 所示。

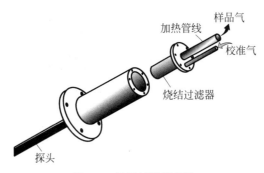

图 2-9　外置过滤器探头

4. 外置高温加热取样探头

外置高温加热取样探头,探头的温度控制范围为 0～320℃,探头过滤器的加热保温温度为 300℃左右。外置高温加热取样探头常用于烟气脱硝的加热取样,如图 2-10 所示。

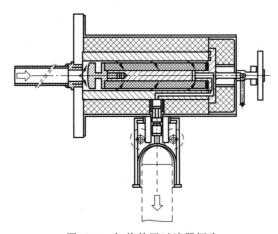

图 2-10　加热外置过滤器探头

普通型烟气加热取样探头的加热保温温度为 150℃左右,常用于烟气脱硫的加热取样。

设定探头过滤器保温温度的原则是确保烟气在取样过滤探头不出现冷凝水,不能低于烟气酸露点以下。

5. 石化用的高温裂解取样探头

在温度很高（1000℃以上）时，取样探头的材料一方面要承受高温，另一方面还要保持一定的机械强度，对于这类探头必须采用冷却措施，一般为水冷。

石油化工的取样及样品处理系统，其组分复杂、应用难度很大。以乙烯裂解气为例，其样品是高温、高含水以及高油尘，样品温度最高达到 650℃，压力最大到 0.14MPa。

取样探头采用高温裂解取样探头技术。该取样探头装置先经过杂质过滤，采用涡旋制冷管产生制冷气源，通过列管冷却器使样品气的水分及重的烃类冷凝为液体，返回到工艺管道，样品温度通过温控器控制，其输出压力及流量达到预定要求。样品再经过除水及油雾后送在线色谱仪检测，如图 2-11 所示。

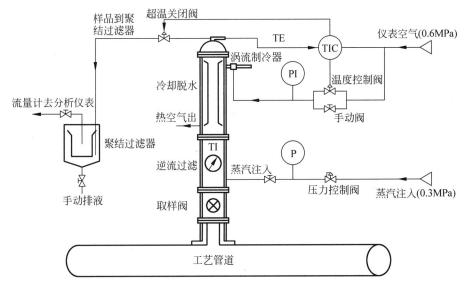

图 2-11　美国流体数据公司 Py-Gas 取样器系统示意图

6. 建材用的高温、高粉尘取样探头

此探头专用于水泥旋转窑尾烟室及预分解炉的取样处理系统。其样品气温度高，窑尾样气温度达到 1350℃，预分解炉样气达到 900℃，相对湿度达到 65%，粉尘含量达到 2000g/m^3，分析对象为 $CO/NO_x/O_2$，如图 2-12 所示。

该系统的高温取样探头技术难度最大。由于现场条件太恶劣，高温探头经常出现堵塞，高温探头的维护量很大，可靠性还需要改进。

7. 取样探头的反吹防堵

用高压气体对取样探头过滤器进行"反吹"，可使探头堵塞现象减至最低，反吹气体一般使用 60～100psi（0.4～0.7MPa）干燥、洁净的仪表空气，反向（与烟气流动方向相反）吹扫过滤器。反吹可以采取脉冲方式产生。过滤器的反吹周期间隔时间为 15min～8h，脉冲反吹持续时间为 5×2s。

对于要求不能间断取样分析的系统，可以采用双探头取样技术。

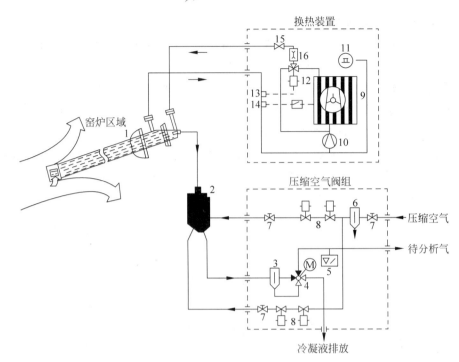

图 2-12   西门子 CEMAT-GAS 高温取样探头原理图

1—液冷式取样探头;2—电加热除尘过滤器;3—气水分离器;4—四通球阀;5—低限压力开关;6—过滤器;
7—样气手动关断阀;8—电磁阀;9—风扇冷却器;10—冷却液循环泵;11—带液位指示的冷却液补给罐;
12—控制阀;13—温度传感器;14—过温保护开关;15—冷却液手动关断阀;16—流量计

2.2.3　样品输送管线

样品输送管线是在线分析仪器处理系统用于取样探头与过滤、分析装置等其他后续组件的连接装置,包括取样预处理系统的流路、分配和接头等部分。虽然它不像取样探头那样种类繁多,但是样品输送管线的设计、调整不好也会造成总体分析精度下降,使系统总体造价上升。根据输送管线特点一般主要考虑以下内容:

(1) 样气传输管线应尽可能短,也即要求取样点与分析柜的距离要尽量短,使得传输管线的容积尽可能小,样品气流速尽可能快,样气传输的滞后时间应小于 30s,最大不宜超过 60s。为了减少分析系统测量的滞后现象,一般在分析仪器入口前放空或返回流路。为了避免因为分析造成的取样浪费,必要时将分析样品返回工业流程中。

(2) 当含尘量较大时,尽量将全部粗过滤器安装反吹管路,反吹后还应有置换管路将反吹气体排出。

(3) 多台分析仪器的排空管分开或引入集气管集中排空,以减少流量变化引起仪器出口的压力波动。

(4) 样气传输管线不得泄漏,以免样品气外泄或环境空气侵入,造成分析误差及污染环境。对源级抽取法的传输管线从取样探头到分析柜或除湿器整个管路,安装的倾斜度不得小于 5°。负压区的管路尽量少而简单,以减少漏气的可能,这就要求泵一般安装在仪器入口端并尽量靠近取样探头部件。

(5) 多点取样管路中,共用的过滤器及其他部件数量尽量少,管路短而细,以减少分析滞后,但会相应增加成本。

(6) 管路安排要考虑校准仪器的校准气体使其便于切换引入。通过气体分配管路可以选择性地引入校准气体,同时切断样品通道,并使校准气体流经分析仪器时使用的是同一稳压及管路控制器、干燥器,这样可以提高校准的相对精度。

1. 配管和列管

样品输送管线主要由配管和列管组成,配管是按照其内径来分级,并通过螺纹、焊接或通过法兰盘螺栓接头连接。除有规格分类外还有耐压等级分类,有标准耐压、超强耐压和特超强耐压之分。在线分析样品输送管线中除非是在超高压系统,一般多为螺纹连接,很少采用焊接或通过法兰盘螺栓接头连接的配管系统。列管是按其外径来分级的,列管多为采用如图 2-13 所示的压缩接头连接,使得采样系统部件的更换更加快速和简单。鉴于列管易于安装、成本较低的特点,所以一般情况下在线分析仪器采样系统的管路优先选用列管。

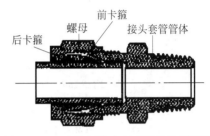

图 2-13 双卡箍压缩密封列管接头剖面图

2. 伴热系统

在取样预处理系统使用的管路中还大量使用伴热系统,伴热是指配管或装置使用外部热源来维持管路或装置中流体的温度,这主要是出于对工业过程条件考虑,或是对装置物理特性的考虑,以使其温度保持在最低工作温度。一般化工工业上多采用的伴热系统是蒸汽或电伴热。图 2-14 是蒸汽伴热管路的横截面图。蒸汽保温温度最高可达到 450℃,蒸汽伴热通常用在需伴热的温度较高的场合。

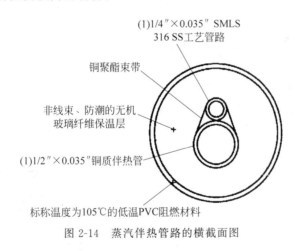

图 2-14 蒸汽伴热管路的横截面图

采用电伴热更容易对其伴热温度进行控制,通常工业过程温度在 149℃ 以下时优先采用电伴热系统,电伴热带常用的有自调控电伴热带、恒功率电伴热带、限功率电伴热带、串联型电伴热带。前三种均属于并联型电伴热带,它们是在两条平行的电源母线之间并联电热元件构成的。样品传输管线的电伴热大多选用自调控电伴热带,无须配温控器。样品温度较高时采用限功率电伴热带。并联电阻功率恒定电缆伴热管路的横截面图如图 2-15 所示,功率自调电缆伴热如图 2-16 所示。

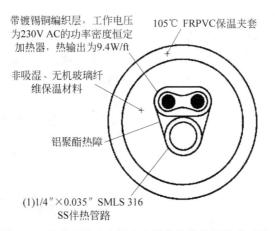

带镀锡铜编织层，工作电压为230V AC的功率密度恒定加热器，热输出为9.4W/ft

105℃ FRPVC保温夹套

非吸湿、无机玻璃纤维保温材料

铝聚酯热障

(1)1/4″×0.035″ SMLS 316 SS伴热管路

图 2-15　并联电阻功率恒定电缆伴热管路的横截面图

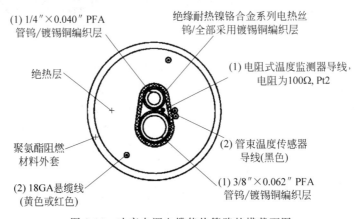

(1) 1/4″×0.040″ PFA 管钨/镀锡铜编织层

绝缘耐热镍铬合金系列电热丝钨/全部采用镀锡铜编织层

绝热层

(1) 电阻式温度监测器导线，电阻为100Ω, Pt2

聚氨酯阻燃材料外套

(2) 管束温度传感器导线(黑色)

(2) 18GA悬缆线(黄色或红色)

(1) 3/8″×0.062″ PFA 管钨/镀锡铜编织层

图 2-16　功率自调电缆伴热管路的横截面图

　　电伴热组合管缆的电伴热带按加热控制方式可分为恒功率型、限功率型(自限型)、自调控型三种,在确定采用哪种伴热系统时要充分考虑伴热所能达到的保温程度、安全性、安装和运行成本及其方便性,CEMS中大多使用限功率型电伴热组合管缆。典型的电伴热组合管缆如图 2-17 所示。

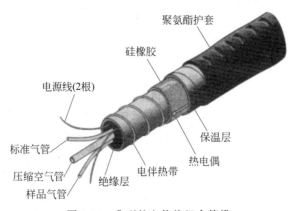

聚氨酯护套

硅橡胶

电源线(2根)

标准气管

压缩空气管

样品气管

绝缘层

电伴热带

热电偶

保温层

图 2-17　典型的电伴热组合管缆

对于 CEMS(Continuous Emission Monitoring System)样品传输管线,要防止相变,即样气传输过程中气态样品要保持为气态,冷/干法样气传输管线需要加热保温在烟气露点之上。对脱硫烟气分析的电加热传输管线应保温在 110~120℃。对脱硝烟气分析的电加热传输管线应保温在 280℃ 以上。

对冷/干法 CEMS,样气传输管线的连接应特别注意电加热传输管线与取样探头的连接处,以及与分析柜内的除湿器接头处的加热与保温,防止在这些部位出现因局部温度降低产生冷凝水,导致腐蚀管路及连接件。

取样预处理系统使用的管路必须考虑能承受的温度、压力、耐腐蚀性、可修复性、强度等,其内径必须考虑流量及分析滞后的影响。含尘量大并有反吹的样气输送管路耐压在 0.6MPa 以上,常选用不锈钢管,聚氯乙烯加强管内径一般在 10mm 以上。含尘量小的样气输送管路一般内径小于 6mm,排气总管内径一般大于 20mm。经过滤器之后可以用耐温较低的聚氯乙烯软管,取样探头到分析仪器之间的样气输送管路应加电伴热或蒸汽伴热。

对于样品输送管线的安装要注意以下几点:管路不要出现超出最小弯曲半径,不要超过支撑中心间距;支架的夹子不要拧得太紧;不要将多个管路捆绑在一起形成管束;为了便于散热,管路之间的间隙不能过小,一般为 100~180mm;不要剧烈弯曲护套和绝缘层,加热组件不能与传感器接触;电缆伴热管束不能途经环境温度超过 50℃ 的地方,图 2-18、图 2-19 为样品输送管线的安装示意图。

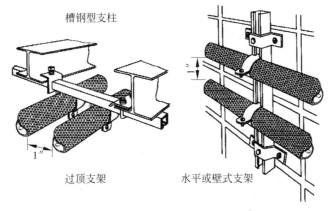

图 2-18　样品输送管线的安装示意图

2.2.4　样品过滤器

在工业过程的工艺流程中气体或液体都伴随有大量烟尘、颗粒物等,如工业锅炉、水泥窑炉、冶炼转炉、鼓风炉等窑炉气,都含有大量灰尘、漂浮颗粒、烟尘、焦油等,在污水排放、矿浆排放、石油化工工艺过程中含有很多悬浮颗粒物、沙砾、腐蚀物质等杂物。在线分析气体或液体时必须将对分析设备有影响的杂物去除,以防止堵塞、腐蚀管道,保护仪器正常工作。这一任务就是由样品过滤器来完成的。这种过滤器的特点是针对需要除去对分析设备有影响的物质,其物理、化学性质不同,过滤原理不同,是针对性很强的专用过滤器。选用过滤器要根据分析组分的化学性质而定,如是否溶于水、腐蚀性能如何、气体含尘量大小、烟尘粒度分布、粉尘黏附力、电导率、相对密度、材质、温度、含水量等综合考虑。下面介绍几种典型的样品过滤装置。这些过滤器只能除去液态水,不能除去气态水,即不能降低样气的露点。

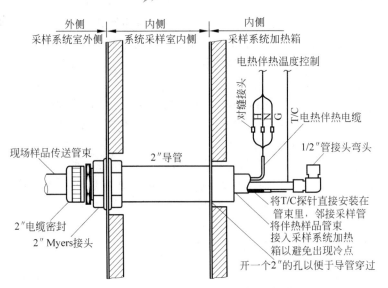

图 2-19 样品输送管末端的安装示意图

1. 气体除尘过滤装置

根据除尘方式,有干法除尘方式和湿法除尘方式。其中,湿法除尘方式是通过气泡产生器、水雾喷射装置等产生水气混合,再通过气水分离方法去除水和灰尘、烟尘,该方法不能用于分析可溶于水的物质并且混合气中可溶于水的组分应该基本不变,图 2-20 是湿法除尘方式原理图。

对于干法除尘过滤装置主要有如下几种:

(1) 微孔阻挡式。

如滤纸、滤膜、叠片式滤网、粉末冶金板、碳化硅板等,图 2-21 是典型的微孔阻挡式除尘过滤装置。

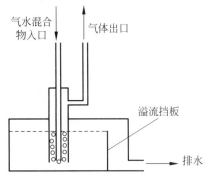

图 2-20 湿法除尘方式原理图

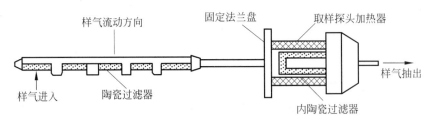

图 2-21 微孔陶瓷过滤器结构示意图

(2) 溶尘式过滤器。

这种过滤器不仅可以将被过滤的灰尘阻挡在表面,而且主要存集在内部,因而可以滤除掉很大量的灰尘。这种过滤装置主要有砾石过滤器、纤维过滤器、粉末冶金过滤器、多孔聚氯乙烯过滤器等,图 2-22 是砾石过滤器结构示意图。溶尘式过滤器虽然比微孔阻挡式过滤器可以承受更大量的灰尘,但是进入过滤器内部的灰尘一般很难通过反吹法清洗干净,所以通过经常反吹或定期更换的办法来解决灰尘积累问题。

2. 离心式样品过滤器

图 2-23 为离心式过滤器的结构示意图。利用样品旋转产生的离心力将气/固、气/液、液/固混合样品加以分离。广泛用于液样,对含尘粒度较大的气样效果也很好。

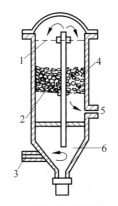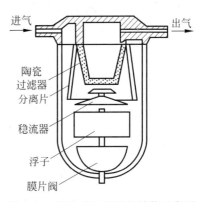

图 2-22　砾石过滤器结构示意图
1、2—筛网;3—气体入口;4—砾石;
5—气体出口;6—旋风沉降室

图 2-23　离心式过滤器的结构示意图

样气进入气室,经过分离片时由于旋转而产生离心作用,水分被甩到外壁上,沿壁流下。样气中如果还有灰尘,当它经过陶瓷过滤器时也将被滤掉。气室下部的积水达到一定液位时,浮子浮起,带动膜片阀开启,把积水排出,然后阀门自动关上。

3. 吸收法对干扰试样气体的滤除

干燥剂吸收吸附是指水分与干燥剂发生化学反应变成另一种物质,这种干燥剂称为化学干燥剂;所谓吸附,是指水分被干燥剂(如分子筛)吸附于其上,水分本身并未发生变化,这种干燥剂称为物理干燥剂。某些干燥剂对气样中一些组分也有吸收吸附作用;随着时间推移,干燥剂脱湿能力会逐渐降低。

图 2-24 为电导式微量 CO、CO_2 分析仪的试样预处理系统,它用在合成氨生成流程中。它的基本原理是,采用一些反应瓶,其中装入各种化学试剂,当被测气体样品流过这些反应瓶时干扰组分被它们吸收除去。在图 2-24 中,反应瓶 1 装入吸收了 75% H_2SO_4 的浮石或木炭,用来除去 NH_3 和水;反应瓶 2 装入吸收 Ag_2SO_4、Hg_2SO_4 混合液的浮石或木炭,用来吸收不饱和烃;反应瓶 3 装入固态的 $CuSO_4$,用来吸收气样中硫化物;反应瓶 4 装入烧碱石棉,用来吸收气样中 CO_2;反应瓶 5 装入 $CaSO_4$,用来吸收气样中水分;反应瓶 6 装入 I_2O_5,并使其恒温在 110℃ 左右,可将 CO 氧化成 CO_2,反应方程式为 $5CO+I_2O_5 \rightarrow 5CO_2+I_2$;反应瓶 7 装入硫脲,用来吸收 CO 与 I_2O_5 反应生成的 I_2。

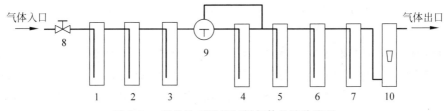

图 2-24　吸收法对干扰试样气体的滤除流程

4. 液体样品过滤器

图 2-25 是一种液体样品过滤器,它适用于比较清洁、黏度比较小、处于常温常压下的工艺液体,系统有两个液体样品过滤器,分别称为一次过滤器和二次过滤器。一次过滤器主要由两个套筒结构组成,外套筒也就是其外管,并分别有进液口管和出液口管,内套筒有夹层,外壁有许多洞可以使液体流入,中间是泡塑和玻璃丝布制成的过滤筛网。过滤溶液由内套筒中间引出口流向二次过滤器。二次过滤器也是个套筒,内套筒为微孔过滤器,外套筒是塑料外壳。

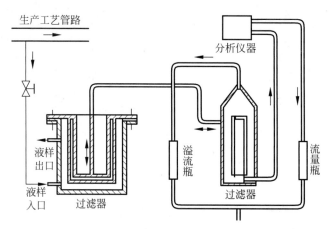

图 2-25　具有二次过滤的液体样品过滤器结构示意图

粗过滤器一般是筛网过滤器,采用金属丝网。

烧结过滤器,采用不锈钢粉末冶金过滤器和陶瓷过滤器。烧结过滤器滤芯孔径较小,属于细过滤器。纤维或纸质过滤器,滤芯孔径小,也属于细过滤器。

5. 膜式过滤器

膜式过滤器(membrane filter)又称薄膜过滤器,用于滤除气体样品中的微小液滴。过滤元件是一种微孔薄膜,多采用聚四氟乙烯材料制成,属于精细过滤器。

气体分子或水蒸气很容易通过薄膜的微孔,样气通过膜式过滤器后不会改变其组成,正常操作条件下,即使是最小的液体颗粒,薄膜都不允许其通过。因而,膜式过滤器只能除去液态的水,而不能除去气态的水,气样通过膜式过滤器后,其露点不会降低。图 2-26 是 A＋(爱杰克)公司 200 系列 Genis 膜式过滤器的结构及其在样品处理中的应用。

6. Nafion 管干燥器

Nafion 管干燥器(Nafion dryer)是 Perma Pure 公司开发生产的一种除湿干燥装置,其结构如图 2-27 所示。在一个不锈钢、聚丙烯或橡胶外壳中装有多根 Nafion 管,样品气从管内流过,净化气从管外流过,样品气中的水分子穿过 Nafion 管半透膜被净化气带走,从而达到除湿目的。

Nafion 管的干燥原理完全不同于多微孔材料的渗透管,渗透管基于气体分子的大小来迁移气体,而 Nafion 管本身并没有孔,它是以水合作用的吸收为基础进行工作的,具有除湿能力强、速度快、选择性好、耐腐蚀等优点。但它只能除去气态水而不能除去液态水。

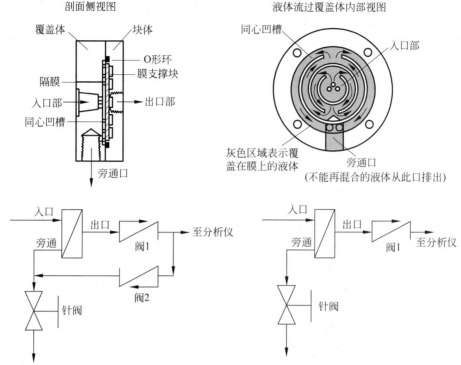

图 2-26　Genis 膜式过滤器的结构及应用示意图

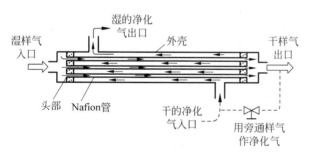

图 2-27　Nafion 管干燥器示意图

（1）Nafion 管干燥器的特点：

① 除湿能力强。常温常压下,样气经 Nafion 管干燥后可达到的最大露点温度是-45℃,相当于含水量为 $100\mu L/L$。

② 除湿速度快。由于水合作用的吸收是一个一级化学反应,这个过程会在瞬间完成。

③ 样气经干燥后其组成和含量基本不变。气态水分子可以随意通过 Nafion 管,而其他分子基本上都不能通过。

④ Nafion 管和聚四氟乙烯一样,具有极强的耐腐蚀性能,即使是氢氟酸或别的凝结酸,Nafion 管都可以承受。耐温、耐压能力较好,Nafion 管可以承受的最高温度为 190℃,最高压力为 1MPa。Nafion 管干燥器无可移动部件,一般无须维护。

（2）使用及维护的注意事项：

① 谨防液态水进入 Nafion 管干燥器。Nafion 管只能分离气态水而不能分离液态水,

聚结器和膜式过滤器只能分离液态水而不能分离气态水,Nafion 管则恰与之相反。

② 要定期对 Nafion 管进行清洗。要想使 Nafion 管干燥器发挥最大效率,则必须定期对管的内、外表面进行清洗。

③ 操作温度,其最高操作温度建议为 110℃。

④ 操作压力,应注意避免在 Nafion 管内造成负压。

⑤ 净化气,净化气可以采用干的空气或氮气,净化气流速设定为湿样品气流速的 2 倍。

7. 气溶胶过滤器

所谓气溶胶(aerosol)是指气体中的悬浮液体微粒,如烟雾、油雾、水雾等,其粒径小于 $1\mu m$,采用一般的过滤方法很难将其滤除。图 2-28 为 CLF 系列气溶胶过滤器。

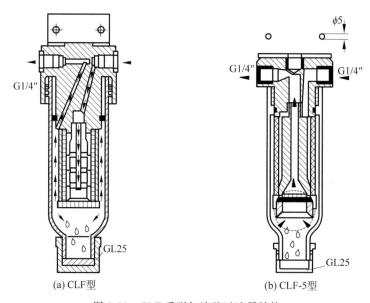

(a) CLF型　　　　　　　(b) CLF-5型

图 2-28　CLF 系列气溶胶过滤器结构

气溶胶过滤器的有关技术数据如下:样品温度:max. +80℃;样品压力:0.2~2bar abs.;样品流量:max.300L/h;样品通过过滤器后的压降:1kPa;过滤效果:粒径大于 $1\mu m$ 的微粒 99.9999% 被滤除。

实用的过滤装置一般由多级过滤器和反吹清灰装置组成。设计多级过滤系统必须计算每一级过滤的尘量、粒径,合理分配各级过滤器承受的尘量和粒径。使整个系统保证足够长的维护周期和过滤精度。在维护周期时间内任何一级过滤器的气阻不应超过额定值,以保证足够的流量。用反吹的方法可以延长粗过滤器的维护周期,但同时也要考虑反吹周期不宜过短,反吹时间不宜过长,以免减少分析时间。通过计算机对各种过滤器的传递函数进行模拟计算,得出各级过滤器的维护周期和反吹周期是值得推广的方法。如采用估计和现场试验的方法会使投入费用过高和时间过长,有时甚至是不现实的。比较有效的反吹方式是脉冲气流反吹法。此法要求控制反吹气源的电磁阀或电动球阀周期性地工作,可以由 PLC 方便地实现控制。由于反吹气是进入流程的,因此反吹气务须不致引起工艺气体的化学成分发生变化或浓度发生变化,也不应引起流程中气体发生爆炸。一般情况下,工艺气流流量很大,管道很粗时可用压缩空气反吹,工艺气为煤气时则必须用氮气反吹,含有焦油的煤气作热值分析时,为了不影响成分和除去焦油要用蒸汽反吹。

2.2.5 样品冷却器

工业流程上气体试样常含有较多的灰尘、水蒸气、油和腐蚀性气体,有时还处于高温、高压下;某些燃烧型的化学反应产生的气体常常温度很高,这些情况下取样预处理装置必须配备样品冷却器,对样品进行冷却,使样品温度符合分析仪器被测试样的要求。如炼铁的高炉炉气分析、石油化工裂解炉炉气分析等。另外,被检测气体干燥是分析系统中保证分析测量准确性的重要条件之一。样品冷却器可用于降低潮湿气体的露点温度,从而避免液体进入分析仪表。通常把将气体样品露点降至常温(15~20℃)叫作除水,而将样品露点降至常温以下叫作除湿或脱湿。

对冷凝器基本的技术要求是:以最小的空间体积实现最大的冷却效果。因为要使样品冷却并不十分困难,一般来说,只要加大散热面积和散热空间,任何高温都可以冷却下来。但是在一些特定的环境中,如工业色谱仪分析,不允许有较大的分析滞后时间,因此各种预处理部件对分析滞后时间有增大因素的情况都要尽可能消除。预处理部件的容积和死空间是增大分析滞后时间最为突出的因素。所以,在保证冷却效果的同时要使冷凝器不必要的容积和死空间尽可能减小。这一点应引起足够的重视。

冷凝器的种类比较多,冷却原理各有特点。有使用最为广泛的热交换式的水冷式冷凝器(可降至30℃或环境温度);有循环式的、冷却可靠、便于管理控制的压缩机冷却器,又称为冷剂循环冷却器,其工作原理和电冰箱完全相同(可降至5℃或更低);有使用寿命长、工作安全可靠、维护简单、外形尺寸小且容易实现较低的制冷温度、但成本高的半导体制冷器;还有制冷原理较为复杂的涡流制冷管(可降至-10℃或更低)等。

涡流管冷却器、压缩机冷却器和半导体冷却器主要用于湿度高、含水量较大的气体样品降温除水。其中以压缩机冷却器除湿效果最好,但价格较高。半导体冷却器难以用在防爆场所,涡流管冷却器对气源的要求高、耗气量大,适用于防爆场所。

1. 水冷式冷凝器

水冷式冷凝器是以水作为冷却介质,靠水的温升带走冷凝热量。冷却水一般循环使用,但系统中需设有冷却塔或凉水池。水冷式冷凝器按其结构形式又可分为壳管式冷凝器和套管式冷凝器两种,常见的是壳管式冷凝器。

(1)立式壳管式冷凝器。

立式壳管式冷凝器又称立式冷凝器,它是目前氨制冷系统广泛采用的一种水冷式冷凝器。立式冷凝器的结构如图2-29所示,其主要由外壳(筒体)1、管板2及管束3等组成。筒体是由8~16mm的钢板卷成圆柱形筒体后焊接而成,筒体两端各焊有一块多孔的管板,两管板之间焊接或胀接 $\phi38 \sim \phi70$mm的无缝钢管数十根。冷却水从顶部进入管束,沿管内壁往下流。制冷剂蒸汽从筒体高度2/3处的进汽口进入管束间空隙中,管内的冷却水与管外的高温制冷剂蒸汽通过管壁进行热交换,从而使制冷剂蒸汽被冷凝成液体并逐渐下流到冷凝器底部,经出液管流入贮液器5。吸热后的水则排入下部的混凝土水池中,再用水泵送入冷却水塔中经过冷却后循环使用。

为了使冷却水能够均匀地分配给各个管口,冷凝器顶部的配水箱内设有匀水板4并在管束上部每个管口装一个带斜槽的导流器,以使冷却水沿管内壁以膜状水层向下流动,这

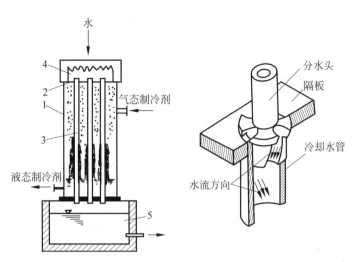

图 2-29　立式冷凝器结构示意图

1—外壳；2—管板；3—管束；4—匀水板；5—贮液器

样既可以提高传热效果又节约水量。

此外,立式冷凝器的外壳上还设有均压管、压力表、安全阀和放空气管等管接头,以便与相应的管路和设备连接。

立式冷凝器的主要特点如下:

① 由于冷却流量大流速高,故传热系数较高,一般 $K = 600 \sim 700 \text{kcal}/(\text{m}^2 \cdot \text{h} \cdot ℃)$。

② 垂直安装占地面积小,且可以安装在室外。

③ 冷却水直通流动且流速大,故对水质要求不高,一般水源都可以作为冷却水。

④ 管内水垢易清除,且不必停止制冷系统工作。

⑤ 但因立式冷凝器中的冷却水温升一般只有 $2 \sim 4℃$,对数平均温差一般在 $5 \sim 6℃$,故耗水量较大。且由于设备置于空气中,管子易被腐蚀,泄漏时不易被发现。

(2) 卧式壳管式冷凝器。

卧式冷凝器的结构如图 2-30 所示。它与立式冷凝器有相类似的壳体结构,但在总体上又有很多不同之处,主要区别在于壳体的水平安放和水的多路流动。卧式冷凝器两端管板外面各用一个端盖封闭,端盖上铸有经过设计互相配合的分水筋,把整个管束分隔成几个管组。从而使冷却水从一端端盖下部进入,按顺序流过每个管组,最后从同一端盖上部流出过程中,要往返 $4 \sim 10$ 个回程。这样既可以提高管内冷却水的流速,从而提高传热系数,又使高温的制冷剂蒸气从壳体上部的进气管进入管束间与管内冷却水进行充分的热交换。冷凝下来的液体从下部出液管流入贮液筒。

在冷凝器的另一端端盖上还常设有排空气阀和放水旋塞。排气阀在上部,在冷凝器投入运行开始时打开,以排出冷却水管中的空气,使冷却水畅通地流动,切记不要与放空气阀混淆,以免造成事故。放水旋塞供冷凝器停用时放尽冷却水管内的存水,避免冬季因水冻结而冻裂冷凝器。

卧式冷凝器的壳体上同样留有若干与系统中其他设备连接的诸如进气、出液、均压管、放空气管、安全阀、压力表接头及放油管等管接头。

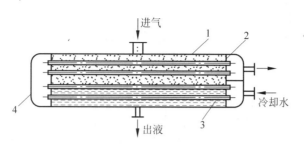

图 2-30　卧式冷凝器结构示意图

1—外壳(筒体)；2—管板；3—管束；4—端盖

卧式和立式冷凝器,二者除安放位置和水的分配不同外,水的温升和用水量也不一样。立式冷凝器的冷却水是靠重力沿管内壁下流,只能是单行程,故要得到足够大的传热系数 K,就必须使用大量的水。而卧式冷凝器是用泵将冷却水压送到冷却管内,故可制成多行程式冷凝器,且冷却水可以得到足够大的流速和温升($\Delta t = 4 \sim 6℃$)。所以卧式冷凝器用少量的冷却水就可以得到足够大的 K 值。但过分地加大流速,传热系数 K 值增大并不多,而冷却水泵的功耗却显著增加,所以氨卧式冷凝器的冷却水流速一般取 $1m/s$ 左右为宜,氟利昂卧式冷凝器的冷却水流速大多采用 $1.5 \sim 2m/s$。

综上所述,卧式冷凝器传热系数高,冷却水用量小,结构紧凑、操作管理方便。但要求冷却水的水质好,且清洗水垢不方便,泄漏时也不易发现。

(3) 套管式冷凝器。

套管式冷凝器是由两种不同直径的无缝钢管或两种不同直径的铜管套装在一起而组成的,外套管直径一般为 $\phi57 \times 3mm$,内管直径为 $\phi38 \times 3.5mm$,其结构如图 2-31 所示。

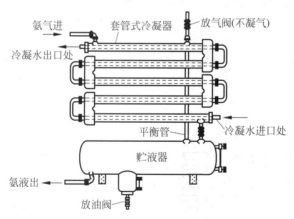

图 2-31　套管式冷凝器结构示意图

制冷剂的蒸气从上方进入内外管之间的空腔,在内管外表面上冷凝,液体在外管底部依次下流,从下端流入贮液器中。冷却水从冷凝器的下方进入,依次经过各排内管从上部流出,与制冷剂呈逆流方式。这种冷凝器的优点是结构简单,便于制造,且因系单管冷凝,介质流动方向相反,故传热效果好,当水流速为 $1 \sim 2m/s$ 时传热系数可达 $800kcal/(m^2 \cdot h \cdot ℃)$。其缺点是金属消耗量大,而且当纵向管数较多时,下部的管子充有较多的液体,使传热面积不能充分利用。另外,紧凑性差,清洗困难,并需大量连接弯头。因此,这种冷凝器在氨制冷装置中已很少应用。

对于小型氟利昂空调机组仍广泛使用套管式冷凝器。水冷是在线分析仪器预处理装置常采用的冷却方法,图2-8装置中有水冷的应用。

2. 半导体制冷

半导体制冷又称温差制冷或热电制冷,这项技术自20世纪50年代末发展起来后,因其具有独特的优点而得到了较广泛的应用。半导体制冷器是根据热电效应技术的特点,采用特殊半导体材料热电堆来制冷,能够将电能直接转换为热能,效率较高。

1834年,法国科学家珀尔帖发现,当直流电通过两种不同导电材料构成的回路时,结点上将产生吸热或放热现象(具体视电流方向而定),这种现象被称为珀尔帖效应。半导体制冷是珀尔帖效应在工程技术上的具体应用。可供制冷用的半导体材料有很多,如PbTe、ZnSb、SiGe等。

半导体制冷技术特点如下:

(1) 利用特种半导体材料组成PN结进行制冷(或制热),体积小、重量轻、寿命长、无噪声。

(2) 无机械运动、制冷迅速,便于组成各种结构、形状的制冷器。

(3) 制冷量可在MW~kW级变化,制冷温差可达20~150℃。

(4) 由于无气体工质,不会污染环境,是一种真正的绿色制冷器。

(5) 用于制冷时,其效率较低;但用于制热时,其效率相当高。因此综合起来评估时,其效率还是较高的。

(6) 目前成本较高,但随着技术的发展及生产工艺的改进,成本会进一步下降。

半导体制冷器结构如图2-32所示。珀尔帖元件的热端由一组散热片散热或用风扇将热量驱散。半导体冷却器的除湿装置是将一个撞击器(impinger,又称射流热交换器)装在吸热块中,吸热块与珀尔帖元件的冷端连接,其装置图如图2-33所示。

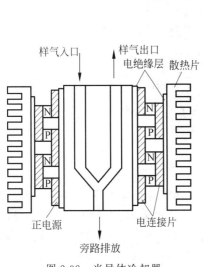

图2-32　半导体冷却器

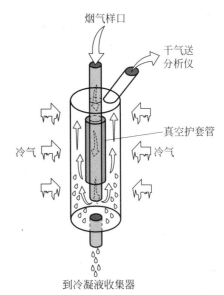

图2-33　半导体冷却器的撞击器(射流热交换器)

我国在 20 世纪 60 年代开始对半导体制冷进行了研究,并生产出性能良好的半导体制冷材料。工业窑炉热像仪系统所采用的碲镉汞红外探测仪灵敏度高、响应速度快,可达微秒级;使用多级微型半导体制冷器可使探测器始终在低温稳定的环境中工作,以发挥其最佳性能。

3. 涡流冷却

涡流冷却效应的实质是利用人工方法产生旋涡使气体分为冷热两部分,利用分离出来的冷气流即可制冷。涡流管的结构简单,维护方便,启动快,且能达到比较低的温度。

涡流管是一个构造比较简单的管子,如图 2-34 所示,它主要是由喷嘴、涡流室、分离孔板及冷热两端的管子组成。气体经涡流而分离成两部分是在涡流管的涡流室内进行。涡流室内部形状为阿基米德螺线,喷嘴是沿切线方向装在涡流室的边缘,其连接可以有不同的方法。

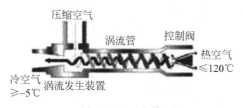

图 2-34　涡流管

在涡流室的一侧装有一个分离孔板,其中心孔径约为管子内径的一半(或稍小一些),它与喷嘴中心线的距离大约为管子内径之半。分离孔板之外即为冷端管子。热端装在分离孔板的另一侧,在其外端装有一个控制阀,控制阀离开涡室的距离约为管子内径的 10 倍。控制阀的开度可以用手动调节。

经过压缩并冷却到室温的气体(通常是用空气,也可以用其他气体如二氧化碳、氨等)进入喷嘴内膨胀以后以很高的速度切线方向进入涡流室,形成自由涡流,经过动能的交换并分离成温度不相同的两部分,中心部分的气流经孔板流出,即冷气流;边缘部分的气流从另一端经控制阀流出,即热气流。所以涡流管可以同时得到冷热两种效应。根据试验,当高压气体的温度为室温时冷气流的温度可达 $-50 \sim -10^{\circ}C$,热气流的温度可达 $100 \sim 130^{\circ}C$。控制阀用来改变热端管子中气体的压力,因而可调节两部分气流的流量比,从而也改变了它们的温度。

涡流管的优点是结构简单,维护方便,启动快,且能达到比较低的温度;其主要缺点是效率低。故涡流管只宜用于那些不经常使用的小型低温试验设备。应用回热原理及喷射器来降低涡流管冷气流的压力,不仅可以进一步降低涡流管所能获得的低温,还可以提高涡流管的经济性。为了获得更低的温度还可以采用多级涡流管。

2.2.6　采样泵

烟道气体的特点是含有灰尘、水蒸气和腐蚀性组分,温度较高,压力较低或处于负压。对于压力不大于 0.01MPa 的微正压或负压的气体样品取样都要使用泵抽吸被测气样,保证样品达到分析仪要求的流量,抽吸气体的装置常用隔膜泵及喷射泵。在样品增压排放系统中,常用电磁泵、活塞泵、离心泵等进行输送。在气液分离系统中,常用蠕动泵替代气液分离阀起阻气排液作用。

1. 喷射泵

喷射泵是一种广泛应用于输送压缩混合气体和蒸汽、液体和固体的设备,气体或液体常被作为动力介质。喷射泵的主要工作原理:具有一定压力的工作流体从 a 口通道经喷嘴高速射出,使喷嘴出口至泵下端喉管区域形成真空,使 b 口气体被吸入,并与 a 口流体混合从 c 口排出,从而达到理想的抽气真空效果,如图 2-35 所示。动力喷嘴以高速喷射出的液体或气体可带动和加速周围的液体、气体或固体,这一运动导致驱动和被带动物质的混合。不同于传统的泵,喷射泵在工作时没有运动部件。

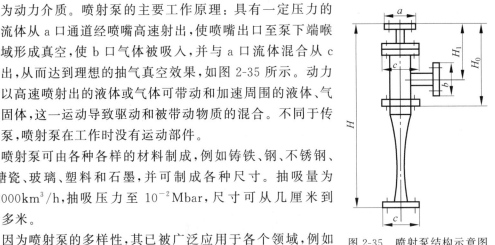

图 2-35   喷射泵结构示意图

喷射泵可由各种各样的材料制成,例如铸铁、钢、不锈钢、钛、搪瓷、玻璃、塑料和石墨,并可制成各种尺寸。抽吸量为 $1\sim2000km^3/h$,抽吸压力至 $10^{-2}Mbar$,尺寸可从几厘米到三十多米。

因为喷射泵的多样性,其已被广泛应用于各个领域,例如化学反应器、排气系统、水处理设备、混合槽、储存槽、废水处理设备、加热系统、加热供气系统、电厂、游泳池、鲑厂的供水等,以及不同工业领域中真空的形成。

在炼油厂里,水蒸气真空喷射泵同液环泵组合用于炼油厂的减压精馏塔系统。这两种泵的组合保持很低的蒸汽、水和电的消耗。

2. 隔膜泵

隔膜泵是气体分析系统中从工艺管道中连续抽取气体的动力部件,也是加快分析系统响应时间的关键部件之一,有气动隔膜泵和电动隔膜泵两种。隔膜泵是无油泵,避免了油蒸汽污染的问题。

气动隔膜泵是一种新型输送机械,是目前国内最新颖的一种泵类。采用压缩空气为动力源,对于各种腐蚀性液体,带颗粒的液体,高黏度、易挥发、易燃、剧毒的液体,均可以进行抽吸。气动隔膜泵共有四种材质:塑料、铝合金、铸铁、不锈钢。

气动隔膜泵工作原理:采用压缩空气为动力,是由膜片往复变形造成容积变化的容积泵,其工作原理近似于柱塞泵,如图 2-36 所示。

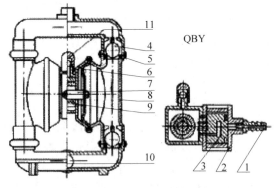

图 2-36   气动隔膜泵结构示意图

在泵的两个对称工作腔中,各装有一块有弹性的隔膜 6,连杆 7 将两块隔膜结成一体,压缩空气从泵的进气接头 1 进入配气阀 3 后,推动两个工作腔内的隔膜,驱使连杆连接的两块隔膜同步运动。与此同时,另一工作腔内的气体则从其隔膜的背后排出泵外。一旦到达行程终点,配气机构自动地将压缩空气引入另一工作腔,推动隔膜朝相反方向运动,这样就形成了两个隔膜的同步往复运动。每个工作腔中又设置有两个单向球阀 4,隔膜的往复运动造成工作腔内容积的改变,迫使两个单向球阀交替地开启和关闭,从而将气体连续地吸入和排出。

由于隔膜泵工作原理的特点,因此隔膜泵具有以下特点:

(1) 泵不会过热,压缩空气作动力,在排气时是一个膨胀吸热的过程,气动泵工作时温度是降低的,无有害气体排出。

(2) 不会产生电火花,气动隔膜泵不用电力作动力,接地后又防止了静电火花。

(3) 可以通过含颗粒液体,因为容积式工作且进口为球阀,所以不容易被堵。

(4) 对物料的剪切力极低,工作时是怎么吸进就怎么吐出,所以对物料的搅动最小,适用于不稳定物质的输送。

(5) 流量可调节,可以在物料出口处加装节流阀来调节流量。

(6) 具有自吸的功能。

(7) 可以空运行,而不会有危险。

(8) 可以潜水工作。

(9) 可以输送的流体极为广泛,从低黏度的到高黏度的,从腐蚀性的到黏稠的。

(10) 没有复杂的控制系统,没有电缆、保险丝等。

(11) 体积小、重量轻,便于移动。

(12) 无须润滑,所以维修简便,不会由于滴漏污染工作环境。

(13) 泵始终能保持高效,不会因为磨损而降低。

(14) 百分之百的能量利用,当关闭出口,泵自动停机,设备易发生移动、磨损、过载、发热。

由于气动隔膜泵有以上特点,所以在环保、废水处理、建筑、排污、精细化工中正在扩大其市场份额,并具有其他泵不可替代的地位。

电动隔膜泵原理:用电动机通过减速箱带动左右两端活塞上的隔膜一前一后往复运动,在左右两个泵腔内,装有上下四个单向球阀,隔膜的运动造成工作腔内的容积改变,迫使四个单向球阀交替打开和关闭,从而使液体不断地吸入和排出。

图 2-37 为水抽吸取样和预处理系统示意图。带有微孔陶瓷过滤器的探头插入烟道。以具有一定压力的水为动力的水抽吸器,把样气从烟道吸入取样管路。在水抽吸器里,样气和水混合在一起。这时样气一方面得到冷却,同时又被清洗。水抽吸器实质就是以水为动力的喷射泵。从探头到水抽吸器这段取样管路具有一定负压,应当密封良好,以防止空气漏入管路。样气与水的混合物进入气水分离器后灰尘大部分落入水中,并和水一起排出。样气被气水分离器分离出来,并以一定的正压由气水分离器输出,进入离心式过滤器。样气经过滤后进入分析仪器进行分析。

烟道气体取样和预处理系统也有采用隔膜泵进行抽吸的,流程与采用喷射泵的相似。样品系统所用的泵,其体积流量远小于工艺装置中所用的泵,泵送效率和动力消耗不太重要,而高可靠性、样品不受污染、耐腐蚀性则是最重要的问题。

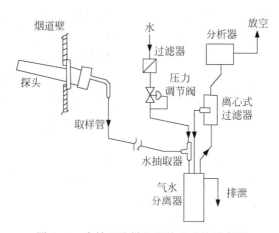

图 2-37　水抽吸取样和预处理系统示意图

2.2.7　天然气的取样和样品处理技术

1. 天然气中的杂质及其危害

这里所说的杂质不是指天然气从井口采出时所携带的液体(水、液态烃)和固体(岩屑、腐蚀产物等),而是指天然气经过矿场分离和处理厂净化后所夹带的微量粉尘和气雾,这些粉尘和气雾的来源有如下一些:

(1) 天然气从井口采出、矿场分离后送入管道集输,为了防止形成水合物,特别是在冬季寒冷情况下,要加入甲醇、乙二醇等水合物抑制剂,所以天然气中可能夹带微量的甲醇、乙二醇蒸气。

(2) 采用醇胺法脱硫,天然气经脱硫塔顶除沫器后可能夹带的微量胺液飞沫。

(3) 采用三甘醇脱水后天然气中混杂的微量三甘醇(TEG)蒸气。

(4) 采用分子筛脱水后天然气中携带的微量分子筛粉尘。

(5) 管输天然气中含有的微量 C_5、C_6 以上重烃,即所谓油蒸气,含量在几十至几百 ppm;如果天然气脱烃处理不当可能导致较高的烃露点温度,使气体带有碳氢化合物飞沫。

(6) 腐蚀性产物,如天然气所含硫化氢与输气管道生成的硫化亚铁(FeS)粉尘。

(7) 天然气加压站,特别是 CNG 加气站压缩机出口天然气中携带的压缩机油蒸气。

其中,(1)、(2)、(3)、(5)、(7)蒸气属于气溶胶,粒度一般小于或等于 $1\mu m$;(4)、(6)颗粒物粒度也很小,一般小于或等于 $0.4\mu m$。

这些粉尘和气雾如不处理干净,将会污染在线分析仪器的传感器件、光学器件和色谱柱等,造成测量误差或运行故障。因此,被测样气必须经过精细的过滤处理,除去这些杂质后才能送分析仪器进行分析。

2. 设计取样和样品处理系统时的注意事项

设计天然气的取样和样品处理系统时,主要应注意以下几点:

(1) 避免取出的样品出现气液共存现象。

在取样和样品传输、处理过程中,应采取伴热保温措施,使样品的温度在任何压力下都应高于其烃露点和水露点。伴热温度至少应高于样品源温度10℃以上。

管输天然气的输送压力最高可达10MPa,当其减压至0.1MPa以下时,气体的温度约降低 50℃。对这种高压天然气取样时,应参考天然气的温度-压力相图,避免样品在减压降温过程中进入相边界之内,出现凝析现象。样品减压时应采取加热措施,然后伴热传输。

(2) 通过多级过滤滤除颗粒物和气溶胶。

天然气矿、处理厂、输气管线等场合工况条件和杂质含量各不相同,如前所述的粉尘和气溶胶微粒又很细小,设计样品处理系统时,应根据样品所含颗粒物、液滴、气溶胶的粒径大小、粒径分布及表面张力高低,按照过滤孔径由大到小的顺序,采用二至三级过滤逐步滤除这些杂质。

在天然气的样品处理中,国外目前主要采用薄膜过滤器、聚结(纤维)过滤器和组合过滤器(聚结＋薄膜、烧结＋薄膜)等来滤除颗粒物、液滴及气溶胶。美国和加拿大等国已研制出不少新型天然气样品处理器件,我们应及时了解这些新器件并熟悉其选型、使用和维护。

(3) 吸附与解吸。

某些气体组分被吸附到固体表面或从固体表面解吸的过程称为吸附效应,这种吸附力大多是纯物理性的,取决于与样品接触的各种材料的性质。样品系统的部件和管子应采用不锈钢材料,不能采用碳钢或其他类似多孔性材料(容易吸附天然气中的重组分、H_2S、CO_2等)。密封件宜采用聚四氟乙烯等,而不能用硅橡胶,硅橡胶对许多组分都具有很高的吸附性和渗透性。

当测定微量的 H_2S、总硫和重烃时应特别注意这一点,因为这些组分具有强吸附效应,此时可采取以下措施:

① 管材应优先采用硅钢管(Silicon Steel Tube,一种内部有玻璃覆膜的 316SS 管,其价格较贵,约每米 400 元),如无这种管材,则应采用经抛光处理的 316SS 管。

② 对样品处理部件进行表面处理,如抛光、电镀某种惰性材料(如镍)来减少吸附效应。

③ 样品处理部件表面涂层,聚四氟乙烯涂层对 H_2S 有效,环氧树脂或酚醛树脂涂层能减少或消除对含硫化合物或其他微量组分的吸附。

(4) 泄漏和扩散。

应对样品系统定期进行泄漏检查,微漏可能影响微量组分的测定分析,特别是分析微量水分时,即使样品在高压状态下,大气中的 H_2O 分子也会扩散到管子或样品容器中,因为组分的分压决定了扩散的方向。检漏可采用洗涤剂溶液,也可采用充压试漏。

(5) 腐蚀防护。

天然气中的腐蚀性组分主要是 H_2S、CO_2 等酸性气体,一般采用 316 不锈钢材料。

当样气中 H_2S 和 H_2O 含量较高(超出天然气管输要求)时,对在线色谱仪的色谱柱有一定危害,可在样品处理系统增加脱硫和除湿环节。

脱硫器中装入浸渍硫酸铜($CuSO_4$)的浮石管或无水硫酸铜脱硫剂(96% $CuSO_4$,2% MgO,2% 石墨粉),可脱除 H_2S,此过程适用于 H_2S 含量<300ppm 的气样,对 CO_2 影响极小。除湿可采用粒状五氧化二磷(P_2O_5)或高氯酸镁($Mg(ClO_4)_2$),装入直径 10～15mm、长 100mm 的玻璃管干燥器中,当干燥剂约有一半失效时,需更换。脱硫器和干燥器均应装在紧靠色谱仪样品入口的管路中,并且脱硫器应装在干燥器的上游。

3. 取样技术——采用直通式探头取样

在天然气处理厂和一部分中、低压输气管线,多采用直通式(敞开式)探头取样,样品取出后经前级减压即可输送,样品传输管线需伴热保温。

当取样点样品压力较高或环境温度较低时,应采用带蒸汽或电加热的减压阀减压,并应妥善进行取样系统的伴热保温设计,以免样品减压降温之后低于烃露点或水露点时出现凝析现象。

图 2-38 是某天然气矿位于取样点根部的现场减压箱,减压箱前装有过滤器以滤除颗粒物和粉尘,减压阀为 GO 品牌电加热减压阀,减压箱敷设保温材料保温。

图 2-38 某天然气矿取样点近旁的现场减压箱

有些单位不采用根部减压的做法,原因是怕减压后有重烃凝析出来影响测量。他们的做法是在工艺管道取样点接取样根部阀,不减压经取样管线传送至分析柜,在分析柜内减压,如图 2-39 所示。样品进入分析柜后经减压阀减压,送电解式微量水分仪(德国 CMC 产品)进行测量;图中的旁通过滤器为 Genie 膜式过滤器,将可能凝析出来的液体过滤掉;分析柜右下角是电加热器,用以加热柜体和样品系统。

图 2-39 微量水分仪分析柜

与根部减压相比,将样品传送到分析柜再减压会造成一定的分析滞后,应尽可能缩短取样点与分析柜之间的距离,将其限制在 3~5m。

4. 取样技术——采用减压式探头取样

(1) Genie 减压式取样探头。

美国 A+公司生产的 Genie 减压式取样探头(Genie probe regulator,也可译为 Genie 探

头式减压器)如图 2-40 所示。它将探头和减压阀组合在一起,直接插入天然气管道取样,可在 2000psi 压力下工作,其优点是探头内带膜式过滤器,可将天然气中的杂质及气雾滤除,减小系统后续样品处理的压力。

探头带有 Genie 滤膜,可滤除天然气中的冷凝物、胺、乙二醇、油类、微粒等液体和颗粒物,使在线分析仪免受污染和损害,在实现保护功能时并不改变样品的组成。在滤膜的下游有压力调节器,可调节出口气体压力,由于减压节流效应可能冷凝出液体,有的场合需采用带电加热的压力调节器。此外,一般后续处理中需安装 Genie 101 型薄膜过滤分离器,提供安全保护网络,使分析仪免受冷凝液的损害。

（2）Welker 减压式取样探头。

图 2-41 是 Welker 的一种带调压装置的取样探头,安装在管道上,该探头下端装有热翼片,其作用是当样品减压膨胀温度降低时,可通过翼片吸热从气流的热质中得到补偿。

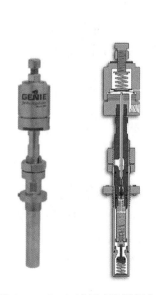

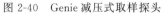

图 2-40　Genie 减压式取样探头

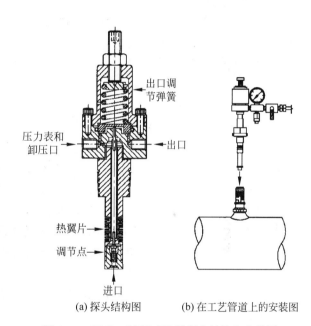

(a) 探头结构图　(b) 在工艺管道上的安装图

图 2-41　Welker 减压式取样探头结构和安装图

（3）Welker 探头与 Genie 探头的区别。

Welker 探头在管道内减压,探头上有吸热翼片,对减压节流产生的焦耳-汤姆逊效应有降温补偿作用,但是探头不带有将样气中的液滴和颗粒物滤掉的滤膜,因此在后续样品处理过程中需增加粗过滤环节。

Genie 探头将相位分离滤膜插入管道来分离夹带的液体和颗粒物,为保护气体分析仪器,防止遭受液体损坏提供了一张安全保护网。这种探头在管道外减压,对减压降温可能造成的凝析现象需采取预防措施,如采用电加热减压阀、设置滤膜分离器等。

2.3　试样的检测与控制调节

试样从生产流程取出之后,需对复杂的试样进行预处理,调整试样的环境压力、温度、流速等,使其与在线分析仪器要求的环境压力、温度、流速等相匹配,以减少生产流程对在线分析仪器测量的干扰和对仪器的损坏。

2.3.1　试样的流量测量与控制调节

连续式的分析仪器常常要求样气流量恒定,在要求不高的场合用一只转子流量计和一个调节针阀即可;在要求较高的场合,可采用专门的小流量控制器。如红外气体分析器、气相色谱仪等都要求一定流量的气体进行分析,在它们的预处理系统中流量测量与控制必不可少,并对分析结果起着至关重要的作用。

1. 转子流量计

转子流量计是以浮子在垂直锥形管中随着流量变化而升降,改变它们之间的流通面积来进行测量的体积流量仪表,又称转子流量计。在美国、日本常称作变面积流量计(variable area flowmeter)或面积流量计。

（1）原理和结构。

转子流量计的流量检测元件是由一根自下向上扩大的垂直锥形管和一个沿着锥管轴上下移动的浮子组所组成。工作原理如图 2-42 所示,被测流体从下向上经过锥形管 1 和浮子 2 形成的环隙 3 时,浮子上下端产生压差形成浮子上升的力,当浮子所受上升力大于浸在流体中浮子重量时,浮子便上升,环隙面积随之增大,环隙处流体流速立即下降,浮子上下端压差降低,作用于浮子的上升力亦随之减少,直到上升力等于浸在流体中浮子重量时,浮子便稳定在某一高度。浮子在锥管中高度和通过的流量有对应关系。

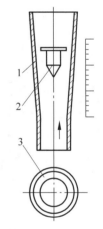

图 2-42　转子流量计工作原理
1—锥形管;2—浮子;3—流通环隙

体积流量 Q 的基本方程式为

$$Q = \alpha \varepsilon \Delta F \sqrt{\frac{2g V_f(\rho_f - \rho)}{\rho F_f}} \quad (\mathrm{m^3/s}) \qquad (2\text{-}1)$$

当浮子为非实心中空结构(放负重调整量)时,则

$$Q = \alpha \varepsilon \Delta F \sqrt{\frac{2g(G_f - V_f \rho)}{\rho F_f}} \quad (\mathrm{m^3/s}) \qquad (2\text{-}2)$$

式中：α——仪表的流量系数,因浮子形状而异;

　　　ε——被测流体为气体时气体膨胀系数,通常由于此系数校正量很小而被忽略,且通过校验已将它包括在流量系数内,如为液体则 $\varepsilon = 1$;

　　　ΔF——流通环形面积,$\mathrm{m^2}$;

　　　g——当地重力加速度,$\mathrm{m/s^2}$;

　　　V_f——浮子体积,如有延伸体亦应包括,$\mathrm{m^3}$;

ρ_f——浮子材料密度,kg/m^3;

ρ——被测流体密度,如为气体是在浮子上游横截面上的密度,kg/m^3;

F_f——浮子工作直径(最大直径)处的横截面积,m^2;

G_f——浮子质量,kg。

流通环形面积与浮子高度之间的关系如式(2-3)所示,当结构设计已定,则d、β为常量。式中有h的二次项,一般不能忽略此非线性关系,只有在圆锥角很小时,才可视为近似线性。

$$\Delta F = \pi\left(dh\tan\frac{\beta}{2} + h^2\tan^2\frac{\beta}{2}\right) = ah + bh^2 \quad (m^2) \qquad (2-3)$$

式中:d——浮子最大直径(即工作直径),m;

　　　h——浮子从锥管内径等于浮子最大直径处上升高度,m;

　　　β——锥形管的圆锥角;

　　　a、b——常数。

口径15~40mm透明锥形管浮子流量计典型结构如图2-43所示。透明锥形管4用得最普遍,由硼硅玻璃制成,习惯简称玻璃管浮子流量计。流量分度直接刻在锥形管4外壁上,也有在锥形管旁另装分度标尺。锥形管内腔有圆锥体平滑面和带导向棱筋(或平面)两种。浮子在锥形管内自由移动,或在锥形管棱筋导向下移动,较大口平滑面内壁仪表还有采用导杆导向。

图2-44是直角型安装方式金属管浮子流量计典型结构,通常适用于口径15~40mm以上仪表。锥形管5和浮子4组成流量检测元件。套管(图2-44未表示)内有导杆3的延伸部分,通过磁钢耦合等方式,将浮子的位移传给套管外的转换部分。转换部分有就地指示和远传信号输出两大类型。除直角安装方式结构外还有进出口中线与锥管同心的直通型结构,通常用于口径小于10~15mm的仪表。

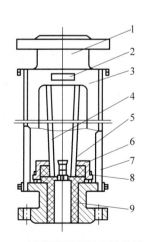

图2-43　透明锥形管浮子流量计结构

1—基座;2—标牌;3—防护罩;4—透明锥形管;
5—浮子;6—压盖;7—支承板;8—螺钉;9—衬套

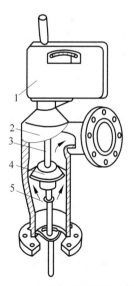

图2-44　金属管浮子流量计结构

1—转换部分;2—传感部分;3—导杆;
4—浮子;5—锥形管部分

（2）应用概况。

浮子流量计适用于小管径和低流速。常用仪表口径 40～50mm 以下，最小口径做到 1.5～4mm，适用于测量低流速小流量。以液体为例，口径 10mm 以下玻璃管浮子流量计满度流量的名义管径，流速只在 0.2～0.6m/s，甚至低于 0.1m/s；金属管浮子流量计和口径大于 15mm 的玻璃管浮子流量计稍高些，流速在 0.5～1.5m/s。

浮子流量计可用于较低雷诺数，选用黏度不敏感形状的浮子，流通环隙处雷诺数只要大于 40 或 500，雷诺数变化流量系数即保持常数，亦即流体黏度变化不影响流量系数。这一数值远低于标准孔板等节流差压式仪表最低雷诺数 $10^4～10^5$ 的要求。

大部分浮子流量计没有上游直管段要求，或者说对上游直管段要求不高。浮子流量计有较宽的流量范围度，一般为 10：1，最低为 5：1，最高为 25：1。流量检测元件的输出接近于线性，压力损失较低。

玻璃管浮子流量计结构简单，价格低廉。在现场指示流量，使用方便；缺点是有玻璃管易碎的风险，尤其是无导向结构浮子用于气体。

金属管浮子流量计无锥管破裂的风险。与玻璃管浮子流量计相比，使用温度和压力范围宽。

大部分结构浮子流量计只能用于自下向上垂直流的管道安装。浮子流量计应用局限于中小管径，普通全流型浮子流量计不能用于大管径，玻璃管浮子流量计最大口径 100mm，金属管浮子流量计为 150mm 或更大管径。

浮子流量计作为直观流动指示或测量精确度要求不高的现场指示仪表，占浮子流量计应用的 90％以上，被广泛地用在电力、石化、化工、冶金、医药等流程工业和污水处理等公用事业。

环境保护大气采样和流程工业在线监测的分析仪器连续取样，采样的流量监控也是浮子流量计的大宗服务对象。作为流程工业液位、密度等其他参量的测量中，定流量测量和控制的辅助仪表，浮子流量计应用得亦非常普遍，亦占有相当份额。

2. 针阀

调节阀和普通阀门一样是一个局部阻力可以变化的节流元件。由于阀芯在阀体内移动，改变了阀芯与阀座之间的流通面积，即改变了阀的阻力系数，被控介质的流量相应地改变，从而达到调节工艺变量的目的。

采用针型阀芯的柱塞型阀为针阀，适用于小流量。

当流体经过调节阀时，由于阀芯、阀座所造成的流通面积的局部缩小，形成局部阻力，使流体在该处产生能量损失。对于不可压缩流体，由能量守恒原理可知，调节阀上的能量损失等于调节阀前后流体的压头之差

$$H=\frac{p_1-p_2}{\gamma} \tag{2-4}$$

式中：H——单位流体的能量损失；

p_1——阀前压力；

p_2——阀后压力；

γ——流体重度。

如果调节阀的开度不变，流体的密度不变，那么单位流体的能量损失与流体的动能成

正比。

$$H = \frac{\xi \omega^2}{2g} \tag{2-5}$$

式中：ω——流体的平均流速；

　　　ξ——调节阀阻力系数，与阀门结构形式、开度和流体的性质有关；

　　　g——重力加速度。

流体的平均流速算式为

$$H = \frac{Q}{A} \tag{2-6}$$

式中：Q——流体体积流量；

　　　A——调节阀接管流通面积，$A = \pi D_g^2 / 4$，D_g 为阀公称直径。

综合式(2-4)～式(2-6)，可得调节阀的流量方程式为

$$Q = \frac{A}{\sqrt{\xi}} \sqrt{\frac{2g(p_1 - p_2)}{\gamma}} \tag{2-7}$$

上式各项采用如下单位：

A——cm^2；

γ——gf/cm^3；

g——$981cm/s^2$；

p_1、p_2——gf/cm^2；

Q——cm^3/s。

如果流量和压差采用工程单位：

Q——cm^3/h；

p_1、p_2——$1kgf/cm^2$。

则式(2-7)可写成

$$Q = \frac{A}{\sqrt{\xi}} \sqrt{\frac{2 \times 981 \times 1000(p_1 - p_2)}{\gamma}} \cdot \frac{3600}{10^6} = 5.04 \frac{A}{\sqrt{\xi}} \sqrt{\frac{\Delta p}{\gamma}} \tag{2-8}$$

上式为调节阀实际应用的流量方程。在调节阀口径一定（A 一定）和 Δp、γ 不变的情况下，流量 Q 仅随阻力系数 ξ 变化，阀的开度增大，阻力系数 ξ 减小，流量随之增大。调节阀就是通过改变阀芯行程实现开度的变化，即改变其阻力系数 ξ 来实现流量调节的。

2.3.2　试样的压力控制

在线分析仪器除了要求被测气体或液体流量恒定外，还要求被测试样压力稳定。对处于较高压力的试样需进行减压处理，对试样压力波动较大的需进行稳压处理；可采用常规的气动稳压阀和减压阀，也可采用简易的水封或油封稳压装置进行稳压或减压。对于试样压力较低或处于负压情况，这时需采用抽吸装置。有的仪器还要求被测试样流量稳定，采用稳流阀进一步进行控制。

1. 减压阀

减压阀是将较高的进口压力调节并降低到符合使用要求的出口压力，并保证调节后出口压力的稳定。其他减压装置（如节流阀）虽能降压，但无稳压能力。

　　减压阀的结构如图 2-45 所示。图中 7 是高压气瓶与减压阀的连接口,气体经针阀 4 进入装有调节隔膜的出口腔 5,出口压力是靠调节手柄 1 调节,顺时针拧紧,针阀逐渐打开,出口压力升高;反时针旋松,出口压力减小。

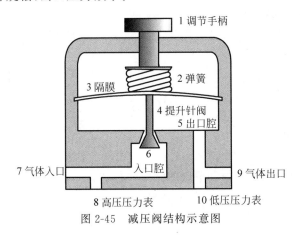

图 2-45　减压阀结构示意图

　　减压阀按压力调节方式,有直动式减压阀和先导式减压阀;按调压精度,有普通型和精密型。此外,还有与其他元件组合成一体的复合功能的减压阀。

　　直动式减压阀是利用手轮直接调节调压弹簧的压缩量来改变阀的出口压力的阀。

　　先导式减压阀是用压缩空气的作用力代替调压弹簧力以改变出口压力的阀,称为先导式减压阀。它调压时操作轻便,流量特性好,稳压精度高,压力特性也好,适用于通径较大的减压阀。

　　直动式减压阀,用于管径在 20～25mm 以下,而输出压力在 0～0.63MPa 内最为适当,超过这个范围必须使用先导式减压阀。

　　2. 稳压阀

　　稳压阀的结构如图 2-46 所示。它为后面的针形阀提供稳定的气压,或为后面的稳流阀提供恒定的参考压力。旋转调节手柄 5,即可通过弹簧将针形阀 2 旋到一定的开度,当压力达到一定值时就处于平衡状态,当气体进口压力 P_1 稍有增加时,P_2 处的压力也增加,波纹管就向右移动,并带动三根连动阀杆(图中只画出一根)也向右移动,使阀开度变小,使出口压力 P_3 维持不变,反之亦然。

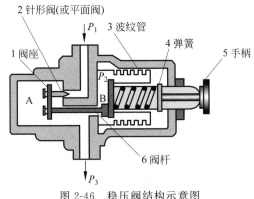

图 2-46　稳压阀结构示意图

3. 稳流阀

稳流阀的结构如图 2-47 所示。程序升温用气相色谱仪通常还配有稳流阀,以维持柱升降温时气流的稳定。其工作原理是针阀在输入压力保持不变的情况下旋到一定的开度,使流量维持不变。当进口压力 P_1 稳定,针阀两端的压力差 $\Delta P = P_1 - P_2$,当 ΔP 等于弹簧压力时,膜片两边达到平衡。当柱温升高时,气体阻力增加,出口压力 P_4 增加,流量降低。因为 P_1 是恒定的,所以 ΔP 小于弹簧压力,这时弹簧向上压动膜片,球阀开度增大,出口压力 P_4 增大,流量增加,P_2 也相应下降,直至 ΔP 等于弹簧压力时,膜片又处于平衡,使气体流量维持不变。

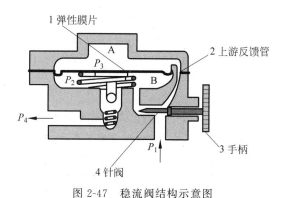

图 2-47 稳流阀结构示意图

4. 应用

图 2-48 为简易的气体试样预处理系统示意图。减压阀用来调节气体压力,前置稳压装置用来对气体进行第一次稳压。这里用的是一个水封稳压装置,水封深度一般 1m 左右即可。采用这个装置的优点是设备简单,维护容易。但由于水易蒸发,液面不易维持恒定,稳压精度不高。前置稳压装置也可采用气体稳压阀或气体定值器。如果采用稳压阀,当工艺管道气体压力较大时,应在减压阀和稳压阀之间安装一个安全阀,以便当气体压力超过稳压阀最大允许输入压力时能自动放空。过滤器为玻璃制的滤过漏球,用来过滤固体杂质。稳压器用来对气体进行第二次稳压,里面可装变压器油或压缩机油,油的深度 200mm 左右。干燥器用来吸收气体中的水分。干燥剂要根据被测气体的具体情况决定,一般情况下可用硅胶。调节阀为针阀,用来调节被测气体的流量,转子流量计用来显示被测气体流量。

图 2-48 中虚线部分由仪表制造厂提供,一般都做成组合件形式,称为预处理组件。

2.3.3 试样的温度测量

在线分析仪器除了要求被测试样流量恒定、压力稳定外,被测试样的温度必须在所允许的温度范围之内。被测试样经过预处理装置处理之后应处于适宜的压力、流量、温度,以便在线分析仪器检测器有一个适宜的检测环境。

降温通常采用水冷,保温可采用电加热保温或蒸汽保温。因工业环境温度较高,温度测量常采用热电偶。

1. 热电偶测温原理

热电偶是温度测量中应用最普遍的器件,它的特点是测温范围宽,性能稳定,有足够的测量精度,能够满足工业过程温度测量的需要;结构简单,动态响应好;输出为电信号,可

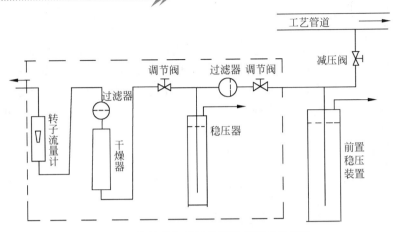

图 2-48　简易的气体试样预处理系统示意图

以远传,便于集中检测和自动控制。

热电偶的测温原理基于热电效应。将两种不同的导体或半导体连成闭合回路,当两个接点处的温度不同时,回路中将产生热电势,这种现象称为热电效应,又称塞贝克效应。

闭合回路中产生的热电势由两种电势组成:温差电势和接触电势。温差电势是指同一导体的两端因温度不同而产生的电势,不同的导体具有不同的电子密度,所以它们的温差电势也不一样。接触电势是指两种不同的导体相接触时,因各自的电子密度不同而产生电子扩散,当达到动平衡后所形成的电势,接触电势的大小取决于两种不同导体的性质和接触点的温度。

综合两种电势,在闭合回路中产生的总热电势为

$$E_{AB}(T,T_0)=\int_{T_0}^{T} S_{AB}\mathrm{d}T = e_{AB}(T)-e_{AB}(T_0) \tag{2-9}$$

式中:T、T_0——两个接点的温度,$T>T_0$;

S_{AB}——塞贝克系数,其值随热电极材料和接点温度而定。

2. 几种常用工业热电偶

几种常用工业热电偶的主要性能和特点如下:

(1) 铂铑合金、铂系列热电偶。

属贵金属热电偶,由铂铑合金丝及纯铂丝构成。这个系列的热电偶使用温区宽,特性稳定,可以测量较高温度。由于可以得到高纯度材质,所以它们的测量精度较高,一般用于精密温度测量。但是产生的热电势小,热电特性非线性较大,且价格较贵。S 型和 R 型铂铑-铂热电偶在 1300℃ 以下可长时间使用,短时间可测 1600℃;由于热电势小,300℃ 以下灵敏度低,300℃ 以上精确度最高;它在氧化气氛中物理化学稳定性好,但在高温易受还原性气氛及金属蒸气沾染而降低测量准确度。B 型热电偶是氧化气氛中上限温度最高的热电偶,但是它的热电势最小,600℃ 以下灵敏度低,参比端温度在 100℃ 以下时,可以不必修正。

(2) 廉价金属热电偶。

由价廉的合金或纯金属材料构成。镍基合金系列中有镍铬-镍硅(铝)热电偶(K 型)和镍铬硅-镍硅热电偶(N 型),这两种热电偶性能稳定,产生的热电势大;热电特性线性好,复

现性好;高温下抗氧化能力强;耐辐射;使用范围宽,应用广泛。镍铬-铜镍(康铜)热电偶(E 型)热电势大,灵敏度最高,可以测量微小温度变化,但是重复性较差。铜-康铜热电偶(T型)稳定性较好,测温精度较高,是在低温区应用广泛的热电偶。铁-康铜热电偶(J 型)有较高灵敏度,在 700℃ 以下热电持性基本为线性。

(3) 难融合金热电偶。

钨铼合金材料构成的热电偶用于高温测量,但是其均匀性和再现性较差,经历高温后会变脆。

这些标准化热电偶已列入工业化标准文件,具有统一的分度表,标准文件对同一型号的标准化热电偶规定了统一的热电极材料及其化学成分、热电性质和允许偏差,所以同一型号的标准化热电偶具有良好的互换性。

3. 工业热电偶的典型结构

工业热电偶的典型结构有普通型和铠装型两种。为保证在使用时能够正常工作,热电偶需要良好的电绝缘,并需用保护套管将其与被测介质相隔离。

(1) 普通型热电偶。

采用装配式结构,一般由热电极、绝缘管、保护套管和接线盒等部分组成。绝缘管一般为单孔或双孔瓷管,套在热电极上;保护套管要求气密性好、有足够的机械强度、导热性能好和物理化学特性稳定,最常用的材料是铜及铜合金、钢和不锈钢以及陶瓷材料等。整支热电偶长度由安装条件和插入深度决定,一般为 350～2000mm。

这种结构的热电偶热容量大,因而热惯性大,对温度变化的响应慢。

(2) 铠装热电偶。

它是将热电偶丝、绝缘材料和金属保护套管三者组合装配后,经拉伸加工而成的一种坚实的组合体。采用的绝缘材料一般是氧化镁或氧化铝粉末,套管材料多为不锈钢。铠装热电偶的外径一般为 0.5～8mm,其长度可以根据需要截取,最长可达 100m。铠装热电偶的测量端热容量小,因而热惯性小,对温度变化响应快;挠性好,可弯曲,可以安装在狭窄或结构复杂的测量场合。各种铠装热电偶已得到较广泛的应用。

选用何种热电偶,要根据各种热电偶的不同特点和应用环境综合考虑。

4. 应用

图 2-49 是采用矿物油为洗涤液的气体试样预处理系统。某些燃烧型的化学反应产生的气体常常温度很高,这时取样管可采用石英管,外面加上水套进行冷却。在洗涤柱里填充玻璃球,增加样气与洗涤液的接触,可提高除去样气中固体杂质的效率。洗涤柱垂直放置,样气从它的上部流出。这个系统适合样气本身有一定正压的情形。在这个装置中既采用了冷却装置又采用了加热装置。

样气由取样管入口进入,经过冷却后由洗涤柱下部的取样管出口流出。然后,样气沿洗涤柱由下部向上流,而洗涤液从上部向下流。这样,样气中的固体杂质被洗涤液带下来,而清洁的样气从洗涤柱上部流出。样气在取样管中流通被冷却时,也会有些需要分析的组分被冷凝,这是不希望的。这时这些被冷凝了的组分也从取样管出口流出,不过它们不能再随样气沿洗涤柱上升,而被洗涤液带入油槽。油槽用电加热器加热,温度根据具体情况选择。油槽下面有排污阀,要定期进行排污。被加热后的油由泵加压使其从洗涤柱上部喷下。这些被冷凝的液态组分也随油一起被泵压到洗涤柱上部而喷出。这时由于油温较高,使这些

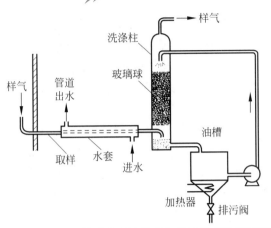

图 2-49　采用矿物油为洗涤液的气体试样预处理系统

被冷凝的液态组分又汽化,并且重新加入到样气中一起从洗涤柱上部流出,然后流进分析仪器。这样,这个系统就保证了样气中所需要分析的组分不丢失。

为了保证从洗涤柱出口流出的样气不冷凝,洗涤柱出口到分析仪器的管路要采取保温措施。温度由热电偶测量,主机对温度进行计算并发出相应的指令控制温控装置。这时分析仪器也应选用适合高温样气的,比如气相色谱仪,样气温度可达400℃。这个取样和预处理系统由于采用油作洗涤液,因此需要定期对油排污、过滤和添加新油。

2.4　高炉生产流程在线分析系统

本节以高炉生产流程上应用的在线分析系统为例,介绍气体取样和预处理系统。

2.4.1　高炉炼铁生产工艺

1. 炼铁方法

炼铁方法主要有高炉法、直接还原法、熔融还原法等,其原理是矿石在特定的气氛中(还原物质 CO、H_2、C;适宜温度等)通过物化反应获取还原后的生铁。高炉还原法工艺流程如图 2-50 所示。

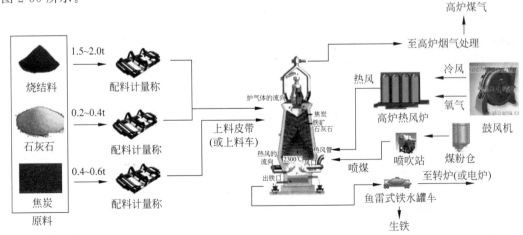

图 2-50　高炉炼铁传统生产工艺流程

　　高炉冶炼用的焦炭、矿石、烧结矿、球团在原料场加工处理合格后,用皮带机运至高炉料仓贮存使用;各种原料在槽下经筛分、计量后,按程序用皮带机输送到高炉料车中,再由料车拉到炉顶加入炉内;从高炉下部风口鼓入热风(1150～1200℃),高炉中的物料中的炭素在热风中发生燃烧反应,产生有高温的还原性气体(CO、H_2)。炽热的气流在上升过程中将下降的炉料加热,并与矿石发生还原反应。高温气流中的 CO、H_2 和部分炽热的固定碳夺取矿石中的氧,将铁还原出来。还原出来的还原铁进一步熔化和渗碳,最后形成铁水。铁水定期从铁口放出。矿石中的脉石变成炉渣浮在液态的铁面上,定期从渣口排出。反应的气态产物为煤气,从炉顶排出。

　　高炉煤气经重力除尘器粗除尘后,经降温装置降温后进入布袋除尘器精除尘,净化后的煤气经煤气主管、调压阀组送往烧结、炼钢厂烤包等。

　　高炉冶炼的热源主要来自焦炭燃烧。各种原料在炉内进行复杂的氧化还原反应。高炉冶炼用风由高炉鼓风机供给,冷风经热风炉加热后送给高炉。高炉冶炼主产品为铁水,副产品为煤气、炉渣等;高炉铁水用铁水罐运往炼钢厂,炼钢停减产时富余的铁水由铸铁机浇铸成面包铁。高炉煤气经两级除尘净化后,一部分用于热风炉,余下部分去烧结厂和炼钢厂烤包等。

2. 高炉内炉料还原反应原理简介

　　高炉是一种竖炉型逆流反应器。在炉内堆积成柱状的炉料,受逆流而上的高温还原气流的作用,不断地被加热、分解、还原、软化、熔融、滴落,并形成渣铁熔体而被分解。冶炼过程中炉内料柱基本上是整体下降的,成为层状下降和活塞流。

　　(1)块状带:炉料软融前的区域,主要进行氧化物的热分解和气体还原剂的间接还原反应。

　　(2)软融带:炉料从软化到熔融过程的区域,在软融过程中,使间接还原反应充分进行,提高煤气的利用率,减少了高炉下部耗热量很大的直接还原量。

　　(3)滴落带:渣铁完全熔化后呈液滴落下,穿过焦炭层进入炉缸之前的区域。渣铁液滴在焦炭空隙间滴落的同时,继续进行还原、渗碳等高温物料化学反应,特别是非铁元素的还原反应。

　　(4)风口燃烧带:是燃料燃烧产出高温热能和气体还原剂的区域。这里还有一定数量的液体渣铁与焦炭间的直接还原反应在进行。

　　(5)渣铁储存区:由滴落带落下的渣铁熔体存放的区域。渣-铁间的反应主要是脱硫和硅氧化的耦合反应。

　　(6)高炉内的还原反应和分布:按不同温度分布区间和还原的主要反应划分,低于或等于800℃为间接还原区;高于或等于1000℃为直接还原区;800～1000℃为两种还原共存区。

3. 喷煤系统生产过程简介

　　外购的原煤运送到储煤场储存备用,用抓斗将原煤装到不同的储煤池进行配煤,通过皮带输送机输送到磨头仓。利用中速磨机将输送过来的原煤磨成煤粉,磨粉的同时,通入热风对煤粉进行干燥,通过布袋收粉器、振动筛,进入煤粉仓,用氮气对煤粉仓的煤粉进行流化、惰化,最后经阀门控制进入喷吹罐。通过喷吹罐为高炉炼铁喷吹煤粉。高炉、高炉喷煤工艺点示意图如图 2-51 所示。

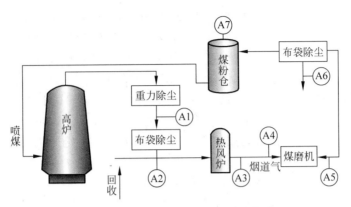

图 2-51　高炉、高炉喷煤工艺点示意图

煤粉干燥用的热风来自热风炉,热风炉所使用的介质为煤气、高炉废气。用氮气对喷气罐进行充压、补压、流化,对布袋收粉器进行反吹。磨粉、喷吹的全过程在密闭和氮气保护下进行,应严格控制煤粉泄漏,预防煤尘爆炸的发生。

4. 高炉工艺点及系统选型

高炉工艺点仪表及系统选型如表 2-1 和表 2-2 所示。

表 2-1　高炉工艺点及系统选型表

序号	检测点	用途	组分及量程	选用探头	选用仪表	系统名称及型号
A1	重力除尘器后	工艺优化控制	CO: 0~30% CO_2: 0~40% CH_4: 0~1% O_2: 0~3% H_2: 0~5%	Gasboard-9080 加热型	Gasboard-3100	高炉煤气在线分析系统 Gasboard-9011
A2	布袋除尘器后					
A3	热风炉出口	燃烧控制	O_2: 0~21%		Gasboard-3100	热风炉废气分析系统 Gasboard-9011

Gasboard-3100 在线红外煤气成分热值仪采用国际最先进的 NDIR 非分光红外技术和基于 MEMS 的 TCD 热导技术,主要用于测量煤气、生物燃气的热值,以及 CO、CO_2、CH_4、H_2、O_2、C_nH_m 六种气体的体积浓度。该产品测量精度高、结构简单、操作方便、实用性好,目前在钢铁、化工、煤气化、生物质气化裂解等领域广泛应用,用于测量焦炉煤气、高炉煤气、转炉煤气、混合煤气、发生炉煤气、生物燃气等可燃气体的热值和不同成分的体积浓度。

表 2-2　高炉喷煤工艺点及系统选型表

序号	检测点	用途	组分及量程	选用探头	选用仪表	系统名称及型号
A4	煤磨机入口	安全监控	O_2: 0~21%	Gasboard-9080 加热型	Gasboard-3000	高炉煤气在线分析系统 Gasboard-9012
A5	煤磨机出口		O_2: 0~21%			
A6	布袋收尘器出口		CO: 0~2000ppm O_2: 0~21%			
A7	煤粉仓		CO: 0~2000ppm			

Gasboard-3000 在线红外烟气分析仪,采用国际上领先的微流红外气体检测技术,主要用于锅炉、窑炉烟气中污染物监测。该产品测量准确、分辨率高、稳定性好,能够可靠应用于高湿、低温、低浓度气体测量,目前已在国内外固定污染源监测和窑炉在线监测领域得到广泛应用。适用于锅炉、窑炉烟气中污染物气体监测,主要测量烟气中 SO_2、NO、CO、CO_2、O_2 等气体的浓度。

2.4.2 高炉煤气分析

1. 高炉煤气分析原理

高炉煤气是高炉炼铁过程中得到的一种副产品,其主要成分为 CO、CO_2、N_2、H_2 等,CO 占 22%～26%,CO_2 占 16%～19%,H_2 占 1%～4%,N_2 占 58%～60%,属于重要的二次能源。高炉不仅在正常生产时需要分析煤气成分,而且在停炉时也要分析炉顶煤气中的 CO 和 H_2,通过连续监测煤气中 CO 含量的变化可确定料面下降的位置,控制整个停炉操作过程;高炉煤气中的 H_2 含量是爆炸的主要原因之一,及时掌握煤气中 H_2 的含量是安全停炉的重要措施。

目前国内外炉顶煤气成分分析仪器主要有红外线气体分析仪和热导分析仪。热导式气体分析仪是利用气体组分变化引起气体热导率变化这一物理特性来进行分析的仪器。它使被测气体通过一根通着恒定电流的热敏电阻元件,当被测气体组分含量发生变化时,被测气体的热导率随之发生变化,从而热敏电阻元件电阻值也发生变化,根据电阻值变化的大小就可求得被测气体中某组分的含量。在高炉煤气分析中,热导式气体分析仪主要用来分析煤气中 H_2 的含量。

红外线气体分析仪是根据各种气体在红外光谱范围内特征波长的不同来进行气体成分测量分析的。红外线通过两个气室,一个是不断流过被测气体的测量室,另一个是无吸收性质的背景气体的参比室。工作时,当测量室内被测气体浓度变化时,吸收的红外线光通量发生相应的变化,而基准光束(参比室光束)的光通量不发生变化。从两个气室出来的光通量差通过检测器,使检测器产生压力差,并变成电容检测器的电信号。此信号经放大处理后,送往显示器以及总控的 CRT 显示。

2. 高炉煤气分析系统样气预处理系统结构

图 2-52 为三种不同情况下采样预处理系统。根据现场工作状况、煤气含尘量、焦油含量、温度情况具体确定相应的采样预处理装置。

高炉炉顶的炉气经过煤气上升管引出,由于含尘量很高,一般要经过粗、细两次除尘后才能作为煤气使用。一般高炉炉气经过粗除尘后含尘量可降到 $4～6g/m^3$ 以下。预处理系统的主要功能是对炉气除尘、除水、除油、冷却和稳压。

3. 高炉煤气分析仪的改进

天津钢铁厂在 $2000m^3$ 和 $3200m^3$ 高炉煤气分析系统采用了双线单表型分析系统,即两套采样预处理系统,一套分析系统。两套采样预处理系统轮流工作,每隔 24h 进行一次切换,切换后随即对取样管路进行反吹,每次反吹 20min。

针对高炉炉顶煤气分析预处理系统存在的问题,如进入分析仪的样气流量不足,外网氮气压力不稳定,造成气动阀门动作不灵敏,冷凝器除水效果不理想等,结合天津钢铁厂的实际应用情况,对高炉炉顶煤气分析系统进行了以下几方面的改进。

低温、多尘、无焦油

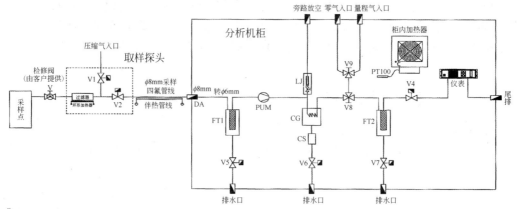

高温、多尘、含焦油(防爆)

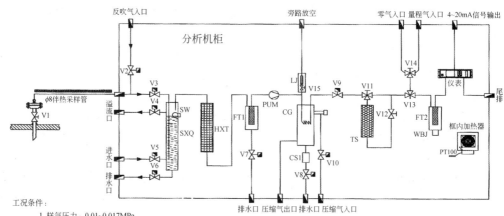

工况条件:
1. 样气压力: 0.01~0.017MPa
2. 样气温度: 20~55℃
3. 粉尘浓度: 50mg/m³
4. 焦油含量: 100mg/m³
5. 采样距离: 小于50m

高温、多尘、含焦油(简易)

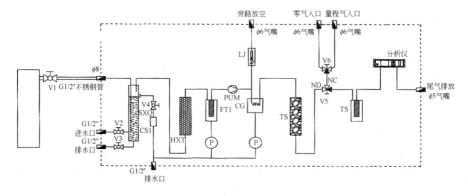

图 2-52 煤气预处理

(1) 加吸气泵。

一般来说,对于压力不大于 0.01MPa 的微正压或负压气体样品的取样都需要使用吸气泵的方法,使样气达到分析仪要求的流量。加装了隔膜泵,并加装独立支架,设定自动启泵、停泵压力限值,样气压力低于 0.5bar 启泵,高于 1bar 停泵。通过一定时间的运行,效果良好,解决了由于样气压力不稳造成分析滞后的现象。

(2) 改用压缩机冷却器除水。

高炉炉顶煤气分析系统原来使用半导体冷却器。半导体冷却器的优点众多,如外形尺寸小、使用寿命长、维护简便等,但其缺点也很明显,就是制冷效果差,样气经常带着大量水分进入分析仪,不仅给分析仪的测量造成误差,而且也影响分析仪的寿命。针对这种情况,改换使用压缩机冷却器,其制冷原理与电冰箱完全相同。使用压缩机冷却器之后,进入分析仪的样气含水量明显降低,分析精度也有所提高,更对分析仪的使用寿命相当有益。

(3) 取消高炉循环水软化功能。

原设计在样气分析时过滤器间隙内的烟尘和结晶物无法清除,造成堵塞,必须通过定时的水洗和高压气体的吹扫才可以清除。经长时间验证,取样点在旋风除尘器后,样气比较干净,不需要软水软化。将水源阀门关死,节约了水的费用,减少了维护量,同时避免了因阀门损坏,水进入系统的故障发生。循环水约 7.5 元/t,2 套系统用量 2t/d,每年可节水 730t,节约资金 5000 多元。

2.4.3 高炉炼铁在线分析系统的作用

炼铁高炉的炼铁工艺十分复杂,研究高炉过程控制技术,降低燃料的消耗和生铁成本,能够产生巨大的社会效益和经济效益。炼铁工艺的一个关键就是控制炉膛中的 CO、CO_2 含量及其分布,并据此控制进风和布料工艺,以保护炉体、降低焦铁比例、降低能耗。但高炉炉况非常复杂,工况环境恶劣,因此高炉煤气成分在线检测分析一直是高炉检测技术的重点和难点,其中关键一步是煤气取样过程的控制,它关系着分析结果的成败,而分析系统的准确与否取决于样气的获得是否合理、科学。

高炉炉顶煤气在线分析系统通过向操作人员提供炉顶煤气中所含的 CO、CO_2、H_2、N_2 等气体成分的连续、在线、准确检测,最科学地展现出高炉这座"黑匣子"内部冶炼变化的复杂状况,从而为操作人员提供了改善冶炼操作、节能降耗、确保安全生产的最真实地反映高炉内部冶炼状况的重要参数。对于 2000m³ 以上的大型高炉,炉内 CO_2 含量每提高 1%,每年节能降耗的经济效益在 1000 万元左右。

思考题

2-1 简述在线分析系统的构成。

2-2 简述自动取样和试样预处理系统功能和作用。

2-3 简述自动取样和试样预处理系统性能指标的意义。

2-4 简述天然气取样和样品处理技术。

2-5 简述自动取样和试样预处理系统各部分组件的作用。

2-6 简述如何进行试样流量、压力的控制。

2-7 简述高炉煤气分析系统组成、各部分作用。

第**3**章

电化学式在线分析仪器

3.1 概述

工业生产过程中,必须使用在线分析仪器监测生产过程,如分析原材料和产品质量,分析生产过程中各个节点物料的浓度等。可有效提高生产效率和生产能力,提高产品质量,降低劳动成本,缩短停工期。

工业上通用的电化学分析测试仪器主要有 pH 计、电导率仪、自动电位滴定仪系统,主要用于液体分析。氧化锆氧量计用于混合气体氧的浓度和熔融金属中氧含量的测量等。

pH 计是定性测量水中含酸碱量的在线分析仪器,工业电导仪是定量测量水中含盐量的在线分析仪器,这类仪器有工业用电导仪、水中盐量计、硫酸浓度计、离子交换失效监测仪等。自动电位滴定仪采用经典电位滴定方法,特别适用于基体复杂的场合,应用最广泛,可测量的物质种类最多。

电化学式液体分析仪器广泛地应用于传统发电及核电工业、石化工业、纸浆、造纸、纺织工业、化工、冶金、金属表面处理、电镀工业、饮用水及废水处理工业、食品及饮料工业、制药工业、环保等领域的锅炉补给水、锅炉给水以及循环冷却水和废水的处理中。

随着工业的迅猛发展,有机化工产品日益增多,有 50 多万种化学物质污染环境。传统的以人工现场采样、实验室仪器分析为主要手段进行环境污染源监测的方法,会造成监测频次低、采样误差大、监测数据不准确,不能及时反映排污状况,既影响环境管理的科学决策和执法的严肃性,又挫伤企业治理污染保护环境的积极性。因此对重点工业污染源企业实施全天候污染源自动监测势在必行,只有对企业治污设施的运行状况和排污口水质、流量进行持续全自动监测,将整个运行数据记录下来以便随时抽调,才能使监测数据具有客观性、科学性,为有效治理环境污染,为各级环保部门的监督管理和环境决策提供准确依据。

化学需氧量(Chemical Oxygen Demand,COD)在河流污染和工业废水性质的研究以及废水处理厂的运行管理中是一个重要的有机物污染参数,是指在 定条件下,经重铬酸钾氧化处理时,水样中的溶解性物质和悬浮物所消耗的重铬酸盐相对应的氧的质量浓度。

电化学式氧化锆氧量计适用于机械、电子、化工、轻工、建材等各行业及能源检测、节能服务领域。主要用于燃烧过程和氧化反应过程中气体中氧的含量测定,来控制燃烧过程,提高燃料的利用率,有效地提高加热炉、锅炉、窑炉等设备的加热效率,也可以对易燃易爆场合进行连续监测,防止意外事故发生。

3.2 电化学式检测器

在线分析仪器的检测器或检测系统是能自动地把成分信息转换成电信息的装置。成分信息是指各种气体、液体和固体物质的组成及性质的信息;电信息是指电压、电流、电阻、电容、电感等。检测器是分析仪器的核心部件,原理涉及物理与化学的各个学科。在线分析仪器的检测原理与实验室分析仪器的检测原理相同,应用成熟可靠。

3.2.1 电极电位检测器

工业酸度计检测器的原理就是通过电极电位检测,来分析液体试样的 pH 值,即检测氢离子浓度;采用不同的电极还可检测液体试样的其他离子浓度。

1. 电极反应与电极电位

在电化学中,一般当某种金属浸入含有它的离子的溶液中时,这种金属就成为一个电极,发生电极反应。电极反应是一方面金属晶格中的离子进入溶液,而把自由电子留在金属中;另一方面,溶液中的金属离子也会得到电子而进入金属晶格。从电子得失来看,这是一个可逆的氧化还原反应。这种反应在电极与溶液的界面进行,反应达到平衡后,在固液两相界面上形成正、负电荷的双电层,双电层的电位差就形成了电极电位。

电极电位是电极反应的结果,因此不同的电极反应产生的电极电位也会不同。另外,参与电极反应的物质浓度不同,电极电位也会不同。一般情况下,电极反应为

$$a\mathrm{A}+b\mathrm{B}+\cdots \Leftrightarrow p\mathrm{P}+q\mathrm{Q}+\cdots +n\,\mathrm{e}$$

根据电化学原理,电极电位可由能斯特(Nernst)方程表示为

$$V=V^0+\frac{RT}{nF}\ln \frac{c_\mathrm{P}^p c_\mathrm{Q}^q \cdots}{c_\mathrm{A}^a c_\mathrm{B}^b \cdots} \tag{3-1}$$

式中:V——平衡时电极电位;

V^0——电极体系的标准电极电位;

R——气体常数,为 8.31J/(mol·K);

F——法拉第常数,为 96485C/mol;

T——绝对温度;

N——电极反应中电子转移数;

c_A^a——c_A 表示 A 物质的量浓度,单位为 mol/L,幂指数 a 为反应方程式中 A 物质的系数。

如果参与反应的物质为固体或液态金属,则浓度取 1;若为气体,则浓度可用气体的分压表示。因此可通过测量电极电位得到被测离子浓度,来反映监测对象是否超标。

2. 原电池

把两种不同金属片分别插入具有相应的同名离子的溶液中,把两种溶液用一个薄膜隔开。这时若用导线把两个金属片连接起来,导线中有电流流通,这两种金属电极就组成原电池。

电极根据反应性质决定。产生氧化反应的电极为阳极,产生还原反应的电极为阴极,与

电解池的规定统一。电极在电路中是正极还是负极,按电工上规定。作为电池时,电流流出端为正极,流入端为负极;作为负载时,电流流入端为正极,流出端为负极。

3. 氢电极与标准电极电位

把一个镀有铂黑的铂电极浸入具有氢离子的溶液中,并在溶液中插入一个小管对着铂电极不断吹入纯净的氢气。这时氢气的一部分被吸附在铂电极上,剩余的从液面溢出。被氢气包围的铂电极这时成了氢电极,是一种气体电极。而铂电极仅作为惰性导体,起引线作用,如图 3-1 所示。铂黑是通过电解的方法在铂电极表面上沉积一层粗糙的铂层,目的是加大极板的有效面积,增加吸附氢气的作用。

当溶液温度为 25℃,溶液中氢离子浓度 c_{H^+} 为 1mol/L,吹入的氢气压力为一个大气压时,这时的氢电极叫作标准氢电极;而氢电极的电极电位为标准氢电极电位。氢电极的电极反应方程式为

$$H_2(气) \Leftrightarrow 2H^+ + 2e$$

由能斯特方程可得氢电极的电极电位表达式为

$$V = V^0_{H_2} + \frac{RT}{F}\ln c_{H^+}$$

对于标准氢电极,由于 $c_{H^+} = 1mol/L$,则有

$$V = V^0_{H_2}$$

$V^0_{H_2}$ 就是标准氢电极电位。国际上人为规定氢电极电位为零,即

$$V^0_{H_2} = 0 \tag{3-2}$$

目的是把标准氢电极作为参考电位,用它和其他电极相比较,来确定其他电极的标准电极电位。氢电极与溶液界面上有双电层,双电层有电位差,且不为零。这和规定标准氢电极电位为零并不矛盾。

对于其他各种金属电极,在溶液的离子浓度为 1mol/L,温度为 25℃ 时,把这种电极和标准氢电极一起组成一个原电池,这时它对氢电极的电位差就是它的标准电极电位,如图 3-2 所示。所谓金属电极是指金属-金属离子电极,如铜电极、锌电极、氢电极等都属于这一类。除此之外,还有金属-难溶盐电极、惰性金属电极等。其他类的标准电极电位,是指在 25℃ 时,并使氧化态与还原态物质的量浓度的比值等于 1 的条件下,即式(3-1)的第二项为零的条件下,把该种电极和标准氢电极相比较所得的电位差。表 3-1 给出了一些常见的标准电极电位。

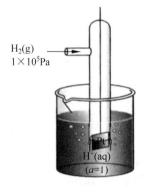

图 3-1　氢电极示意图

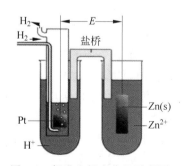

图 3-2　标准电极电位组示意图

表 3-1 常见的标准电极电位

电极反应方程	电极电位/V
$Cl_2 + 2e = 2Cl^-$	+1.359
$Fe^{3+} + e = Fe^{2+}$	+0.771
$Cu^{2+} + 2e = Cu$	+0.337
$AgCl + e = Cl^- + Ag$	+0.222
$2H^+ + 2e = H_2$	0.000
$Fe^{2+} + 2e = Fe$	-0.440
$Zn^{2+} + 2e = Zn$	-0.763
$Mg^{2+} + 2e = Mg$	-2.37
$Na^+ + e = Na$	-2.714

4. 电极电位检测器

电极电位与溶液的离子浓度有关,可通过测量电极电位来检测溶液的离子浓度。但单独一个电极的电极电位无法测量,只有再用一个电极,一起组成原电池才可以。这个电极叫参比电极,要求电极电位已知,且不随待测离子浓度改变而改变。而与被测离子浓度有关的电极叫测量电极或工作电极。由测量电极和参比电极组成一个原电池系统,用来测量溶液中离子浓度,这个系统就构成了电极电位检测器。

显然对参比电极的要求,主要是电极电位固定并与被测溶液组分变化无关。最常用的参比电极是甘汞电极,其次是银-氯化银电极。对测量电极的最基本要求是选择性好,即仅对溶液中某一种离子敏感,而对其他离子基本上没有反应。这就是所谓离子选择电极。

目前在工业生产流程上得到广泛应用的测量电极是玻璃电极,它主要用来测量溶液中的氢离子浓度。玻璃电极在 20 世纪初就已出现,而其他种离子选择电极是从 20 世纪 60 年代才发展起来。1966 年 Frant 和 Ross 研制成功氟离子选择电极,推动了其他离子选择电极的研究工作。我国从 20 世纪 60 年代末期也开始发展离子选择电极。我国离子选择电极除了测氢离子的玻璃电极应用于工业生产流程外,其他电极主要应用在临床分析和水质污染监测等方面。离子选择电极在工业生产流程中的应用受到一些限制,主要有以下原因:工业上溶液组分复杂,干扰严重;溶液中某些组分或固体悬浮物在表面结垢,使电极无法测量;溶液对电极有腐蚀性,无法保证电极长期的稳定性。克服这些就可以使离子选择电极在工业上得到更广泛的应用。

5. 甘汞电极

甘汞电极是常见的参比电极,属于金属-难溶盐电极,如图 3-3 所示。甘汞电极的电极反应发生在汞、甘汞与氯化钾的3 种物质界面上,该反应方程式为

$$2Hg + 2Cl^- \Leftrightarrow Hg_2Cl_2(固) + 2e$$

由能斯特方程可得甘汞电极的电极电位表达式为

$$V = V^0_{Hg,Hg_2Cl_2} + \frac{RT}{2F} \ln \frac{c_{Hg_2Cl_2}}{c^2_{Hg} \cdot c^2_{Cl^-}}$$

式中,金属汞的浓度 c_{Hg} 与甘汞浓度 $c_{Hg_2Cl_2}$ 按规定都取 1,上式变为

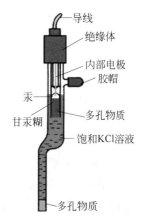

图 3-3 饱和甘汞电极结构

$$V = V^0_{\mathrm{Hg, Hg_2Cl_2}} + \frac{RT}{2F} \ln \frac{1}{c^2_{\mathrm{Cl^-}}}$$

即甘汞电极电位为

$$V = V^0_{\mathrm{Hg, Hg_2Cl_2}} - \frac{RT}{F} \ln c_{\mathrm{Cl^-}} \tag{3-3}$$

从此式可看出,当温度一定时,甘汞电极的电极电位仅取决于氯化钾溶液中氯离子的浓度,而与盐桥下面的被测溶液无关。这样若能保证氯离子浓度一定,则电极电位就一定。最常用的是饱和 KCl 溶液的甘汞电极在 25℃时,由上式可算出它的电极电位为 $V = +0.242\mathrm{V}$。

常用的参比电极,除了甘汞电极外,还有银-氯化银电极,它也属于金属-难溶盐电极。它的特点是在温度较高时电极电位仍较稳定,一般可用在 250℃以下。

6. 固态参比电极

工业流程上采用甘汞电极作参比电极,有的溶液由于剧烈地搅动很易损坏甘汞电极;有的溶液黏度很大,易堵塞甘汞电极下端的多孔陶瓷膜;也有的溶液处于高压之下,盐桥氯化钾溶液会产生倒流等,使甘汞电极无法正确测量。

20 世纪 70 年代研制成功的固态参比电极解决了上述问题,图 3-4 为它的结构示意图。固态参比电极外壳采用聚四氟乙烯或聚乙烯、聚氯乙烯等塑料作基底材料,掺杂大量的 KCl、NaCl、KNO₃、NaNO₃ 等微小颗粒压制而成。这种外壳浸入被测溶液中可允许 H^+、OH^- 等离子通过它扩散,从而实现电的通路。外壳的电阻与壳的厚度有关,一般为几十千欧。

内电极采用银-氯化银电极,插在糊状的饱和氯化钾溶液中。其电极反应方程式为

$$\mathrm{Ag + Cl^- \Leftrightarrow AgCl(固) + e}$$

它的电极电位表达式为

$$V = V^0_{\mathrm{Ag, AgCl}} - \frac{RT}{F} \ln c_{\mathrm{Cl^-}} \tag{3-4}$$

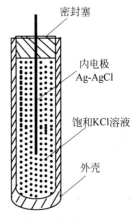

图 3-4 固态参比电极结构

从上式可见,当温度一定时,它的电极电位仅取决于氯化钾溶液中氯离子浓度。

固态参比电极外壳坚固不易破裂,可用于具有较高压力的溶液中。并且不像甘汞电极工作时必须有盐桥溶液不断地从微孔陶瓷膜向被测溶液中渗入,因此不存在堵塞问题,工作时不需要添加盐桥溶液,维护量小。

对参比电极的要求如下:

(1) 可逆性。有电流流过(μA),反转变号时,电位基本上保持不变。

(2) 重现性。溶液的浓度和温度改变时,按能斯特响应,无滞后现象。

(3) 稳定性。测量中电位保持恒定并具有长的使用寿命,如甘汞电极、银-氯化银电极等。

7. 玻璃电极

玻璃电极可做成许多种离子选择电极,如氢离子玻璃电极、钠离子玻璃电极、钾离子玻璃电极等。下面仅以氢离子玻璃电极为例来研究这种电极。

氢离子玻璃电极是在工业上得到广泛应用的一种测量电极,它被用来测量溶液中浓度

较低的氢离子,即所谓 pH 值。图 3-5 为它的结构示意图。厚玻璃管下部是一个玻璃球泡,球泡底部为厚度 $0.03\sim0.1\text{mm}$ 的薄膜。这个玻璃薄膜由特殊玻璃制成。在球泡里放入由 HCl 与 KCl 等配成的含有氯离子 Cl^- 和氢离子 H^+ 的溶液。它的 Cl^- 与 H^+ 的浓度都是一定的,称这种溶液为内参比液。在内参比液里插入一支银-氯化银电极作内参比电极,温度一定时它的电极电位是固定的。内参比电极也可用甘汞电极。

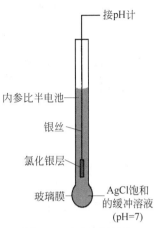

图 3-5　玻璃电极结构

如果把氢离子玻璃电极插入含有氢离子的溶液中,它的电极电位就会随氢离子浓度 c_{H^+} 不同而改变,即对氢离子有选择作用。玻璃电极内的内参比电极的电极电位是固定的,它仅与内参比液有关,在这里实际上仅起引线作用。对氢离子的选择作用靠玻璃膜来实现。

当玻璃膜两侧都浸入含有 H^+ 的溶液后,玻璃电极在水中浸泡后,生成三层结构,即中间的干玻璃层和两边的水化硅胶层。由于水化作用,在玻璃膜表面形成 $10^{-4}\sim10^{-5}\text{mm}$ 厚的水化层,水化硅胶层厚度为 $0.01\sim10\mu\text{m}$。在水化层,玻璃膜中的碱金属离子(如 Na^+)与溶液中 H^+ 发生离子交换而产生相界电位。

溶液中 H^+ 经水化层扩散至干玻璃层,干玻璃层的阳离子向外扩散以补偿溶出的离子,离子的相对移动产生扩散电位。两个相界电位和两个扩散电位两者之和构成膜电位。

离子交换达到平衡后,膜相和液相两相中原来的电荷分布发生变化。玻璃膜两侧都出现电位差,如图 3-6 所示。实验和理论分析都指出,玻璃膜两侧总的电位差,即所谓膜电位,用 V_M 表示,它符合能斯特方程

$$V_M = \frac{RT}{F}\ln\frac{c_{H^+}}{c_{H_0^+}}$$

式中:$c_{H_0^+}$——内参比液中的氢离子浓度;

　　　c_{H^+}——被测溶液中的氢离子浓度。

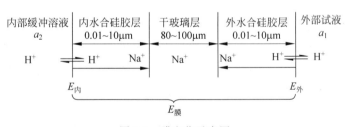

图 3-6　膜电位示意图

当内参比液固定时,$c_{H_0^+}$ 是常量,这时膜电位仅与被测溶液的氢离子浓度有关。被测溶液的氢离子浓度 c_{H^+} 越高,膜电位 V_M 越大。这种情况可粗略理解为,氢离子浓度 c_{H^+} 越高,由被测溶液进入水化层的带正电荷的氢离子越多,因此在它们的界面处形成的电位差越大。除了膜电位外,再考虑内参比电极的电极电位,即得氢离子玻璃电极的电极电位为

$$V_M = V_{\text{Ag,AgCl}} - \frac{RT}{F}\ln c_{H_0^+} + \frac{RT}{F}\ln c_{H^+} \tag{3-5}$$

由于内参比液中氢离子浓度和氯离子浓度都是固定的,因此在温度一定条件下式(3-5)中前两项都是常量,可把它们用一个温度的函数 $k(T)$ 表示,即

$$V_M = k(T) + \frac{RT}{F}\ln c_{H^+} \tag{3-6}$$

式中,$k(T)$ 在一定的温度下为常数。由此式可知,氢离子玻璃电极的电极电位,在温度一定的条件下仅与被测溶液中的氢离子浓度有关,即可用它检测溶液中的氢离子浓度。当然,在具体检测时还要在被测溶液中再插入一根外参比电极构成原电池。

各种膜电位的产生,一般认为是由于离子交换的缘故。能产生膜电位的薄膜都是一些离子交换材料。当它与含有某些离子的溶液接触时,其中质量大小和带有的电荷都适当的那种离子,就和薄膜中某种离子产生离子交换反应。比如前面的电极就是溶液中的氢离子 H^+ 和玻璃膜中的钠离子 Na^+ 产生离子交换。这种反应的结果改变了薄膜和液体两相中原来电荷的分布,在两相的界面上产生电位差,这就是所谓膜电位。关于玻璃薄膜导电的机理,以前曾经认为是靠氢离子透过薄膜,现在这一点已被实验所否定,而认为是靠碱金属离子传导电荷。

离子选择电极都是利用某种薄膜来实现,因此也有人称它为膜电极。目前制造膜电极的薄膜有玻璃膜、难溶盐固态膜和液态膜等,如图 3-7 所示。每种膜由于成分不同,都可制成多种离子选择电极,比如玻璃膜,除 H^+ 外还有 Na^+、K^+、Ag^+、Li^+ 等离子选择电极。

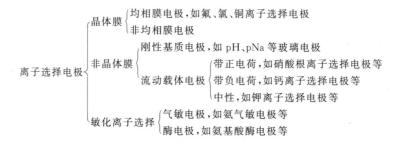

图 3-7　离子选择电极分类与共性

离子选择电极与前边研究过的金属-金属离子电极和金属-难溶盐电极比较,有一个很重要的区别,就是后两者在电极反应中有电子交换反应,即有氧化还原反应发生,而前者离子选择电极在电极反应中没有电子交换反应。

8. pH 值

酸、碱、盐水溶液的酸度或碱度都可用氢离子浓度表示。在纯水中,水分子仅能极微量地电离为 H^+ 和 OH^- 离子,即

$$H_2O \Leftrightarrow H^+ + OH^-$$

上述电离反应达到平衡时,各物质浓度之间的关系为

$$K = \frac{c_{H^+}\, c_{OH^-}}{c_{H_2O}} \tag{3-7}$$

式中:K——电离常数,在 22℃ 时为 1.8×10^{-16};

c_{H_2O}——未电离的水分子的浓度,mol/L。

纯水的电离很微弱,因此,在计算时近似认为水的离子积为

$$c_{H^+}\,c_{OH^-}=Kc_{H_2O}=1.8\times10^{-16}\times55.5=10^{-14}\,(22℃)$$

$c_{H^+}\,c_{OH^-}$ 称为水的离子积,仅是温度的函数,在 22℃ 时为 10^{-14},在 $15\sim25℃$ 时,此值变化不大。对任何水溶液都一样,无论 c_{H^+} 或 c_{OH^-} 有什么变化,在温度一定时两者乘积均为常数。对于纯水,$c_{H^+}=c_{OH^-}=10^{-7}\,mol/L$,为中性溶液;$c_{H^+}>10^{-7}\,mol/L$,为酸性溶液;$c_{H^+}<10^{-7}\,mol/L$,为碱性溶液。为计算方便,通常在酸性不大时用 pH 值表示溶液的氢离子浓度。pH 值定义为

$$pH=-lg\,c_{H^+} \tag{3-8}$$

表 3-2 给出 pH 值、c_{H^+} 与溶液酸碱性的关系。

表 3-2　pH 值、c_{H^+} 与溶液酸碱性的关系

c_{H^+}	10^{-1}	10^{-2}	10^{-3}	10^{-4}	10^{-5}	10^{-6}	10^{-7}	10^{-8}	10^{-9}	10^{-10}	10^{-11}	10^{-12}	10^{-13}	10^{-14}
pH 值	1	2	3	4	5	6	7	8	9	10	11	12	13	14
酸碱性	←酸性增加						中性			碱性增加→				

3.2.2　工业 pH 计

工业 pH 计原理是利用氢离子玻璃电极作为测量电极,甘汞电极作为参比电极,组成电极电位检测器,进行生产流程中溶液 pH 值检测的在线分析仪器。

1. 原理

根据氢离子玻璃电极的电极电位表达式(3-6)可得测量电极的电极电位

$$V_M=k(T)+\frac{RT}{F}\ln c_{H^+}=k(T)-2.303\,\frac{RT}{F}pH \tag{3-9}$$

当温度为 25℃ 时,将 R、F 代入式(3-9),得

$$V_1=k(T)-0.0591pH \tag{3-10}$$

工业 pH 计电极电位检测器是由氢离子玻璃电极和甘汞电极组成,检测器的输出信号是由它们组成的原电池的电动势。由式(3-3)可知,甘汞电极的电极电位在温度一定时是常数,可表示为

$$V_2=k'(T)$$

如按玻璃电极为正极、甘汞电极为负极来假定电动势的正方向,则原电池的电动势为

$$E=V_1-V_2=k(T)-0.1984\times10^{-3}\,TpH-k'(T)$$

令 $K(T)=k(T)-k'(T)$,则上式可表为

$$E=K(T)-0.1984\times10^{-3}\,TpH \tag{3-11}$$

这就是工业 pH 计检测器输出信号的表达式,式中 $K(T)$ 仅为温度的函数。

2. 工业 pH 计对电路的要求

这里的电路指仪器的电气线路,包括信息处理系统、显示器和整机自动控制系统。在本书中仅限于研究仪器本身对电气线路在设计、制造和使用上的要求,并适当讨论实现这些要求的方案及措施。

虽然 pH 计的种类很多,但电气线路部分的功能都是实现把电极检测器的输出信号转换成 pH 值显示出来。

（1）输入电路。

检测器的内阻包括玻璃电极内阻和甘汞电极内阻,图 3-8 为检测电极组。玻璃电极的内阻很高,一般为几十兆欧,有的高达几百兆欧。甘汞电极的内阻不大,一般为几千欧。这要求 pH 计的输入电路的输入阻抗很高,一般要达到电极内阻的 1000 倍。pH 计的输入阻抗与高阻抗元件、玻璃电极插孔、输入屏蔽线的绝缘电阻相关。上述元器件只要有一个绝缘电阻达不到要求,就会影响 pH 计的输入阻抗,电路中关键元件是高阻抗管子。pH 计中常用的高阻元件有变容二极管、绝缘栅场效应管、结型场效应管。

（2）温度补偿电路。

工业 pH 计的检测器输出电动势不仅与被测溶液的 pH 值有关,还与温度有关。pH 计都设有温度补偿电路,以在不同温度条件下都能准确测量溶液的 pH 值。用得较多的是调节放大器的负反馈电路,图 3-9 所示是手动补偿,自动温度补偿往往采用热敏电阻测温。

图 3-8　检测电极组

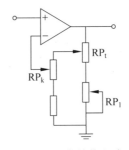

图 3-9　温度补偿电路

图中的电位器 RP_t 是 pH 计面板上的温度补偿器,它对应的面板上有温度刻度,温度范围一般是 $0\sim60℃$,可手动调节。RP_k 是 pH 灵敏度校准器,RP_1 是 pH 斜率校正器。

（3）斜率校正器。

pH 计的温度补偿器是按玻璃电极的理论斜率设计的,但一般玻璃电极的实际斜率低于理论斜率,而且随着玻璃电极的存放和使用期增加,其斜率还要下降。

若不具备斜率校正功能,电极误差就有可能超出 pH 计的等级要求,高精度 pH 计就失去意义了。校正范围是 $95\%\sim100\%$。

通过调整斜率校正器 RP_1，运放电路的闭环增益发生了变化，改变了 pH 计的灵敏度，从而达到斜率校正的目的。

3. 酸度发送器

组成：参比电极、工作电极、温度补偿电阻、外壳。

作用：把工业流程中水溶液的 pH 值转换成相应的电势信号送给测量仪表-酸度指示器（高阻转换器）。

分类：

（1）可拆卸式——测量敞口容器中溶液的酸碱度。

（2）常压沉入式——测量敞口容器中对电极有微量污染的溶液的酸碱度，如图 3-10 所示。

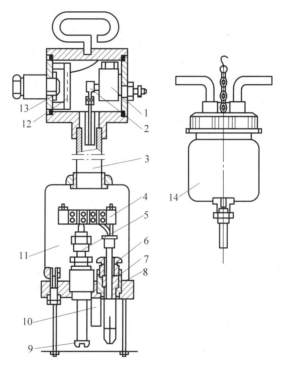

图 3-10　PHGF-12 型沉入式酸度检测器结构

1—甘汞电极；2—甘汞电极接嘴；3—主轴部分；4—接线板；5—盐桥；6—紧固螺母；7—密封橡皮；8—测量电极；
9—盐桥调节螺丝；10—铂电阻体；11—测量部分；12—接线盒；13—接线盒盖板；14—塑料容器

（3）常压流通式——适用于测量常压管道中溶液的酸碱度。

（4）压力流通式——适用于测量压力 $0.1\sim1.0$MPa 的流通管道溶液的酸碱度。必须外加气压补偿，如图 3-11 所示。

（5）常压流通式带自动清洗发送器——适用于测量常压管道中对电极有微量污染的溶液的酸碱度，如图 3-12 所示。

4. 仪表的安装和调校

维护时必须注意以下几点：

（1）玻璃电极勿倒置。甘汞电极内从甘汞到陶瓷芯不能有气泡，如有气泡必须拆下清洗。

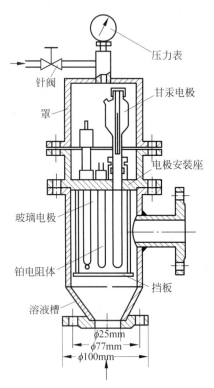

图 3-11　PHGF-22 型压力流通式结构

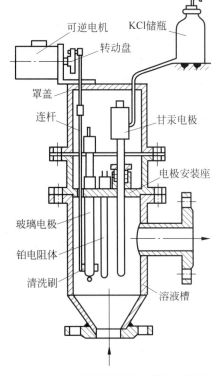

图 3-12　PHGF-32 型常压流通式带自动清洗检测器

（2）必须保持玻璃接线柱、引线连接部分等的清洁，不能沾染油腻，切勿受潮和用汗手去摸，以免引起检测误差。

（3）在安装和拆卸发送器时，必须注意玻璃电极球泡不要碰撞，防止损坏，同时不宜接触油性物质。应定时清洗玻璃泡，可用 0.1mol 的 HCl 溶液清洗，然后浸在蒸馏水中活化。

3.2.3　电导检测器

电导检测器在液体在线分析仪器中有着广泛的应用。它是通过测量液体的电导率，从而间接地得到液体的浓度。一般用来分析二元溶液的浓度，如酸、碱、盐等电解质溶液。电导法的特点是灵敏度高、可测浓度范围宽。

工业电导仪广泛适用于食品、化工、石油、冶金、电站、制药、纺织等工业流程监测、环境污染监测，以及水质和临床自动分析等方面。它也可用来分析气体的浓度，事先使被测气体为某种电解质溶液吸收，测量溶液电导率的改变量，从而间接得到被测气体的浓度。

1. 溶液电导与浓度的关系

电解质溶液是电的良导体，靠离子导电。它的导电特性可用电阻率或电导率来表示，如图 3-13 所示溶液的电导测量。溶液的电阻或电导的表示式和金属一样，即

$$R = \rho \frac{L}{A} \quad \text{或} \quad G = \gamma \frac{A}{L} \tag{3-12}$$

式中：R——溶液的电阻，Ω；

　　　　L——溶液的长度，cm；

A——溶液的截面积,也就是电极的面积,cm^2;

ρ——溶液的电阻率,$\Omega \cdot cm$;

G——溶液的电导,S 或 $1/\Omega$;

γ——溶液的电导率,S/cm 或 $1/(\Omega \cdot cm)$。

电极常数为

$$\frac{L}{A} = K \qquad (3-13)$$

则电阻和电导可表示为

$$R = \rho K = \frac{K}{\gamma}, \quad G = \frac{\gamma}{K} \qquad (3-14)$$

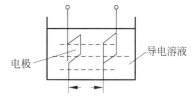

图 3-13　溶液的电导

在电极间存在均匀电场的情况下,电极常数可以通过几何尺寸算出。当两个面积为 $1cm^2$ 的方形极板之间相隔 1cm 组成电极时,此电极的常数 $K = 1cm^{-1}$。如果用此对电极测得电导值 $G = 1000\mu S$,则被测溶液的电导率 $\rho = 1000\mu S/cm$。

一般情况下,电极常形成部分非均匀电场。此时,电极常数必须用标准溶液进行确定。标准溶液一般都使用 KCl 溶液。这是因为 KCl 的电导率在不同的温度和浓度情况下非常稳定。0.1mol/L 的 KCl 溶液在 25℃时电导率为 12.88mS/cm。

溶液的电阻也与温度有关,而且很敏感。它的温度系数为负值,即温度越高,电阻越小。相对应地,溶液电导的温度系数为正值,即温度越高,电导越大。因此溶液的导电性习惯上都用电导或电导率表示。

溶液的电导率与溶液浓度的关系如图 3-14 所示。从图中可见,电导率与浓度不是线性关系,但在低浓度区域或高浓度区域的某一小段里,电导率与浓度可近似地看成线性关系。电导仪就是利用溶液电导率随浓度变化的关系来测定浓度的。

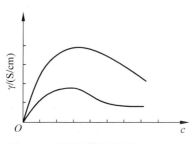

图 3-14　常见两种水溶液在 20℃时电导率与浓度的关系曲线

在中等浓度区域,电导率与浓度的关系不是单值函数,只有在低浓度区域或高浓度区域,它们的关系才是单值函数。在低浓度区域,电导率与浓度之间可近似地表示为线性关系

$$\gamma = mc \qquad (3-15)$$

式中:m——直线的斜率,这时 m 为正值。

溶液浓度高时电导率反而下降。这是由于离子增多时它们之间的相互作用加大,使得离子的运动受到限制。在高浓度区域,电导率 γ 与浓度 c 之间也可近似地表示为线性关系,即

$$\gamma = mc + a \qquad (3-16)$$

式中:a——常数,是直线延长线在 y 轴上的截距;

m——直线的斜率,这时 m 为负值。

2. 电导检测器

常见的电导检测器结构有三种:平板电极、圆筒状电极和环形电极。常用的材料为铂、金、不锈钢、镍等。平板电极的电极常数可按照式(3-13)通过几何尺寸算出。

图 3-15(a)为筒状电极,其中 r_1 为内电极的外半径,r_2 为外电极的内半径,l 为电极的长度。一般内外电极都用不锈钢制成。像这样的电极系统,其中充满导电溶液时还叫电导池。

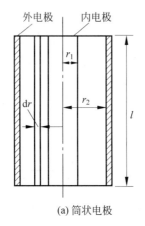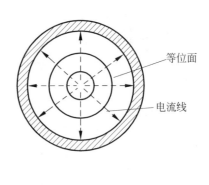

(a) 筒状电极　　　　　　(b) 筒状电极电流线

图 3-15　筒状电极

当两电极接上电源,就有电流流通。由恒定电流场理论知,如忽略边缘效应,电流线是辐射状的,等位面是一些同轴圆柱面,如图 3-15(b)所示。这样,在任意半径 r 处,厚度为 dr 的圆筒内溶液的电阻为

$$dR = \frac{1}{\gamma} \cdot \frac{dr}{2\pi rl}$$

两极间溶液的电阻为

$$R = \int_{r_1}^{r_2} dR = \frac{1}{\gamma} \int_{r_1}^{r_2} \frac{dr}{2\pi rl} = \frac{1}{\gamma} \cdot \frac{1}{2\pi l} \ln r \Big|_{r_1}^{r_2}$$

即

$$R = \frac{1}{\gamma} \cdot \frac{1}{2\pi l} \ln \frac{r_2}{r_1} \tag{3-17}$$

则筒状电极的电极常数为

$$K = \frac{1}{2\pi l} \ln \frac{r_2}{r_1} \tag{3-18}$$

图 3-16 为环状电极,其中两个环状电极套在内管上,环的半径为 r_1,环的宽度为 h,两环间距离为 l,外套管的内半径为 r_2。内管一般为玻璃管,环状电极一般用铂制成,上面镀上铂黑。外套管可用不锈钢制成。对于环状电极,当 r_1 与 r_2 都比 l 小得多而且环的宽度 h 又不大时,它的电极常数可近似地表示为

$$K = \frac{L}{A} = \frac{1}{\pi(r_2^2 - r_1^2)} \tag{3-19}$$

这个式子是相当近似的。式(3-18)与式(3-19)只能作为估算用。

实际的电导检测器的电极常数都是靠实验方法求得。在两电极构成的电导池中充满电导率已知的标准溶液,用精度较高的电导仪或交流电桥测出两电极间标准溶液的电阻或电导,由

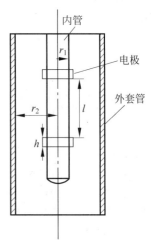

图 3-16　环状电极

式(3-14)就可求出电极常数。

对于测量低浓度溶液用的电导检测器,把式(3-15)代入式(3-14)可求出溶液浓度与电导的关系,即

$$G = \frac{mc}{K} \tag{3-20}$$

对于测量高浓度溶液用的电导检测器,把式(3-16)代入式(3-14),可求出溶液浓度与电导的关系,即

$$G = \frac{mc}{K} + \frac{a}{K} \tag{3-21}$$

从这两个式子可以看出,电导检测器的电导与被测溶液的浓度之间是线性关系。

3. 影响电导检测器精度的因素

(1) 电极的极化。

电导检测器如用直流供电会出现电解现象,这时电极会发生极化。极化作用来自电化学极化和浓差极化。

电化学极化的主要原因是在阳、阴两极上氧化和还原都需要一定时间,不能瞬间完成。比如,某种金属正离子要在阴极上取得电子而析出,外电路供给阴极电子是很快的,但正离子取得电子需要一段时间。这样,相对来说阴极电子比没有电解现象时要多一些。因此,它的电位比原来变负一些。同理,由于氧化需要时间,因此阳极的电位也比原来变正一些。这样,就使两极间的电位差比原来增大。浓差极化是由于在电解过程中,电解生成物在电极上析出,造成电极附近的离子浓度降低,且达不到平衡,使得溶液电阻增加,造成测量误差。为了避免极化现象发生,电导检测器采用交流供电,且供电频率尽量高些,比如 1kHz。这样由于两极电位交替改变,来不及电解或至少是能大大减弱电解作用。另外,电导检测器的铂电极都镀有一层铂黑,增大了电极的有效表面积,可减少电解生成物的质量,减弱电解作用。

(2) 电导池电容的影响。

电导池的电容可等效成两部分:一部分是电极反应在电极与溶液接触界面上形成双电层的电容(与被测溶液串联);另一部分是两电极及被测电解质溶液形成的电容(与被测溶液并联),如图 3-17 所示。考虑电容的影响与被测溶液的电导率高低有关,当被测溶液的电导率不太低时,双电层电容的影响是主要的。

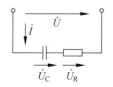

图 3-17 考虑双电层电容时电导检测器的等效电路

从图 3-17 容易看出,为了减小电导池电容引起的误差,应尽量减小电容上的电压。电容上的电压为复数有效值,表示为

$$\dot{U}_{\text{C}} = -\text{j} \frac{1}{\omega C} \dot{I} \tag{3-22}$$

式中:$\dot{I}$ ——电极间流过的正弦电流的复数有效值;

ω ——电源的角频率;

C ——串联的等效电容。

从式(3-22)可见,为了减小电容上的电压,应提高电源角频率 ω 和加大串联等效电容 C。显然,加大极板面积可使电极与溶液界面上双电层的电容加大。结合电极极化的分析

可知,当电导率不太低时,为了减少电容的影响应采取的措施恰好与为了减小极化的影响应采取的措施相一致。但当溶液的电导率很低时情况就不同了。

(3)温度的影响。

导电溶液与金属不同,它的电导率的温度系数为正值,即电导率随温度的增加而增加,而且比金属更为显著。在低浓度时(0.05mol/L以下),电导率和温度的关系可近似地表示为

$$\gamma_t = \gamma_0 [1 + \beta(t - t_0)] \tag{3-23}$$

式中:γ_t——温度 t℃时的电导率;

γ_0——温度 t_0℃时的电导率;

β——电导率的温度系数。

在室温的情况下,各种不同溶液的 β 值约为 $0.02℃^{-1}$。酸性溶液约为 $0.016℃^{-1}$,盐类溶液约为 $0.024℃^{-1}$,碱性溶液约为 $0.019℃^{-1}$。当温度升高时,β 值降低。表 3-3 给出不同温度下一些溶液电导率与 25℃ 时电导率的比值。

表 3-3　不同温度下一些溶液电导率与 25℃ 时电导率的比值

溶　液	电导率与 25℃ 时电导率的比值				
	0℃	25℃	50℃	75℃	100℃
超纯水	0.22	1.00	3.11	7.46	14.2
5%NaOH	0.57	1.00	1.43	1.87	2.32
5%H_2SO_4		1.00	1.24	1.42	1.52
稀 NH_3	0.50	1.00	1.47	1.83	2.05
稀 HNO_3	0.65	1.00	1.31	1.58	1.80
10%HCl	0.64	1.00	1.33	1.63	1.87

从表 3-3 可见,温度对溶液电导率的影响很大,因此电导式在线分析仪器必须采取温度补偿措施以实现准确测量。

3.2.4　电导浓度计

当用电导仪来分析酸、碱等溶液的浓度时,常称为浓度计。如用来测定 98% 浓度浓硫酸的酸浓度计;当用它来测定锅炉给水、蒸汽冷凝液的含盐量时又称为盐量计。

电导浓度计结构主要包括电导检测器和信号处理系统两部分。

1. 溶液电导的测量

电导的测量可以采用分压法和电桥法。电桥法又分为平衡电桥法和不平衡电桥法。电桥电路温度补偿效果不好,较少采用。对于交流激励源来说,采用分压法测量较为合适,电路如图 3-18 所示。

图中,R_x 为电导池的电阻,R 为分压电阻。接通电源后闭合电路有电流 $I = \dfrac{U}{R_x + R}$ 流过,在设计时,可使 $R_x \gg R$,可

得到 $I \approx \dfrac{U}{R_x} = \dfrac{U}{K}\gamma$ 关系。电阻两端的电压为

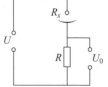

图 3-18　分压法电导测量电路

$$U_0 = IR = \frac{U}{K}R\gamma \tag{3-24}$$

式中,U、K 和 R 都是不变的常量,因此电压降 U_o 与物体电导率 γ 十分近似地成正比关系,用仪表测量分压 U_o 即可得知物体的电导率或物体的浓度。

仪表刻度的不均匀性取决于 R 是否远小于 R_x,一般只要 R 小于 R_x 最低值的 $1/100$,仪表刻度就很接近等分刻度。如果把 R 选得更小些,其线性度将更好;实际上总是适当提高电源电压 U 和选用较大的电极常数 K 来改善仪表刻度的线性度。

用分压法测量电导率的优点是:仪表刻度均匀,温度补偿效果较好,测量电路简单;缺点是分压信号较小,但可采用高精度低漂移的精密运算放大器对其进行放大处理。

2. 电导式在线分析仪器的温度补偿措施

工业电导仪、盐量计、酸碱浓度计和其他电导式在线分析仪器的温度补偿措施主要有以下三种:

(1) 将被测溶液恒温。一般应恒温在环境温度以上,例如 45℃ 或 50℃,因这时可不用降温装置,仅用升温装置即可。但在工业流程上将被测溶液恒温常常很不方便。

(2) 引入温度反馈信号,在电路中进行补偿。采用热敏电阻进行温度补偿也是采用分压测量的原理。可将图 3-18 中分压电阻 R 换为热敏电阻 R_t。

图中 R_x 为电导池的电阻,它随温度升高而降低,温度系数为负值。R_t 为插入被测溶液中的热敏电阻,一般选半导体热敏电阻,因它的温度系数也为负值。选择 R_t 时应注意使它的温度系数和电导池的电阻 R_x 的温度系数相近。由图可知,电导池的输出电压为

$$U_o = \frac{R_x}{R_x + R_t}U \tag{3-25}$$

假定以 25℃ 时的 U_2 为基准,并且在 25℃ 附近 R_t 与 R_x 的温度系数相近。由上式可见,被测溶液温度改变时,R_x 与 R_t 将改变近似相同的倍数,则 U_2 可基本维持不变,可得到良好的温度补偿。

如在电路中采用单片机或微型计算机,可将电导池电导随温度变化规律的数学表达式或实验数据事先存入单片机中或微型计算机。对于应用于工业流程上的电导池,由于被测溶液固定,电导的变化范围也已知,上述做法是可以实现的。然后采用合适的温度计检测被测溶液温度,并将温度值送给单片机或微型计算机,由计算机随时进行温度补偿。

(3) 采用参比电导池进行温度补偿。在被测溶液中除了插入一支测量电导池外,再插入一支参比电导池。参比电导池的端部封死,内装电导率已知的参比溶液,要求它的电导率及其温度系数都与被测溶液接近。一般采用被测溶液作参比溶液,在 25℃ 的条件下用高精度的电导仪将其电导率测出,然后封入参比电导池中。

它们的连接可采用如图 3-18 所示的分压法,也可接成桥路的相邻臂;也可如图 3-19 那样连接,图中 R_x 为测量电导池的电阻,R_C 为参比电导池的电阻。

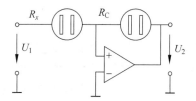

图 3-19 采用参比电导池进行温度补偿的电路原理图

放大电路输出电压为

$$U_2 = -\frac{R_c}{R_x}U_1 \tag{3-26}$$

由上式可见,被测溶液温度改变时,R_x 与 R_c 将改变近似相同的倍数,则 U_2 可基本保持不变,可得到良好的温度补偿。

3. 电缆分布电容的影响

当采用高频信号激励源时,频率越高,从检测器到测量仪表的电缆线分布电容影响越大。

采用补偿电路实现对分布电容影响的补偿。电缆分布电容的补偿措施是设置电容 C_b,使流过电容 C_b 的电流 i_b 与流过电缆分布电容 C_P 的电流 i_P 相抵消。补偿原理电路图如图 3-20 所示。由于电缆分布电容 C_P 的存在,使得流过 R 的电流为流过 R_x 的电流 i_x 和流过 C_P 的电流之和,即 $\dot{I} = \dot{I}_x + \dot{I}_P$,这样就增大了分压电阻 R 上的电压,$\dot{U}_0 = (\dot{I}_x + \dot{I}_P) \cdot R$。而实际上代表物料电导的电压为 $\dot{U} = \dot{I}_x \cdot R$,$U_0 > U$。当电导率为零时,$i_x = 0$,$U = 0$,而

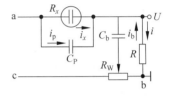

图 3-20　电容补偿原理电路图

$U_0 \neq 0$。为此使 a、b 间的电压与 c、b 间的电压频率相同而相位相反,前者作为测量电路的电源,后者作为补偿用电源。反向电流 i_b 是由补偿电源 U_{cb} 在 R_w、C_b 及 R 上形成的,与 i_P 相位相反。调节 R_w 可使 $I_b = I_P$,这时电路的输出为 $\dot{U} = \dot{I}_x \cdot R$,从而消除了分布电容对测量的影响。

3.2.5　浓差电动势检测器

这里浓差电动势检测器是指固体电解质浓差电动势检测器。这类检测器在工业流程上的应用是氧化锆氧量计,它是在 20 世纪 60 年代初出现的一种过程氧分析器。

它由两部分组成:探头和控制检测单元。探头内的传感器是一稳定的氧化锆的结晶 ZrO_2(+CaO),高温下(600℃以上)Zr^{4+} 被 Ca^{2+} 置换,形成氧离子空穴,变成良好的氧离子导体。铂电极焙烧在氧化锆管的内外两侧,高温时,两侧电极所处气体中的氧分压不同,就形成一氧浓差电池。氧离子从浓度高的一侧迁移到低的一侧。因此,电极间形成一电势,电势的大小与两侧分压和工作温度成函数关系。当氧化锆温度已知时,参比气中氧分比已知,则通过测得的电势就可求出氧分压即氧含量。另外,英国 Sewomex 公司生产的氧化锆氧气分析器,为适应用户的要求,其探头内可以增加一催化式可燃气检测器,因而可以在测氧同时还可测出瞬时 CO 的浓度值。

1. 固体电解质导电机理

电解质溶液导电是靠离子导电。固体电解质是离子晶体结构,导电也是靠离子。现以二氧化锆(ZrO_2)固体电解质为例,来说明导电机理。纯氧化锆基本上是不导电的,但掺杂一些氧化钙(CaO)后,它的导电性大大增加。这时 Ca 置换了 Zr 原子的位置,由于 Ca^{2+} 和 Zr^{4+} 离子价数不同,因此在晶体中形成许多氧空穴。这种情况可以形象地用图 3-21 表示。

由于 CaO 的存在,晶体中产生许多空穴。这时如果有外加电场,就会形成氧离子 O^{2-} 占据空穴的定向运动而导电。带负电荷的氧离子占据空穴的运动,也相当于带正电荷的空穴的反向运动。因此,也可以说固体电解质是靠空穴导电,这和 P 型半导体靠空穴导电相似。

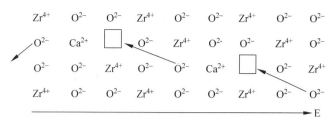

图 3-21　$ZrO_2(+CaO)$固体电解质晶体结构与导电机理示意图

从上面分析可看出,由于氧空穴的存在,才使固体电解质 $ZrO_2(+CaO)$ 中氧离子容易移动而导电。显然,氧空穴浓度越大,离子电导率越大。氧空穴浓度取决于 CaO 的掺杂程度。掺杂不同量的 CaO,可制成具有不同离子电导率的 $ZrO_2(+CaO)$ 固体电解质。常用的固体电解质除了二氧化锆(ZrO_2)外,还有氟化钙(CaF_2)、碘化银(AgI)等。

固体电解质的导电性与温度的关系,也和液体电解质一样,温度越高导电性越强。

2. 浓差电动势检测器原理

现以氧化锆固体电解质为例来说明这种检测器的原理。图 3-22 为浓差电动势检测器原理示意图。在掺杂有 CaO 的 ZrO_2 固体电解质片的两侧,用涂敷和烧结的方法制成几微米到几十微米厚的多孔铂层,并分别焊上铂丝作为引线。

这样,就做成两个铂电极。设右侧为参比气体,一般为空气。混合气体中某组分气体的浓度用体积分数即体积百分含量表示。空气中氧的浓度用 φ_A 表示,一般可认为是常数,为 20.69%。左侧为被测气体,并设其中氧的浓度 φ_C 小于空气中氧的浓度,即 $\varphi_C < \varphi_A$。称被测气体侧电极为测量电极,参比气体侧电极为参比电极。

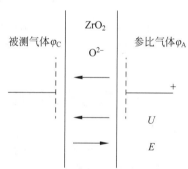

图 3-22　浓差电动势检测器原理示意图

在较高温度下,比如几百摄氏度以上,氧化锆、铂和气体三种物质交界处的氧分子 O_2 有一部分从铂电极夺得电子形成氧离子 O^{2-}。由于两侧氧的浓度不一样,显然两侧 O^{2-} 的浓度也不一样,这样氧离子 O^{2-} 就从高浓度向低浓度扩散(或叫迁移)。在所研究的情形下是从空气侧向被测气体侧扩散,结果有一部分氧离子 O^{2-} 跑到负极,释放两个电子变成氧分子析出。这时空气侧的参比电极出现正电荷,而被测气体侧的测量电极出现负电荷,这些电荷形成的电场阻碍氧离子 O^{2-} 扩散。最后扩散作用与电场作用达到平衡,氧离子 O^{2-} 不再扩散,这时两个电极间出现电位差 U,参比电极为正,测量电极为负,此电位差在数值上等于浓差电动势 E。如果接通外电路,就有电流从正极流向负极。具体导电过程如下。

如氧浓度大的一侧即空气侧,氧分子 O_2 从铂电极的正极取得 4 个电子,变成氧离子 O^{2-},即

$$O_2(\varphi_A) + 4e \rightarrow 2O^{2-}$$

这些氧离子 O^{2-} 经过固体电解质氧化锆中的空穴迁移到铂电极的负极,在负极上释放出电子,并结合成氧分子 O_2 而析出,即

$$2O^{2-} \rightarrow O_2(\varphi_C) + 4e$$

负极上的电子从外电路流到正极,再供给氧分子形成离子。显然,浓差电动势的大小与两

侧氧浓度的比值有关。通过理论分析和实验验证,得知浓差电动势 E 的数值可由下式表示:

$$E = \frac{RT}{nF} \ln \frac{\varphi_A}{\varphi_C} \tag{3-27}$$

式中：n——转移电子数,此处取4;

φ_A——参比气体中氧的浓度;

φ_C——被测气体中氧的浓度。

从式(3-27)可以看出,当参比气体的氧浓度 φ_A 固定时,浓差电动势仅是被测气体氧浓度 φ_C 与温度 T 的函数;如果温度 T 一定,则仅是被测气体氧浓度 φ_C 的函数。把上式的自然对数换为常用对数,再将 R、F、n 等值代入,得

$$E = 0.4961 \times 10^{-4} \, T \lg \frac{\varphi_A}{\varphi_C} \tag{3-28}$$

从式(3-28)可看出,被测气体中氧的浓度 φ_C 与浓差电动势 E 为对数关系。

如以空气为参比气体,则 $\varphi_A = 20.6\%$;若检测器温度恒定在800℃,被测气体氧浓度 $\varphi_C = 10\%$,这时可算出浓差电动势为

$$E = 0.4961 \times 10^{-4} \times 1073 \lg \frac{0.206}{0.1} = 0.0167(V)$$

从上面对固体电解质氧化锆的分析可看出,这种电解质只能传导氧离子。这实际上是一种选择性,正是利用这种选择性,才制成测量氧含量用的浓差电动势检测器。氟化钙(CaF_2)固体电解质导电是靠氟离子 F^-,因此也可以用它做成测量氟的浓差电动势检测器。

3.2.6 氧化锆氧量计

氧化锆氧量计可用来对烟气中的残氧浓度进行监测。在石化、电力、冶炼等行业中,如何更有效地提高加热炉、锅炉、窑炉等设备的加热效率,是各企业在生产过程中经常面对的课题。测量烟气中的残氧浓度,通过自动控制设备对氧量的变化迅速做出响应,调节燃烧状态从而合理组织燃烧,是提高燃烧效率最有效的方法之一。稳定、准确地测量烟气中的残氧浓度对上述工业流程至关重要。

目前生产的氧化锆氧量计主要有两大类:一类是用来分析混合气体中的氧浓度,比如烟道气体,用来监视燃烧效率;另一类是测量熔融金属中的微量氧。

1. 混合气体氧浓度测量原理

图3-23为测量混合气体中氧浓度的直插定温式氧化锆检测器的结构示意图,主要由陶瓷过滤器1、氧化锆管2、热电偶7、恒温加热器4、氧化铝陶瓷管和接线盒等组成。氧化锆探头长度为 $600 \sim 1500mm$,直径为 $60 \sim 100mm$。

过滤器处于恒温室前端,氧化锆管置于恒温室内部,热电偶用以测量恒温室内的温度。恒温加热器上装一组均匀排列的加热电阻丝,外边是一个用绝缘材料制成的保温套。加热丝、热电偶、氧浓差电极的引线以及参比空气导管都引到外部接线盒内。

用直插定温式氧化锆探头组成的烟气含氧量测量系统,由氧化锆探头、温度控制器、毫伏变送器及显示记录仪表组成。直插定温式系统采用控温电炉加热方式使氧化锆管维持正常工作所需的恒定温度。

温度控制器连接热电偶和加热器,用于控制氧浓差电池的温度,使之恒定在某一设定温度。毫伏变送器接收探头输出的氧浓差电势信号,并转换成标准电流信号,送给显示仪表进

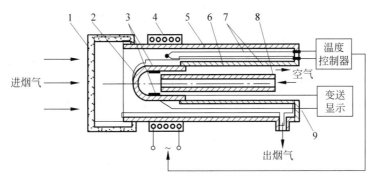

图 3-23 直插定温式氧化锆探头结构示意图

1—陶瓷过滤器；2—氧化锆管；3—内、外铂电极；4—恒温加热器（内为加热电阻丝）；

5,6,8—氧化铝陶瓷管（保护管、套管、导气管）；7—热电偶；9—内、外电极引线

行显示。

目前生产的用于测量烟道气体中氧浓度的氧化锆氧量计，一般都采取恒温措施，并且在电气线路中有对数转换电路，直接显示被测的氧浓度。

2. 熔融金属中氧含量测量原理

氧和可燃物分析仪主要是氧分析器。如转炉炼钢要求在炼一炉钢的 20min 左右时间内连续取样，经过预处理的气体样品，进入氧分析器及其他成分的过程分析器进行分析。氧分析器主要有热磁式氧分析器和氧化锆氧气分析器。这里介绍的是依据浓差电动势检测器原理进行氧气含量测量的氧化锆氧量计。

图 3-24 为测量钢液中氧浓度的氧化锆检测器的结构示意图。在直径 10mm 左右的石英管一端放入一个氧化锆固体电解质圆棒，上边缠上钳丝，焊上铜引线，作为参比电极。石英管长 100mm 左右。氧化锆固体电解质圆棒外部填充氧化铬（Cr_2O_3）和铬（Cr）的混合粉料，然后再填充一些石英粉，最后用石棉绳和水玻璃密封。在石英管头部黏固上一块耐火水泥，其中埋入一个铁环，焊上铁丝引线，作为测量电极。Cr_2O_3 和 Cr 的混合粉料是用来产生参比气体的。高温下 Cr_2O_3 分解为 O_2 和 Cr，即

$$2Cr_2O_3 = 3O_2 + 4Cr$$

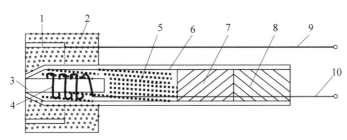

图 3-24 定氧测头

1—测量电极（铁环）；2—耐火水泥；3—ZrO_2（+CaO）棒；4—参比电极（铂丝）；5—Cr_2O_3 和 Cr 的混合粉料；

6—石英管；7—石英粉；8—石棉绳和水玻璃；9—铁丝引线；10—铜丝引线

如果氧不排出，O_2 浓度大时还会和 Cr 再结合成 Cr_2O_3，这是个可逆反应，最后要达到平衡。当 Cr_2O_3 与 Cr 的粉料配比适当时，在一定温度下氧浓度是恒定的，为一个常数。这样，它们就起到参比气体作用。

测量时把检测器插入钢液中。由于一般钢液中的氧浓度比氧化铬粉中的氧浓度大,这样钢液中的氧 O_2 由铁环得到电子成为氧离子 O^{2-},它通过氧化锆到铂丝释放电子而析出,而电子通过外电路流到铁环。这时测量电极的铁环为正极,而参比电极的铂丝为负极。

上述这种测量钢液含氧量用的氧化锆浓差电动势检测器通常称为定氧测头。它是消耗品,每次测量要消耗一支。

3. 氧化锆氧量计对电路的要求

(1) 应使氧化锆传感器的温度恒定,一般保持在 $T=850℃$ 左右时仪器灵敏度最高。温度的变化直接影响氧浓差电动势 E 的大小,仪器应加温度补偿环节。

(2) 必须要有参比气体,而且参比气体的氧含量要稳定不变。参比气体的氧含量与被测气体的氧含量差别越大,仪器灵敏度越高。例如,用氧化锆氧量计分析烟气的氧含量时,用空气作为参比气体,空气中氧含量为 20.6%,烟气中氧含量一般为 3%~4%,其差值较大,氧化锆传感器的信号可达几十毫伏。

(3) 被测气体和参比气体应具有相同的压力,经过对数变换,仪器可直接以氧浓度来刻度。

分析混合气体中氧浓度的氧量计所用的参比气体一般都是空气,空气中氧的体积百分含量一般为 20.6%。将其代入式(3-27),得

$$\varphi_{\mathrm{C}} = \mathrm{antlg}\frac{0.4961\times10^{-4}T\lg0.206 - E}{0.4961\times10^{-4}T} \tag{3-29}$$

从上式可见,当被测气体的氧浓度低于空气的氧浓度时,浓差电动势越大,被测气体的氧浓度越小,它们是非线性对数关系。为使显示仪表的氧浓度刻度均匀,应在电路中进行线性化处理。

氧化锆氧量计具有结构和采样预处理系统较简单、灵敏度和分辨率高、测量范围宽、响应速度快等优点。氧化锆氧量计的应用情况好于热磁式氧量计。

4. 氧化锆分析仪在裂解炉燃烧控制中的作用

炉膛氧和可燃气含量的测量可为裂解炉的燃烧控制提供参考数据,在提高裂解炉燃烧效率和减少环境污染中起到很大的作用。

氧化锆氧分析仪是控制乙烯裂解炉经济燃烧中重要的在线分析仪表,其主要作用是节能、减少环境污染和延长炉龄。在乙烯裂解炉燃烧控制中,若含氧量过低,燃料燃烧不充分,降低热效率,同时产生的黑烟也会污染环境;若含氧量过高,虽可使燃料充分燃烧,但过剩的空气会带走部分热量,也会降低热效率,而且过剩的氧会与燃料中的硫和烟气中的氮气反应,生成 SO_2、SO_3、NO_x 等有害物质污染环境,也会对炉子有损害。测量可燃气含量(主要是 CO),能更直观地显示燃料燃烧的状况,为燃烧控制提供参考,保证燃料安全充分地燃烧。

5. 投用和日常维护注意事项

在裂解炉氧分析仪的优化改造后,在仪表投用和日常维护中要注意以下几点:

(1) 新上氧化锆探头需运行一天以上才能进行校准。

新上氧化锆探头中存在一些水分或可燃性物质,如果此时进行校准,在高温条件下水分蒸发,可燃性物质燃烧,消耗了参比端部分氧,造成氧含量测量值不准。需要等到水分和可燃物质被新鲜空气置换干净后,才能使测量准确。

（2）在校验分析仪时，选用标准气需注意的问题。

氧化锆氧分析仪都是以新鲜干燥空气作参考气，校验需用新鲜干燥空气作量程气，不能用钢瓶空气，因为两者中的氧含量往往有差异。也不能选用纯氮气作零点气，因为氧含量为零或接近零时，测量值呈严重的非线性，造成测量不准，一般选用含氧 $0.5\% \sim 2.5\%$ 的气体作零点气。

校验可燃气传感器时，所用量程气应以清洁干燥空气作为平衡气。若以氮气为平衡气，必须保证校验时可燃气辅助气的足够流量。因为可燃气体检测需要与氧气发生反应，若校验气中氧气含量过低或无氧气，则会使校验时测量值较低甚至为零。通常选用含 1500ppm 的 CO、干燥空气做平衡气的混合气体为量程气。

（3）在短期停炉检修时不要停表。

因为锆管为陶瓷管，在停、启表过程中遇到急冷、急热易使锆管断裂。锆管上电极也会因与锆管热膨胀系数不同而脱落。另外，停表后传感器易受潮，再次送电时易损坏检测器。

6. 常见故障处理方法

（1）氧含量指示值偏高。

当氧含量指示值偏高且无法校准时，可能原因是检测器炉温过低（$<650℃$），或者锆管破裂漏气。如果炉温正常，应在工作温度下测锆管阻值，正常时约为 50Ω，若大于 100Ω，此锆管已无法使用，应进行更换。

（2）氧含量指示值偏低。

仪表氧含量指示值偏低，可能是炉温过高（$>750℃$）；或者探头过滤器堵塞使气阻增大，影响被测气体中氧分子的扩散速度。如果炉温正常，需用仪表风反吹探头（反吹气与标准气共用一个入口），清洗过滤器，如果无法疏通，则应更换过滤器。

（3）氧含量指示值波动或变化缓慢。

氧含量指示值波动大，可能是仪表内部管线有泄漏，或是引射风的流量不稳造成样气波动。否则需检查样品过滤管、内部阻火器是否堵塞，传感器探头排气孔有无限流等问题，这些也会造成样气流量不稳或流量过低，使氧量指示值波动或变化缓慢。

7. 软测量技术在氧分析中的应用

对于氧化锆氧量计在实际中的应用，除了制造部门采取有效的科技手段加以改进外，另外还应另辟路径，开展软测量或软仪表的研究。

近年来，对软测量仪表的研究十分活跃。软测量仪表是指在测量中，利用直接物理传感器实体得到其他参数的信息，通过数学模型计算手段得到所需检测信息的一种功能实体。软测量仪表不仅可以解决工程上某些变量难以检测的问题，而且也可以为用硬件方法能检测到的变量提供校正参考。可靠的软测量仪表可以避免昂贵的硬件设备费用。

在火电厂锅炉烟气含氧量软测量模型中，可选择与烟气含氧量有直接或隐含关系的变量作为实时检测的变量。如可选择主蒸汽流量、给水流量、燃料量、排烟温度、送风量、送风机电流、引风量、引风机电流等工艺参数作为软测量模型的输入，由这些输入通过模型来计算出烟气含氧量，以供监视和控制之用。

　　软测量技术为火电厂锅炉烟气含氧量测量提供了新的手段,不但对实现锅炉燃烧系统的闭环控制和优化调整具有重要意义,也可对现有的氧量计提供校正参考,从而提高氧量计测量的准确性。

3.2.7　电位滴定系统

　　电位滴定是最成熟的分析方法,它和光电比色法一样,是化验室分析经常采用的方法。但这种方法离开化验室直接用到工业流程上还是 20 世纪 70 年代初的事。用这种方法制成的过程滴定仪,在国外英、德、日等国都有商品仪表;在我国于 1980 年也已研制成功。过程滴定仪在冶金、化工、纺织、印染、制药、食品等工业都有应用,其中多数是用来检测水溶液中的含酸量或含碱量。

　　图 3-25 为电位滴定检测系统示意图。该检测系统主要包括自动采样器、反应池、滴定与试剂计量装置、滴定终点控制器四部分。

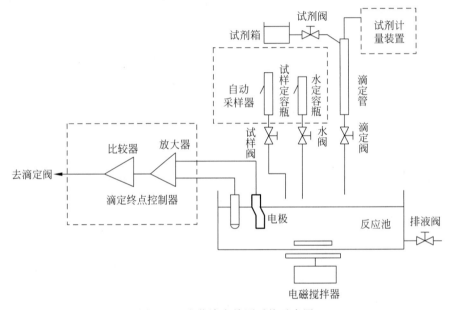

图 3-25　电位滴定检测系统示意图

　　现以酸碱中和滴定为例来说明电位滴定的检测原理与过程。设被测试样是酸性水溶液,需要检测它的含酸量。首先由自动采样器从生产工艺流程上取来试样并进行预处理,然后把一定量的试样放入反应池,同时还放入一定量的稀释水。试剂箱中事先放好已知的标准浓度的碱液,并放入滴定管中。启动电磁搅拌器,开启滴定阀用碱对酸进行中和滴定。

　　当中和滴定到终点时,滴定终点控制器发出信号关闭滴定阀。这时碱液的消耗量由试剂计量装置显示出来,或折算成被测试样的含酸量后再显示出来。

1. 自动取样器

　　目前制造的自动采样器都是采用间歇式的取样方案,即隔一定的时间由生产工艺流程上取来试样,然后进行定容、稀释等操作。定容与稀释操作一般都采用定容瓶定量与电磁阀门切换的方法进行。

2. 反应池

反应池多数是用玻璃制成。反应池中的试样由电磁搅拌器进行搅拌。反应池下部有一个排液阀。

3. 滴定终点控制器

滴定终点控制器的核心是一组电极,用来检测滴定反应的终点。滴定反应的类型不一样,采用的电极也不同。酸碱中和滴定多数都是采用玻璃电极作测量电极,甘汞电极作参比电极,用它们来检测滴定反应过程中溶液 pH 值的变化。电极系统也就是电极电位检测器的输出电势信号送入高输入阻抗放大器。此电势信号经过放大后与电压比较器事先设定好的电压进行比较,当达到终点电位时,电压比较器翻转,有信号输出,关闭滴定阀。

4. 滴定与试剂计量装置

它是过程滴定仪检测系统的关键部分。对于实验室用的滴定仪来说,它是比较简单的,通常就是一个玻璃制的滴定管。试剂的消耗量由化验人员用眼直接读出。但对过程滴定仪来说,试剂消耗量的自动显示是个难题。

解决试剂计量问题通常有以下 4 种方案:

(1) 维持试剂滴定流量恒定,根据滴定时间长短计算试剂消耗量。为此有两种方法,一种是设法维持试剂箱的液位恒定,以保证滴定液流量恒定;另一种是用同步电动机拖动活塞式滴定管,如图 3-26 所示。

滴定前操纵气动三通阀,使 1 与 2 方向开启,然后启动同步电动机拖动活塞向下,于是试剂被吸入活塞式滴定管。滴定时先操纵气动三通阀使 2 与 3 方向开启,然后启动同步电动机拖动活塞向上,把试剂滴入反应池。由于同步电动机转速恒定,因此可保证滴定液流量恒定。

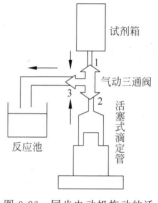

图 3-26　同步电动机拖动的活塞式滴定管示意图

上面的方法都是从滴定开始记录时间,直到滴定终了为止,然后用滴定所消耗的时间计算出试剂的消耗量。

(2) 采用活塞式滴定管或注射器,用步进电动机拖动,根据步进的脉冲数计算试剂消耗量;或用普通电动机拖动,与电机相连装有脉冲信号发生器,也用脉冲数计算试剂消耗量。这两种方法都可看成是使试剂每滴体积固定,然后根据滴数计算试剂消耗量。

这种方案的优点是,在滴定过程中可以改变滴定速度,当快接近滴定终点时,可降低速度,以免过滴。缺点是,采用电机,有机械活动部分,维护量较大。目前国外生产的过程滴定仪采用这种方案较多。

(3) 采用专门的称重装置,根据滴定前后反应池重量的变化来计算试剂的消耗量。这种方案的精度与稳定性主要取决于称重装置。

(4) 采用检测滴定管中试剂液位的装置,根据液位变化计算试剂消耗量。

到目前为止已采用过的显示滴定管中试剂液位的方案有两种:一种是利用测电导的方法显示滴定管中试剂的液位,这种方案的优点是装置简单,仅在滴定管中插入两支金属电极即可;但缺点是有电解现象,溶液电导受温度影响较大,而且线性不好。另一种是利用测电容的方法显示滴定管中试剂的液位。图 3-27 为电容式滴定管的结构示意图,滴定试剂为电容器的内电极,薄壁导电管为电容器的外电极,绝缘管为电容器的介质,三者构成一个同轴电容器。

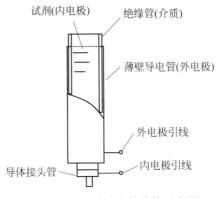

图 3-27 电容式滴定管结构示意图

当滴定试剂消耗时试剂(内电极)减小,电容器的电容减小,它们之间为正比关系。尽管两端由于边缘效应的影响使电场分布不均匀,但经过线性化处理,可得到良好的线性和较高的测量精度。与活塞式滴定管相比,电容式滴定管结构简单,无机械活动部分,维护量小和结构简单。这种过程滴定仪在我国于 1980 年研制成功。

对于过程的液体成分分析对象来讲,凡是没有其他的仪器可用时,都可采用电位滴定法,用过程滴定仪分析,因此它是个通用仪器。正是由于这个原因,20 世纪 70 年代以来,围绕自动滴定装置,国外美、日、苏、英、德等国有许多专利发表,1973 年就开始把计算机应用到自动滴定装置上。

3.3 污水化学耗氧量在线分析

随着经济社会的发展,城市规模的不断扩大,用水量的持续增大,排入江河湖库的废污水不断增加,水体的有机污染是水质污染的主要问题。而污染源自动监测系统的主要数据来源就是在线自动监测仪器,因此对污染源在线自动监测仪器的研究是个关键的环节。

目前,我国化学需氧量(Chemical Oxygen Demand,COD)环境标准值是地表水:3～300mg/L;污水:60～1000mg/L。COD 的实验室分析方法主要有重铬酸钾消解-氧化还原滴定法;重铬酸钾消解-库仑滴定法。

3.3.1 COD 在线自动分析仪的基本构成

铬法 COD 在线分析仪根据系统功能,可分为采样设备、COD 分析仪器、外输系统几部分,具体结构如图 3-28 所示。采样设备主要用于采取被测水样,组件主要由潜水泵、过滤装置、超声波流量传感器等组成。潜水泵用于汲取和输送水样,超声波流量传感器可测出水样流速、水样体积、水样温度等参数;过滤器用于保证水样洁净、不含杂质,保护仪器不被损坏。COD 分析仪器是整个系统的主体部分,由试剂组、反应消解装置、数据处理控制系统等组成。

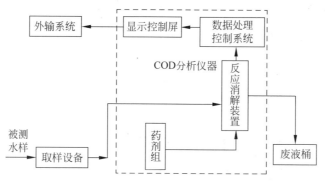

图 3-28 COD 在线监测系统结构原理图

1. 试剂组

主要由五种试剂组成,即由硫酸溶液、重铬酸钾溶液、硫酸汞溶液、零点校准溶液、标准溶液,主要用于仪器的清洗、校准以及测 COD 时反应药品等使用。

2. 反应消解装置

由活塞泵、消解池、加热电阻丝等组成。活塞泵将被测水样和各种试剂吸入到消解池中,消解池是发生化学反应的主要场所,通过鼓泡方式混合被测水样和试剂,由加热电阻丝将被测水样和试剂的混合液迅速加热至 175℃,在设定值控制消解时间内完成反应。

3. 数据处理控制系统

主要完成数据处理、控制和传输。可以通过仪器的操作键盘,控制显示屏上的菜单完成仪器设置、系统校准、信号设置、COD 数据读取和 COD 数据查询等操作。

外输系统通过 MODBUS 界面等的相关连接,实现 COD 数据联网传输。可以在远端进行设置、修改,并对仪器进行远端控制,实现对排放废水情况的监控和管理。

3.3.2 COD 在线自动分析仪的类型

主要类型有重铬酸钾消解-光度测量法、重铬酸钾消解-库仑滴定法、重铬酸钾消解-氧化还原滴定法、UV 计(254nm)、氢氧基及臭氧(混合氧化剂)氧化-电化学测量法,臭氧氧化-电化学测量法。

1. 重铬酸钾消解-光度测量法

(1)原理。

水样进入仪器的反应室后,加入过量的重铬酸钾标液,用浓硫酸酸化后在 100℃ 条件下回流 2h(或催化消解,或采用微波快速消解 15min),反应结束后用光度法或流动注射光度法测定剩余的 Cr(Ⅵ)(600nm)或反应生成的 Cr(Ⅲ)(440nm)。

(2)代表产品。

XH-9005C 型化学需氧量自动监测仪采用重铬酸钾氧化-分光光度法,测定结果与 GB 11914—89《水质化学需氧量的测定》方法有很好的一致性,可广泛适用于化工、制药、石油、食品等各种行业排放污水的自动监测。

图 3-29 为 XH-9005C 型 COD 自动监测仪流程图。仪器首先依次将水样、试剂 A、试剂 B 定量移至消解比色管并混合,然后启动加热系统,将液体加热至 165℃,并在此温度下密

闭消解一定的时间,最后启动光度检测系统,对检测结果信号进行采集与处理,并将测定结果显示在显示屏上。

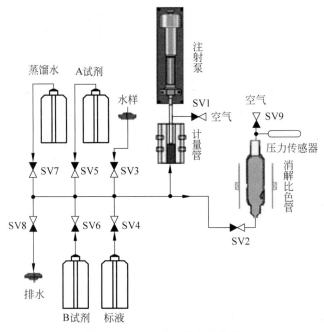

图 3-29 COD 自动监测仪流程

(3) 特点。

采用重铬酸钾密闭消解-分光光度法,流程如图 3-37 所示。测定结果与国标法有很好的一致性;采用镀膜密闭加热方式消解,温场均匀,重现性好;消解、比色一体化,结构简单;液体不经过注射泵,安全可靠,寿命长;具有自动清洗、故障自动诊断、断电保护、来电自动恢复功能。

2. 重铬酸钾消解-库仑滴定法

(1) 原理。

水样进入仪器的反应室后,加入过量的重铬酸钾标液,用浓硫酸酸化后,在 100℃ 条件下回流(或催化消解)一定的时间(15~120min),反应结束后,用库仑滴定法[电生 Fe(Ⅱ)]测定剩余的 Cr(Ⅵ)。

(2) 代表产品。

EST-2001A 系列 CODcr 在线自动监测仪,如图 3-30 所示。将 GB 11914-89 规定的重铬酸钾消解方法与先进的计算机技术结合起来,实现了测定过程的全自动化,可广泛地应用于厂矿企业排污口监测、城市污水处理工厂进出口监测、江河湖泊水质监测和污水治理设施控制装置中。

(3) 特点。

本仪器是 GB 11914-89 规定方法的自动化装置,与手动分析具有很好的相关性。已通过中国环境产业协会认证,检测数据具有法定效力。

仪器具有很宽的量程范围(COD 30~10000mg/L),并可在一定范围内实现不同量程之

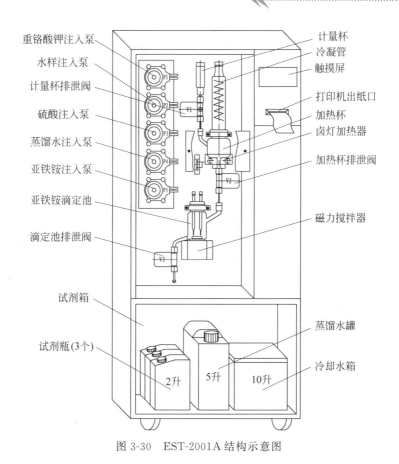

图 3-30 EST-2001A 结构示意图

间的自动切换。仪器具有强的抗氯离子干扰能力,可直接检测氯离子含量达到 10 000mg/L 的水样。具有如下特点:

① 新颖的电热设计,确保高的氧化率和寿命。

② 断电保护设计确保仪器不受损坏和数据记录永不丢失。

③ 齐全的接口设计和配套软件,便于仪器与流量计、控制系统和中央监控计算机连接,并可接收遥控指令。

④ 故障自诊断智能设计,使仪器管理和维护十分方便。

⑤ 采样方式可设定为定时采样,也可以设定为等比例采样。

3. 重铬酸钾消解-氧化还原滴定法

(1) 原理。

水样进入仪器的反应室后,加入过量的重铬酸钾标液,用浓硫酸酸化后,以银盐为催化剂,在 100℃条件下回流 2h;反应结束后,以试亚铁灵为指示剂,用硫酸亚铁铵滴定剩余的 Cr(Ⅵ),由消耗的重铬酸钾的量换算成消耗氧的质量浓度得到 COD 值。

(2) 代表产品。

JHC-ⅢA 型 COD 自动检测仪依据国家《水和废水监测分析方法(第四版)》中 B 类方法的规定,采用恒温加压密闭催化消解法,通过 PLC 控制,自动完成从水样采集到测定值显示打印的全部过程。

图 3-31 为 JHC-ⅢA 型 COD 自动检测仪工作原理框图。其过程为仪器定量采集一定量的水样,先移入混合瓶并在水样中依次加入掩蔽剂(视水质情况,无氯离子或可不加)、重铬酸钾标准溶液,硫酸-硫酸银溶液及助催化剂等后移入消解器,经恒温密闭加压消解 15min,移入滴定瓶稍冷却后,用硫酸亚铁铵标准溶液进行滴定至终点,根据硫酸亚铁铵溶液用量,计算出水样中 COD 的量。计算公式为

$$CODCr(O_2,mg/L) = \frac{(V_{输入} - V_i)x \times C \times 8 \times 1000}{V} \tag{3-30}$$

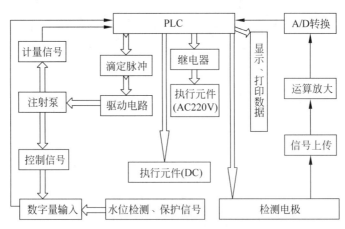

图 3-31 JHC-ⅢA 型 COD 自动检测仪工作原理框图

式中：C——硫酸亚铁铵标准浓度,mol/L;

$\quad\quad V_{输入}$——滴定空白时,硫酸亚铁铵标准液用量,mL;

$\quad\quad V_i$——滴定水样时,硫酸亚铁铵标准液用量,mL;

$\quad\quad V$——采集水样体积,mL;

$\quad\quad 8$——氧摩尔质量,g/mol。

4. UV 计(254nm)

(1) 原理。

基于水样 COD 值与水样在波长 254nm 处的 UV 吸收信号大小之间良好的相关性,以氙灯(或低压汞灯)为光源,通过双光束仪器测定水样在波长 254nm 处的 UV 吸收信号和可见光(波长 546nm)的吸收信号,将二者之差经线性化处理($Y = a + bX$)后即可获得水样的 COD 值。

(2) 代表产品。

KS2201(北京利达科信环境安全技术有限公司)型 UV 水质 COD 在线监测仪(图 3-32)测量原理是基于紫外吸收法。流通池中的水路被氙灯的紫外光照射,紫外光的某些组分通过流通池而被吸收,从而检测和分析出来。根据朗伯-比尔(Lambert-Beer)定律,以不饱和有机分子在 UV 254nm 处的吸收为基础,测量出这种光的吸收量。

$$[C] = k \cdot \log\left(\frac{I_{in}}{I_{out}}\right) \tag{3-31}$$

图 3-32 KS2201 在线监测仪

式中：[C]——样品浓度；

    k——吸收系数(每种分子具有不同的吸收系数)；

    I_{in}——入射光光强度；

    I_{out}——透射光光强度。

样品浓度取决于被测水的吸收样本的浓度。光源发出的紫外光通过滤光片分别检测出 254nm 和 350nm 的紫外光,并由光电二极管检测出光强度,检测出的信号通过放大器送到微处理器；350nm 的光强度用于补偿浊度的影响,最后经过计算输出测量结果。

（3）特点。

UV 法是纯物理的光学方法,是利用大部分有机物在紫外线 254nm 处有吸收的特性,将水样经过紫外线的照射,从吸光度的大小来判断水质污染的程度。

UV 水质在线监测仪与其他在线 COD 监测仪相比,具有如下优点：

① 可以实现在线连续监测。

② 运行成本低,只需要清洗用的硫酸溶液,无须添加其他化学试剂和标准溶液。

③ 紫外光源稳定,并且采用双波长回路,减少误差,确保测量值稳定、准确无误。

④ 可以自动清洗、自动校准。

⑤ 结构紧凑,易于操作。

⑥ 无须专业人员维护,只需定期更换清洗用的硫酸溶液。

5. 氢氧基及臭氧(混合氧化剂)氧化-电化学测量法

（1）原理。

由电解产生的氢氧基(hydroxide radicals)及臭氧(ozone)在反应槽中直接氧化水样,这些氧化剂的产生和消耗是连续进行的,由电解氧化剂所消耗的电流,根据法拉第定律,经校正后即可计算出水样 COD 值。

（2）代表产品。

COD—580 型在线 COD 监测仪(图 3-33)采用电化学氧化(羟基电极法)测量水中的 COD 值,可用于在线自动测量污水中的化学需氧量。

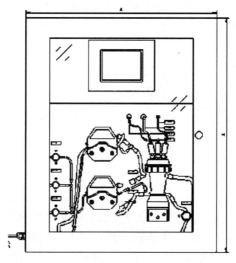

图 3-33 COD—580 型在线 COD 监测仪结构

（3）特点。

① 使用硫酸钠及葡萄糖溶液，无须硫酸、重铬酸钾及硫酸汞等危险、有害的化学试剂，不产生二次污染。

② 专利的取样系统，不会产生堵塞。

③ 采用触摸屏显示，中文操作界面，操作方便，维护工作量少。

④ 自动控制测量、标定等过程。

⑤ 自动保存测量结果，并有断电保护功能。

⑥ 可采用远程数据传输。

3.3.3　COD 在线自动分析小结

目前，各类 COD 在线自动分析仪除了上述主要技术性能外，一般还具有自动清洗、自动校标、时间设置、断电保护、故障报警、自动恢复以及数据处理与传输功能等特点。当然，各类仪器也存在一定的差异。

从方法原理上看，重铬酸钾氧化-氧化还原滴定法更接近国标方法，库仑法也是推荐的统一方法。光度法在快速 COD 测定仪器上已经采用，电化学方法（不包括库仑法）虽然不属于国标或推荐方法的范畴，但由于在线自动分析毕竟与实验室分析不同，所以鉴于其所具有的其他特点，在实际应用中，只需将其分析结果与国标方法进行比对试验并进行适当的校正后，即可予以认可。但将 UV 计用于表征水质 COD 测定，虽然在日本已得到较广泛的应用，但欧美各国尚未推广应用（未得到行政主管部门的认可），在我国尚需开展相关的研究。

从分析性能上看，COD 在线自动分析仪的测量范围一般在 10（或 30）～2000mg/L，而我国化学需氧量环境标准值范围是地表水：3～300mg/L，污水：60～1000mg/L。因此，目前的 COD 在线自动分析仪仅能满足污染源在线自动监测的需要，难以应用于地表水的自动监测。另外，与采用电化学原理的仪器相比，采用消解-氧化还原滴定法、消解-光度法的仪器的分析周期一般更长一些（10min～2h），前者一般为 2～8min。

从仪器结构上看，采用电化学原理或 UV 计的水质 COD 在线自动分析仪的结构一般比采用消解-氧化还原滴定法、消解-光度法的仪器结构简单，并且由于前者的进样及试剂加入系统简便（泵、管更少），所以不仅在操作上更方便，而且其运行可靠性方面也更好。但前者采用的分析原理不是国标方法。

从维护的难易程度上讲，由于消解-氧化还原滴定法、消解-光度法所采用的试剂种类较多，泵管系统较复杂，因此在试剂的更换以及泵管的更换维护方面较烦琐，维护周期比采用电化学原理的仪器要短，维护工作量大。但仪器使用者对前者采用的方法原理更了解一些，对仪器可能出现的小问题易自行维修解决。

从对环境的影响方面看，重铬酸钾消解-氧化还原滴定法（或光度法、库仑滴定法）均有铬、汞的二次污染问题，废液需要特别的处理。而 UV 计法和电化学法（不包括库仑滴定法）则不存在此类问题。

从售价上看，国内水质 COD 在线自动分析仪的售价一般在 8 万～12 万元（人民币），但国外同类仪器的售价一般在 20 万～30 万元（人民币）。造成这种差别的原因固然很多，但国内仪器的运行可靠性较差以及人员、运输和安装成本较低，可能是这种差别的主要原因。

3.4　电化学式在线分析仪器

工业酸度计基本原理同实验室仪器,pH 值测量在电力、化工、医药等部门被广泛应用,是考察溶液酸度的一个重要参数,尤其是在线的 pH 值测量更为广泛地应用于电力、化工等企业的锅炉补给水、锅炉给水以及循环冷却水和废水的处理中。通过 pH 值的在线分析,可调节化学缓蚀剂、阻垢剂的加入量使 pH 值控制在最佳范围内,从而达到减缓热力设备腐蚀、结垢的目的。生化反应过程中的 pH 值是微生物生长的一个重要环境参数,故要使用工业酸度计控制反应物的 pH 值。

电导式分析仪器利用电解质溶液中溶质电离作用的导电性质设计而成,这类仪器有工业用电导仪、水中盐量计、硫酸浓度计、离子交换失效监测仪等。如川仪九厂生产的水质监测仪原理如下:在离子交换器出口分两路,一路为空柱接一个测量池,另一路另加一个小型的离子交换柱后面接一个参比池。当离子交换床失效时,离子交换器出口水中的 Na^+ 和 SiO_2 的电导率变化值很小,在测量池中不易检测;而另一路流过离子交换柱时,水中的 Na^+ 和 SiO_3^{2-} 交换成 H^+ 和 OH^-,H^+ 和 OH^- 的摩尔电导比 Na^+ 和 SiO_3^{2-} 大,易被电桥测出,因而可很快了解离子交换器是否失效。

氧化锆氧量计适用于机械、电子、化工、轻工、建材等各行业及能源检测、节能服务领域,主要用来分析混合气体中的氧浓度。

3.4.1　工业 pH 计

工业 pH 计是内含微处理的智能型仪器,如图 3-34 所示,是具有中英文菜单式操作、全智能、多功能、测量性能高、环境适应性强等特点的高档仪表,能精确测量溶液的 pH 值及温度。它配以相应的电极,可适用于电站、化工、冶金、制药、造纸、轻工、电镀、环保、食品、海洋地质研究等工业部门。

1. 主要特点

(1) 高精度三复合电极,测量准确方便。

(2) 先进贴片工艺及一体化设计,高集成度电路设计稳定耐用。

(3) 先进单片机技术,高性能,低功耗。

图 3-34　TP110 pH 计

(4) 24 位 A/D 信号采集,高精度测量,准确可靠。

(5) 中文菜单操作,易于理解,操作快捷方便。

(6) 标准输出信号类型可选,报警继电器可任意设定。

(7) 数据循环存储功能,自动清除溢出数据,操作简单,查询方便,电数据存储时间 10 年以上。

2. 技术指标

(1) 显示:128×64 点阵液晶,中文显示。

(2) 量程范围:0.00～14.00pH。

(3) 示值误差:±0.02pH。

（4）分辨率：0.01pH。

（5）输入阻抗：不小于 $1\times10^{12}\,\Omega$。

（6）重复性：不大于 1%。

（7）温度传感器：Pt1000。

（8）测温范围：0.0～60.0℃(高温特殊说明)。

（9）水样温度：5～60℃。

（10）环境温度：5～45℃。

（11）环境湿度：不大于 90%RH(无冷凝)。

（12）储运温度：−25～55℃。

（13）供电电源：AC165～265V 50Hz。

（14）功率：不大于 15W。

（15）外形尺寸：120mm×145mm×145mm(长×宽×高)。

（16）开孔尺寸：138mm×138mm。

（17）重量：0.7kg。

（18）电流隔离输出：0～10mA、0～20mA、4～20mA 任选。

（19）报警继电器：2 个常开点任意设定，AC220V 3A/DC30V 3A。

（20）防护等级：IP65；掉电保存：大于 10 年。

（21）二次仪表安装方式：开孔式、壁挂式、架装式。

（22）电极安装方式：流通式、沉入式、法兰式、管道式(特殊安装方式,协商设计)。

3. 标准配置

主机一台；电极一支。

3.4.2　工业电导率分析仪

工业电导率分析仪根据溶液的电导率值与电导池两极之间电流的一定比例关系,将电导池测到的电信号由信号电路处理后,传送给微处理器进行运算,将结果送给显示电路和输出电路,并反馈给信号电路进行控制,TP120 电导率分析仪如图 3-35 所示,是具有中英文菜单式操作、全智能、多功能、测量性能高、环境适应性强等特点的高档仪表,可用于各行业溶液中电导率值的连续监测。

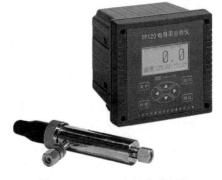

图 3-35　TP120 电导率分析仪

1. 主要特点

（1）高精度复合电极,测量准确方便。

（2）先进贴片工艺及一体化设计,高集成度电路设计稳定耐用。

（3）先进单片机技术,高性能,低功耗。

（4）24 位 A/D 信号采集,高精度测量,准确可靠。

（5）中文主菜单操作,易于理解,操作快捷方便。

（6）多量程,自动转换,测量精度高。

（7）标准输出信号类型可选,报警继电器可任意设定。

（8）断电数据存储时间 10 年以上。

2．技术指标

（1）显示：128×64 点阵液晶，中文显示。

（2）测量范围：

$K=0.01$ 可选测量范围 $0.000\sim3.000\mu S/cm$ 和 $0.00\sim30.00\mu S/cm$；

$K=0.10$ 可选测量范围 $0.00\sim30.00\mu S/cm$ 和 $0.0\sim300.0\mu S/cm$；

$K=1.00$ 可选测量范围 $0.0\sim300.0\mu S/cm$ 和 $0\sim3000\mu S/cm$；

$K-10.0$ 可选测量范围 $0.000\sim3.000mS/cm$ 和 $0.00\sim30.00mS/cm$。

（3）示值误差：$\pm1\%$ F. S. 。

（4）分辨率：$0.001\mu S/cm$。

（5）重复性：$<1\%$。

（6）温度传感器：Pt1000。

（7）测温范围：$0.0\sim99.9℃$。

（8）温补范围：$0.0\sim60.0℃$。

（9）水样温度：$5\sim60℃$。

（10）环境温度：$5\sim45℃$。

（11）环境湿度：小于 $90\%RH$（无冷凝）。

（12）储运温度：$-25\sim55℃$。

（13）供电电源：AC $165\sim265V$，$50Hz$。

（14）功率：不大于 15W。

（15）外形尺寸：$120mm\times145mm\times145mm$（长×宽×高）。

（16）开孔尺寸：$138mm\times138mm$。

（17）重量：0.7kg。

（18）电流隔离输出：$0\sim10mA$、$0\sim20mA$、$4\sim20mA$ 任选。

（19）报警继电器：2 个常开点任意设定，AC220V 3A/DC30V 3A。

（20）防护等级：IP65。

（21）掉电保存：大于 10 年。

（22）二次仪表安装方式：开孔式、壁挂式、架装式。

（23）电极安装方式：流通式、沉入式、法兰式、管道式（特殊安装方式，协商设计）。

3．标准配置

主机一台；DDJ-0.01 电极一支。

3.4.3　氧化锆氧分析器

HM-OSP 系统由 HMP 氧探头、OA 系列氧含量分析变送仪组成。氧探头和变送器可以一起安装在测量现场，通过 $4\sim20mA$ 信号将检测的氧含量值远传（HM-OSP01 系统），也可以将氧探头和氧含量分析仪分别安装在现场和控制室（HM-OSP02 系统）。本系统属于经济型系统，满足对测量精度要求不高的应用场合。主要应用于热力锅炉、自备电厂锅炉、民用锅炉、焚烧炉等炉窑装置中，如图 3-36 所示。

综合技术参数：

（1）氧探头测量气氛温度：0～700℃（氧探头采用 SUS316 材质采样管）；

0～900℃（氧探头采用 SUS310S 材质采样管）。

（2）变送器输出类型：0～10mA、4～20mA、0～5V、1～5V 隔离变送输出。

（3）变送器报警输出：两路报警输出。

（4）变送器通信：RS-485 隔离通信。

（5）系统量程范围：0～20.9 O_2％。

（6）系统响应时间：在探头测量端被测气氛变化时：1～5s，与样气流速有关。

图 3-36　氧化锆氧量计

（7）在探头标定孔输入标气时：3s 内达到 95％响应值。

（8）系统安装环境：氧探头安装环境温度－20～120℃。

（9）变送器及氧探头维护仪安装环境温度：－10～50℃；湿度＜90％。

（10）结构：氧探头采用接线盒，防水设计，可露天安装；变送器及 HM-OS 系统箱均为壁挂形式，均为防水设计，可露天安装。

（11）氧探头有效长度：1000mm、1500mm、2000mm，特殊定制长度。

（12）氧探头采样管材料：SUS316；SUS310S。

（13）防爆等级：ExdII CT6（定制）。

现场变送系统配置如图 3-37 所示，包含 HMP 氧探头、OA200 现场氧含量变送器。

综上所述，电化学式在线分析仪器广泛应用于各行各业的液体分析和氧分析上，对各行各业的生产至关重要，并已发展成为智能型仪器，同时具备 LCD 显示功能和 4～20mA 信号远传能力，符合在线分析仪器的发展趋势。

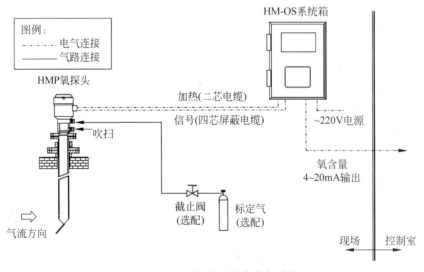

图 3-37　HM-OSP 氧含量在线分析系统配置

3.5　工业水质在线监测

随着我国对工业节水力度的加大,钢铁冶金、石油化工等工业企业将强化水务管理,企业内部循环水、化学水、污水回用这三大工业水系统的水质监控将日趋重要。另外,在线分析也是关键工艺反应液或成品液的实时质量控制的最佳手段。

3.5.1　工业水质在线监测方案

图 3-38 为工业水质在线监测解决方案。从主生产装置到循环水厂、纯水车间,到污水处理全面进行在线检测,帮助工业企业加强水质的分级分质管理,提高工业水重复利用率、综合水质合格率,降低企业万元增加值用水量、单位产品能耗等,全面提升工业企业自动化水平和经济效益。

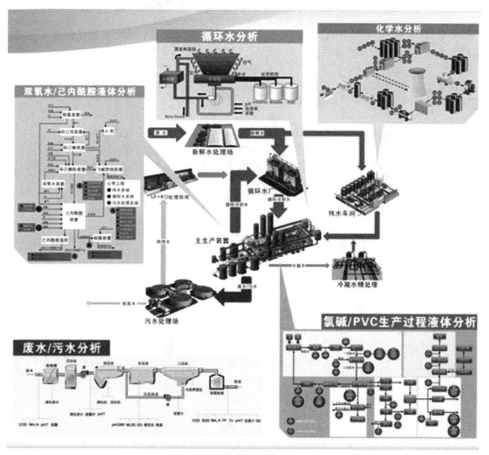

图 3-38　工业水质在线监测方案

3.5.2　化学水在线分析仪

工业企业的自备电厂、余热锅炉的水汽循环系统由纯水制备、锅炉给水、锅炉炉水、锅炉蒸汽、冷凝水回收这几个部分组成,通过在线监测电导率、pH 值、钠离子、二氧化硅、磷酸根、硬度等水质参数,可以帮助用户保护反渗透膜、锅炉、汽轮机等重要设备装置,提高热效率,降低因水质持续恶化造成的损失,节约人工化验成本和设备运维成本。图3-39为相应仪表图。

硬度、余氯/二氧化氯、联氨、正磷酸盐、二氧化硅/硅酸、总铁、硫化物、氟离子在线分析仪

钠离子在线分析仪　　磷酸根、硅酸根、联氨在线分析仪　　pH值、电导率、溶解氧在线分析仪

图 3-39　化学水在线分析仪

3.5.3　工艺反应液在线分析仪

通过在线监测工艺过程中各种液体的含量和色度、浊度、密度等主要物理化学参数,可以帮助工业企业客户控制工艺反应过程和产品质量。图3-40为相关仪表。

3.5.4　工业污水在线分析仪

通过监控工业污水/废水处理流程和排放口的pH值、电导率、溶解氧、COD、氨氮、总磷、总氮、水中油、重金属、浊度,帮助废水处理设施运营管理部门或者废水处理工程公司进行水质监控,为废水处理的设计、调试、验收、运营等治理过程提供关键数据。图3-41为相应仪表。

1. 污水处理厂所用到的在线仪器

(1) 污水处理过程中所使用的在线仪表种类。

热工测量仪表:测定热工类参数,包括温度、压力、液位、流量。

在线色度/浊度变送器(防爆型)　在线色度/浊度传感器(防爆型)

在线色度/浊度变送器(非防爆型)　在线色度/浊度传感器(非防爆型)

图 3-40　工艺反应液在线分析仪

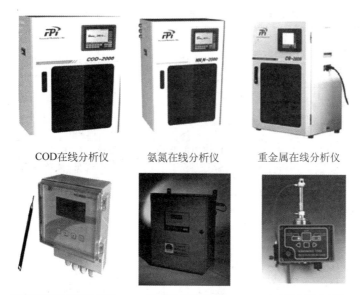

　COD在线分析仪　　　氨氮在线分析仪　　　重金属在线分析仪

浊度在线传感器/分析仪　　TOC在线分析仪　　水中油在线分析仪

图 3-41　工业污水在线分析仪

　　成分分析仪表:测定成分类参数,包括 pH 值、溶解氧、浊度、污泥浓度、电导率、余氯、氨氮、总氮、TOC 等。

　　(2) 在线仪表在污水处理厂构筑物中的分布。

　　不同的污水处理厂由于采用的工艺不同,但主要的参数还是一致的。污水处理厂中主要流程如图 3-42 所示,用到的在线仪表如表 3-4 所示。

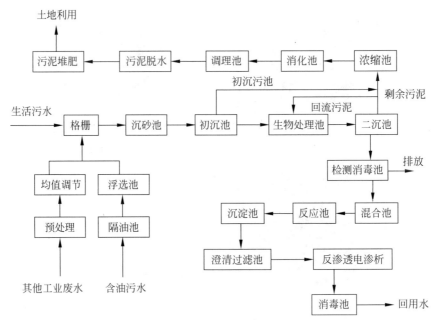

图 3-42　城市污水处理厂常规工艺流程

表 3-4　城市污水处理厂各构筑物中常用的仪表

序号	工艺参数	测量介质	测量部位	常用仪器
1	流量	污水	进出水管道	电磁流量计,超声波流量计
			明渠	超声波明渠流量计
		污泥	回流污泥管路	电磁流量计
			回流污泥渠道	超声波明渠流量计
			剩余污泥渠道	电磁流量计
			消化池污泥管路	电磁流量计
		沼气	消化池沼气管路	孔板流量计、涡街流量计、质量计等(所有仪表要求防爆)
		空气	曝气池空气管路	孔板流量计、涡街流量计、质量流量计、均速管流量计
2	温度	污水	进/出水	Pt100 热电阻
		污泥	消化池	Pt100 热电阻
			污泥热交换器	Pt100 热电阻
3	压力	污水	泵站进出口管路	弹簧管式压力表、压力变送器
		污泥	泵站进出口管路	弹簧管式压力表、压力变送器
		空气	曝气管道通风机出口	弹簧管式压力表、压力变送器
		沼气	消化池	压力变送器(所有仪表要求防爆)
			沼气柜	压力变送器(所有仪表要求防爆)
4	液位	污水	进水泵站集水池	超声波液位计
			格栅前、后液位差	超声波液位计
		污泥	消化池	超声波液位计、变压变送器、沉入式压力变送器(所有仪表要求防爆)
			浓缩池,储泥池	超声波液位计

续表

序号	工艺参数	测量介质	测量部位	常用仪器
5	pH 值	污水	进/出口管路或渠道	pH 仪
6	电导率	污水	进/出口管路或渠道	电导仪
7	浊度	污水	进/出口管路或渠道	浊度仪
8	污泥浓度	污泥	曝气池、二沉池、回流污泥管	污泥浓度计
9	溶解氧	污水	曝气池、二沉池	溶解氧测定仪
10	污泥界面	污水、污泥	二沉池	污泥界面计
11	COD	污水	进/出水	COD 在线测量仪
12	BOD	污水	进/出水	BOD 在线测量仪
13	沼气成分	消化沼气	消化池沼气管	CH_4 检测仪(所有仪表要求防爆)
14	氯	污水	接触池出水	余氯测量仪

2. 在线仪器在污水处理厂运行监控中的作用

(1) 对水流量进行实时计量,及时记录水量和水质的情况。

(2) 为处理厂和监测站提供出入水量和水质指标及实时情况。

(3) 对水质出现的突然变化情况,能够通过信息网络系统即时反映到有关管理部门,如污水处理厂的中控室。

(4) 在配合环保、水务等部门进行监测时发挥作用。

3. 在线检测设备应具有的特点

(1) 使用的分析原理符合国标、行业标准、地方标准等相关标准。

(2) 数据能及时存储,断电后恢复供电时,具有系统自动恢复和记录断电情况等功能。

(3) 设备结构简单、牢固、使用寿命长,故障率低,可连续稳定测定。

(4) 校对方法简单,现场操作简便,后期维护方便易行。

(5) 具有较高的灵敏度和较好的精密度。

(6) 流量、水质指标出现异常时具有提示、制动和报警的功能。

(7) 能够耐受高含量颗粒物质、油分、漂浮物、有机污染物、微生物等的冲击作用。

(8) 添加试剂、更换零部件、维护和维修方便。

4. 典型的在线仪器仪表

典型的在线仪器仪表分为两类:在线监测仪器和在线监测系统。

(1) 在线监测仪器。

主要有流量计、液位计、温度测定计、溶解氧测定仪、余氯测定计、pH 值测定计等。

① 流量计:在污水污泥处理区的进/出口,各构筑物之间的连接渠道中;多用超声波流量计、电磁流量计、涡轮流量计等。

② 液位计:于污水处理厂的格栅前、各处理池中;污泥处理区的浓缩池、储泥池中;一般用超声波液位计。

③ 温度测定计:于进/出水口处和污泥消化池、消化罐中。特别是污泥消化,中温和高温的消化温度都有不同的要求;多用热电阻式温度计。

④ 溶解氧测定仪:溶解氧的在线监测对于污水处理厂的核心部分——生物处理至关重要。不同的处理工艺,对生物处理池中各部分的 DO 含量有不同的要求。

生物处理池中 DO 的控制:

厌氧段:$O_2 < 0.2mg/L$;

缺氧段:$0.2 \sim 0.5mg/L$;

好氧段:$2 \sim 3mg/L$;

普通生物处理工艺:好氧;

脱氮:缺氧段＋好氧段;

脱磷:厌氧段＋好氧段。

在线溶解氧测定系统对生物处理池运行过程中各功能区溶解氧的调节能起到很大作用。

⑤ 余氯测定计:在再生水的生产中,氯的投加量适宜:有效杀菌;不适宜:副产品二次污染。

⑥ pH 计:在线 pH 计能在第一时间检测到来水的异常。对及时追查上游的突发事故、非法排放,及时阻断异常污水进入处理厂,保证设备的正常运行和安全具有重大意义。

同时,也能通过 pH 值的变化了解工艺的运行情况和可能的变化趋势。

(2) 在线监测系统。

一般包括 pH 值、COD Cr、氨氮、悬浮物等项目,做成集中控制系统。常安放于污水处理厂的总进水和最终出水口。

5. 在线仪器与实验室仪器相比的优势

(1) 在线仪器仪表对环境要求不高,实验室仪器则需要较高的使用环境要求。

(2) 在线仪器仪表更偏重快速实时,实验室仪器更偏重高度精准。

(3) 在线仪器仪表能够迅速反映出污水处理过程中的实时波动变化,实验室仪器反映的是污水、污泥等稳定后的情况。

6. 未来污水处理的发展对在线仪器设备的需求

(1) 一机多项的功能。

(2) 远程信息共享。

(3) 仪器的元件抗污染物质和流量波动的冲击力强。

(4) 出现异常值时的迅速判断和报警功能。

(5) 药品的用量小。

(6) 添加药剂方便。

(7) 方便进行清洗。

(8) 能够进行在线维护保养。

随着再生水生产和使用的发展,浊度、色度、硝酸根 NO_3^-、全盐量等项目的在线监测需求都会逐渐增加。

7. 物联网在污水处理行业中的应用

基于物联网、云计算的城市污水处理综合运营管理平台为污水运营企业安全管理、生产运行、水质化验、设备管理、日常办公等关键业务提供统一业务信息管理平台,对企业实时生产数据、视频监控数据、工艺设计、日常管理等相关数据进行集中管理、统计分析、数据挖掘,为不同层面的生产运行管理者提供即时、丰富的生产运行信息,为辅助分析决策奠定良好的基础,为企业规范管理、节能降耗、减员增效和精细化管理提供强大的技术支持,从而形成完善的城市污水处理信息化综合管理解决方案。

思考题

3-1 简述电化学式在线分析仪器主要检测器原理。

3-2 简述电化学式在线分析仪器在水质检测中的应用。

3-3 简述测量电极与参比电极原理。

3-4 简述工业 pH 计电路设计。

3-5 简述工业电导仪电路设计。

3-6 简述氧化锆氧量计的原理及应用。

3-7 简述 COD 测量原理及应用。

第**4**章

热学与磁学式在线分析仪器

4.1 概述

热学式气体分析器是根据混合气体的热学性质以及与某些特定物质进行化学反应后产生的热效应,来对气体的成分进行自动分析的一类仪器。气体的热学性质包括很多方面,常用的是气体的散热系数。而散热系数包括热传导、热对流和热辐射三部分。热效应根据参加反应的物质不同亦可分为很多类型,因此仪器的品种规格相当繁杂。在实际使用中,把目前应用最广泛的热学式气体分析器分为三类,即热导式气体分析器、热磁式氧分析器与热化学式气体(或蒸气)分析器。这三类仪器的共同特点是利用热敏元件作为敏感元件,通过惠斯通测量电桥对物质的成分进行分析。

热导式气体分析器是最先设计成功的流程分析仪器,它利用各种气体具有不同热导率的特点进行工作,对各种气体的分析都适用。由于其高度的稳定性与可靠性,广泛应用于化肥行业测量混合气体的氢含量,应用于各种行业测量常量二氧化碳、二氧化硫、氨、氩等气体,是目前应用最成功的流程分析仪器之一,但缺点是选择性较差。

热磁式氧分析器是利用氧气的顺磁性在非均匀磁场中能产生热磁对流这一特点而进行分析。由于氧气是各种生物所必需的气体,又是很多工业流程必需的原料气体,因此热磁式氧分析的应用亦相当广泛。尤其是使用氧分析器来监视与控制燃烧过程,对能源的节约有着重大意义。

热化学式气体分析器的原理是把被分析的气体或蒸气通过某种特殊的化学反应而产生一定的热量,根据反应热的多少再来确定气体的成分。这种化学反应一般是燃烧,仪器广泛地应用于测量各种可燃气体或可燃蒸气的含量以确保生产安全,防止爆炸事故的发生。

热学式在线分析仪器主要是热学式气体分析器,本章主要介绍在工业流程上广泛应用的热导式分析仪器和热磁式氧分析器。

磁力检测器和热磁检测器一样主要用来测量混合气体中氧气的含量,其理论基础同热磁检测器。磁力机械式氧分析仪的历史比热磁式更悠久,近期随着技术的发展,磁力机械式氧分析仪在结构、元件和工艺上都有了新的突破,目前其生产和使用的数量都比热磁式氧分析仪多。

4.2　热导检测器

热导式气体分析仪器的工作原理是利用各种气体具有不同的热导系数，即具有不同的热传导速率来进行测量的。当被测气体以恒定的流速流入热导检测器时，热导池内的铂热电阻丝的阻值会因被测气体的浓度变化而变化；运用惠斯通电桥将阻值信号转换成电信号，通过处理电路将信号放大、温度补偿、线性化，使其成为被测气体浓度测量值。仪器结构简单、性能稳定、价廉，技术上较为成熟。

我国利用热导检测器生产的在线分析仪器有氢气、二氧化碳、二氧化硫、氯气、氮气等气体分析器，被广泛用于石油化工生产中。另外，热导检测器也广泛应用在过程气相色谱仪中，作为气体检测器。

4.2.1　气体热导率

由传热学知，在温度场内热量通过介质由高等温面向低等温面传递。图 4-1 表示温度场。傅里叶定律指出，在温度场中某处，在单位时间内经过单位等温面由介质传导的热量即热流密度，与该处温度梯度成正比，即

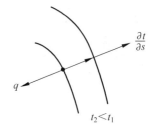

图 4-1　温度场中热流密度与梯度的关系

$$q = -\lambda \frac{\partial t}{\partial s} \tag{4-1}$$

式中：q——热流密度，W/m^2；

　　　t——温度，$℃$；

　　　s——沿等温面法线方向的距离，m；

　　　λ——介质的热导率$[W/(m \cdot ℃)]$。

热流密度与温度梯度都是向量，都表示温度场中某一点的特性。式(4-1)中的负号表示热流密度的方向与温度梯度的方向相反。从此式可看出，热导率的物理意义是：当温度梯度为 $1℃/m$，即在单位长度上温度降为 $1℃$ 时，单位时间内由单位等温面经过介质传导的热量。

不同介质热导率不同。一般来说，液体和固体的热导率比气体大。当然各种不同气体的热导率也不同。介质的热导率除了与介质的性质有关外，还与温度有关。热导率与温度的关系可近似地表示为

$$\lambda = \lambda_0(1 + \beta t) \tag{4-2}$$

式中：λ_0——$0℃$时介质的热导率；

　　　β——$0℃$时热导率的温度系数；

　　　t——摄氏温度；

　　　λ——$t℃$时介质的热导率。

表 4-1 给出常见气体的相对热导率及热导率的温度系数。气体的相对热导率，是指气体的热导率与空气热导率的比值。

对于彼此之间无相互作用的多种组分混合气体的热导率，可近似地表达为各组分热导率的计权平均值，即

$$\lambda = \sum_{i=1}^{n} \lambda_i \varphi_i \tag{4-3}$$

表 4-1 常见气体的相对热导率及热导率的温度系数

气体名称	$\lambda_0 \times 10^{-7}$	相对热导率(0℃时)	$\beta \times 10^{-4}$(0~100℃)
氢	4160	7.130	26.1
氦	1110	1.991	25.6
氧	589	1.015	30.3
空气	583	1.000	25.3
氮	581	0.998	26.4
一氧化碳	563	0.964	26.2
二氧化碳	350	0.614	49.5
甲烷	721	1.318	65.5

式中：λ——混合气体的热导率；

φ_i——混合气体中第 i 组分的浓度，表示为体积分数，即体积的百分含量；

λ_i——混合气体中第 i 组分的热导率。

4.2.2 热导检测原理

一般被测气体是混合物，而且组分的种类是已知的，需要检测的是某一种组分的浓度，可以利用各种气体热导率的不同来检测气体的浓度。

1. 两种混合气体情况

对于混合气体，最简单的情形是两种组分的气体混合物。这种混合气体的热导率可表示为

$$\lambda = \lambda_1 \varphi_1 + \lambda_2 \varphi_2 \tag{4-4}$$

设带下标 1 的量为待测组分气体，带下标 2 的量为背景气体。这样，式(4-4)可改写为

$$\lambda = \lambda_1 \varphi_1 + \lambda_2 (1 - \varphi_1) = \lambda_2 + (\lambda_1 - \lambda_2) \varphi_1 \tag{4-5}$$

式中：λ_1 与 λ_2 在一定温度下都是常数，因此混合气体的热导率 λ 与待测组分气体的百分含量 φ_1 之间存在着线性函数关系。只要能测出混合气体的热导率就可以检测待测组分气体的浓度。显然 λ_1 与 λ_2 相差越大，灵敏度越高。这就是热导检测的基本原理。

2. 多种混合气体情况

如果混合气体含有两种以上的组分，比如有 i 种组分，并设第 1 种组分为待测组分，这时要求其余组分的热导率都非常接近，即

$$\lambda_2 \approx \lambda_3 \approx \lambda_4 \approx \cdots \approx \lambda_i \tag{4-6}$$

并且它们和 λ_1 相差越大越好，即

$$\lambda_1 \gg \lambda_i \text{ 或 } \lambda_1 \ll \lambda_i。$$

这样，混合气体的热导率可表示为

$$\lambda = \lambda_1 \varphi_1 + \lambda_i (1 - \varphi_1) = \lambda_i + (\lambda_1 - \lambda_i) \varphi_1 \tag{4-7}$$

式中：λ_1 与 λ_i 是常数。此式表明，混合气体的热导率 λ 与待测组分气体的浓度 φ_i 存在线性关系。因此，在这种情形下可利用热导检测原理进行检测。

如果除了待测组分气体外，其余组分气体中有某一种组分的热导率比如第 2 种组分气体不能满足上述条件，即除了第 1 种组分外，它和其余组分气体的热导率相差也较大。这时混合气体的热导率应当表示为

$$\lambda = \lambda_1 \varphi_1 + \lambda_2 \varphi_2 + \lambda_i (1 - \varphi_1 - \varphi_2)$$
$$= \lambda_i + (\lambda_1 - \lambda_i) \varphi_1 + (\lambda_2 - \lambda_i) \varphi_2 \tag{4-8}$$

式中：λ_1 与 λ_2、λ_i 是常数。从此式可看出，如果第 2 种组分气体的浓度 λ_2 固定即为常数，这时混合气体的热导率 λ 与待测组分气体的浓度 φ_i 间仍然存在着线性关系。在这种情形下，也可利用热导检测原理进行检测。

把以上几种情形综合起来，考虑式(4-5)、式(4-7)和式(4-8)中的各个常数，可把它们表示为一般式，即

$$\lambda = m + n\varphi_1 \tag{4-9}$$

式中：m 与 n 是常数。此式表明，在一定条件下混合气体的热导率 λ 与待测组分气体的体积百分含量 φ_i 存在线性关系。这就是热导检测原理的基本公式。

4.2.3　热导检测器

从上面分析可看出，为了测量混合气体中待测组分气体的浓度，在一定条件下可由测量混合气体的热导率来实现。气体的热导率其绝对值太小，直接测量比较困难。在热导式气体分析器中，通常采用间接测量方法。

1. 热导率测量

热导检测器可把被测气体热导率的变化转换为热敏电阻元件电阻值的变化，然后对电阻进行测量。测出电阻值后，根据它与热导率的关系，再根据热导率与被测组分浓度的关系，经过电气线路对这些关系进行处理，最后就可显示出被测组分的浓度，其测量方法如图 4-2 所示。

在由金属制成的圆柱形腔体中垂直悬挂一根热敏电阻元件，一般为铂丝。热敏电阻元件和腔体之间有良好的电绝缘。这个整体就是热导检测器的核心部件，一般称为热导池。电阻元件通过两端引线通以一定强度的电流 I。设电阻元件的长度为 l，半径为 r_n，0℃时的电阻值为 R_0；热导池的内半径为 r_c。电阻元件在电流 I 作用下有一平衡温度，设为 t_n，设这时的电阻值为 R。对热导池腔体一般都要采取恒温措施。设它的内壁温

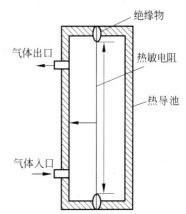

图 4-2　用热丝法测量气体的热导率

度为 t_c。被测气体从热导池的下口流入，从上口流出，气体的流量很小，并且控制其恒定。热敏电阻元件每秒钟消耗的电能为

$$P = I^2 R \tag{4-10}$$

此电能转换为热能向周围散失掉。每秒钟电阻元件向周围散失的热量为

$$Q = 0.24 I^2 R \tag{4-11}$$

此热量散失的方式有以下几种：

(1) 周围气体的热传导。

(2) 周围气体的热对流。

(3) 被测气体流通而带走一部分热量。

(4) 电阻元件的热辐射。

(5) 电阻元件通过轴向连接物向外部的热传导。

为了测量气体的热导率，希望后四种方式散失的热量尽量少，而散热主要靠周围气体的

热传导。为此,在热导池的结构、电阻元件的形状、气体的流量等方面应采取以下措施。

(1) 电阻丝的长度 l 与半径 r_n 的比应尽量大。例如,一般 l 取 $50\sim60$mm,而 r_n 取 $0.015\sim0.025$mm,这时 l/r_n 为 $2000\sim4000$。这样,由第5种方式电阻元件通过轴向连接物向外部热传导散失的热量可以忽略不计。这是因为电阻丝末端引线是金属导线,它的导热能力远远大于气体。对于固体,其传导的热量与它的截面积和两端的温度差成正比,与导线的长度成反比,此外还与导线的材质有关。为了减少电阻丝轴向传热造成的热量散失,当导线的材质及两端的温度差一定时,可以用减小电阻丝直径以及增加电阻丝长度的方法,把这部分热量散失减至最小。

(2) 适当选择电阻元件的工作电流,使电阻元件的温度 t_n 比热导池腔体内壁的温度 t_c 不要高太多,一般相差不超过 $200℃$。这样第4种散热大致可以忽略不计。

(3) 热导池气室的内直径尽量小些,一般为 $4\sim7$mm,使电阻元件与池壁靠近。这样第2种方式散失的热量很小,也大致可以忽略不计。

(4) 被测气体流量要尽量小些,并且维持恒定。这样尽管由于气体流通带走的热量不能忽略,但它基本上是个恒定常量。

采取上述措施以后,使得电阻元件的散热主要是靠第1种方式,即周围气体的热传导。

2. 热敏电阻与被测气体组分浓度的关系

热导池中的热敏电阻既是加热元件又是测量元件。由于热导池和电阻丝是同轴,在忽略边缘效应的情况下,热导池内的热流密度是向四外辐射,而等温面是一些同轴的圆柱面。因此温度仅沿半径方向变化,也就是仅沿半径方向有温度梯度。这样单位时间经过半径为 r、长度为 l、温度为 t 的任意柱面传导的热量为

$$Q = q \cdot 2\pi rl \tag{4-12}$$

将傅里叶定律的表达式(4-1)代入式(4-12),可得

$$Q = -\lambda \frac{dt}{dr} 2\pi rl \tag{4-13}$$

分离变量,得

$$dt = -\frac{Q dr}{2\lambda \pi rl} \tag{4-14}$$

忽略温度 t 对热导率 λ 的影响,即近似地认为 λ 与 t 无关。同时很易判断,在稳态的某一时刻,就空间来说,通过任意柱面的热量 Q 是相同的,也就是 Q 与 t 无关。这样,对上式两边取积分,即

$$\int dt = -\frac{Q}{2\pi l\lambda} \int \frac{dr}{r} \tag{4-15}$$

可得

$$t = -\frac{Q}{2\pi l\lambda} \ln r + C \tag{4-16}$$

式中: C 为积分常数。将电阻丝表面的边界条件 $r=r_n, t=t_n$ 代入上式,求出 C,即

$$t_n = -\frac{Q}{2\pi l\lambda} \ln r_n + C \rightarrow C = t_n + \frac{Q}{2\pi l\lambda} \ln r_n \tag{4-17}$$

热导池腔体内壁温度为 t_c,半径为 r_c,代入式(4-17),且 $Q = I^2R$,得出 t_n 与 R 的关系式

$$t_c = t_n - \frac{Q}{2\pi l\lambda} \ln \frac{r_c}{r_n} \rightarrow t_c = t_n - \frac{0.24I^2R}{2\pi l\lambda} \ln \frac{r_c}{r_n} \rightarrow t_n = t_c + \frac{0.24I^2}{2\pi l} \ln \frac{r_c}{r_n} \cdot \frac{R}{\lambda} \tag{4-18}$$

R 是温度为 t_n 时热敏元件的电阻值。它与温度为 0℃ 时电阻值 R_0 的关系可表示为

$$R = R_0(1 + \alpha t_n)$$

式中：R_0——0℃ 时热敏电阻元件的电阻值；

$\quad\quad\alpha$——热敏电阻元件的电阻温度系数。

再将式(4-18)代入并整理可得 R 与 l 的关系式

$$R = R_0 + R_0\alpha\left(t_c + \frac{0.24I^2}{2\pi l}\ln\frac{r_c}{r_n}\cdot\frac{R}{\lambda}\right)$$

$$\rightarrow R = R_0 + R_0\alpha t_c + \frac{0.24\alpha I^2 R_0}{2\pi l}\ln\frac{r_c}{r_n}\cdot\frac{R}{\lambda} \tag{4-19}$$

令

$$R_0 + \alpha R_0 t_c = a \quad\quad b = \frac{0.24\alpha I^2 R_0}{2\pi l}\ln\frac{r_c}{r_n}$$

当热导池腔体的温度 t_c 维持恒温时，a 为一常数。当电流 I 维持恒定时，b 为另一个常数。这样式(4-19)可表示为

$$R = a + b\frac{R}{\lambda}$$

整理得

$$R = \frac{a\lambda}{\lambda - b} \tag{4-20}$$

式(4-20)就是被测混合气体的热导率 λ 与热导检测器热敏电阻 R 之间的关系。将混合气体的热导率 λ 与被测组分气体的浓度 φ_1 的关系式(4-9)代入式(4-20)，得

$$R = \frac{am + an\varphi_1}{m - b + n\varphi_1} \tag{4-21}$$

式(4-21)就是热敏电阻元件的电阻值 R 与被测组分气体的体积百分含量 φ_1 之间的关系式。R 与 φ_1 不是线性函数。但通过适当选择参数，可在某个范围内得到近似的线性关系。这样，热导检测器就把被测组分气体的浓度信息转换为热敏电阻元件的电阻信息。

式(4-21)是在许多条件的限制下得到的，因此是相当近似的。为了使热导式气体分析器浓度显示的刻度接近均匀，即有较好的线性，不仅热导检测器的各种参数要选择适当，热敏电阻元件电阻值的测量电路也要合理选择。只有全面配合起来，才能设计出具有良好性能的热导式气体分析仪器。

3. 采用薄膜电阻为热敏元件的热导池

热导式气体分析器的测量难点如下：

(1) 最低检测量即灵敏度不够高，对于微量检测应用比较困难；

(2) 在腐蚀性严重的场合难度增加，例如应用于测量氯中氢的含量，由于氯气的腐蚀，即使采用不锈钢热导池体和铂丝敏感组件其测量寿命都很短，通常要采用钽金属制作热导池体，采用铂丝包玻璃膜的敏感组件。

热导式气体分析器的敏感组件除常规的铂丝敏感组件外，还发展了采用薄膜电阻为敏感组件的热导池。这种薄膜电阻是采用超微细加工的技术，在硅片上用光刻技术，刻成很细的铂丝制成的，该型热导池常采用扩散式结构，如西门子公司的 CALOMAT6 型热导式分析器。采用薄膜电阻的传感器见图 4-3，其测量精度及稳定性较好，传感器体积小，已实现模块化，但是这种传感器耐腐蚀性较差。

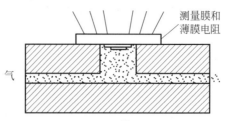

图 4-3　采用薄膜电阻为热敏元件的热导池

4. 热导检测器的结构

热导检测器的结构比较简单。通常都是在一个导热性能良好的金属体上(即热导池)加工出几个圆孔作为测量室,再放入敏感元件。热导池一般用黄铜、硬铝或不锈钢制成。根据测量电路不同在一个热导池内可放入两个敏感元件,有时为了提高灵敏度可增加敏感元件数目,最多可放入 12~16 个敏感元件。从检测器引入被分析气体的方式来看,其结构可分为对流式、扩散式和对流扩散式 3 种基本形式。

(1) 对流式(有时也称直通式)的热导池结构测量气室与主气路并列,形成气体分流流过测量气室,主气路与分流气路都设有节流孔,以保证进入测量气室的气体流量很小。待测混合气体从上气路下部进入,其中大部分气体从主气路排出,小部分混合气体经节流孔进入测量气室,最后从主气路的节流孔排出。这种结构的优点是,在一定程度上允许样气以较大的流速流过主管道,使管道内的样气有较快的置换速度,所以反应速度快,滞后时间短,动态特性好。其缺点是,样气压力、流速有较大变化时,会影响测量精度。适用对象是密度较大的气体组分,如 CO_2、SO_2 等。对流式热导池结构需控制气体流量,否则会影响流速和热传导的条件;但它反应迅速、滞后时间短。

(2) 扩散式热导池结构在主气路上部设置测量气室,流经主气路的待测气体通过扩散作用进入测量气室,然后测量气室中的气体与主气路中的气体进行热交换后再经主气路排出。这种结构的优点是,当用来测量质量较小、扩散系数较大的气体时,滞后时间较短;受样气压力、流速波动的影响也较小;适用于分析扩散能力强的气体,如 H_2。

(3) 对流扩散式热导池结构是综合上述两种方法的优点而改进的形式,如图 4-4 所示。它具有适中的反应时间与指示的稳定性。被测气体由主气管进入后,由于气体的扩散作用一部分气体流入扩散室,气体被电丝加热后形成热对流,然后从上部的节流孔又回到主气管排出。这种结构由于在扩散室里的气体可通过对流室迅速回到主气管,因此大大缩短了滞后时间,使仪器的响应速度快。

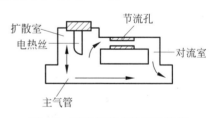

图 4-4　对流扩散式热导池结构

5. 热导检测器的基本测量电路

在工业上对热导池中电阻丝的阻值都采用电桥法测量。测量系统可以有不同的测量电路,基本形式为单臂串联式、单臂并联式、双臂串联式和双臂串并联式。

图 4-5 为双臂串并联测量电路。图中,R_m 为工作臂,R_s 为参考臂。E 是电源,通过可变电阻 R_w 调节桥路电流,R_{w0} 是零位调节电位器,G 是电流指示仪表。

由于双臂热导池热丝的阻值比单臂热导池增加一倍,故灵敏度也提高一倍。因此,目前热导式气体分析器中多采用双臂式电桥,尤其是双臂串并联测量电路。

6. 热导气体分析器的误差分析

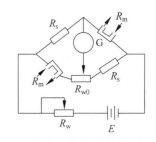

图 4-5　导池双臂串并联式测量电路

热导式气体分析器的选择性较差,因为背景气是多元混合气,其组分的变化将对混合气体的热导率带来影响。在背景气中若存在对分析组分有影响的干扰组分时,会产生较大的附加误差。例如,测量烟气 CO_2 时,SO_2 就是干扰组分,SO_2 的热导率是 CO_2 热导率的一半。所以热导式气体分析器的测量精度一般在 ±2% 左右。

用于工业色谱仪的热导检测器由于采用色谱柱的分离,进入热导池的被测气体基本是单一组分和载气的二元混合气,一次测量精度高。

热导气体分析仪工作时由于流量和压力变化对样品气的对流传热带来不稳定易引起分析误差,样气温度及环境温度的变化也会影响热导池的热传导,因此热导池采取恒温措施。样品气中存在灰尘及液滴对热导池及测量组件会带来污染,从而改变热导池的传热条件。所以在样气进入传感器前应进行过滤除尘、除液滴、稳压、稳流预处理。

当样气中存在干扰组分时,可采取吸收过滤措施,除去干扰物质,减少影响。

7. 热导式气体分析仪调校时应注意的问题

(1) 分析器必须定期校准。

(2) 分析器必须预热至稳定。

(3) 桥压和桥流要达到规定值。

(4) 标准气中的背景气热导率要与实际被分析气体的背景气热导率相同,否则要修正。

(5) 标准气流速要等于工作时被测气体流速。

(6) 要准确校准时,需多校几点。

8. 热导式气体分析仪对零点气和量程气的要求

(1) 零点气:待测组分浓度等于或略高于量程下限值,而且其背景气组分应与工艺中背景气组分性质相同或接近。

(2) 量程气:待测组分浓度等于满量程的 90% 或接近工艺控制指标浓度,而且其背景气组分应与工艺中背景气组分性质相同或接近。

9. 热导式气体分析仪热丝电流大小对测量的影响

增大热丝电流可以提高热导式分析器的灵敏度。但是电流加大后,热丝温度亦升高,从而增加了辐射热损失,降低了精度。同时,电流加大将减少热丝寿命,增大噪声。

4.2.4　热导式分析仪器应用

热导式分析仪器在气体的在线分析仪器中占有很大比重。气体的热导分析法是根据各种气体的热导率不同,从而通过测定混合气体的热导率来间接地确定被测组分含量的一种分析方法。特别适合分析两元混合气,或者两种背景组分之比例保持恒定的三元混合气。甚至在多组分混合气中,只要背景组分基本保持不变亦可有效地进行分析,如分析空气中的一些有害气体等。由于热导分析法的选择性不高,在分析成分更复杂的气体时,效果较差。

但可以采取一些辅助措施,如采用化学方法除去干扰组分,或采用差动测量法分别测量气体在某种化学反应前后的热导率变化等,可以显著地改善仪器的选择性,扩大仪器应用范围。

热导式气体分析器具体应用在以下几方面:

(1)在电解法制氢、制氧设备中,用来分析纯氢中的氧或纯氧中的氢,以确保安全生产,防止爆炸。

(2)测量特定环境空气中 H_2、CO_2 含量等。

(3)测定特殊的保护气氛中氢气的含量(如氢冷发电机中氢气的纯度),或纯氮气脱氧工艺过程中的氢气含量。

(4)测定空分设备中、粗氩馏分中 Ar 气的含量。

(5)测定化肥厂合成氨过程中循环气体的氢气含量。

(6)测定金属材料在热处理过程中氨气的分解率,以控制热处理过程。

(7)测定氯气生产过程中氯气中的含氢量,以确保安全生产。

(8)测定硫酸厂和磷肥厂流程气体中的 SO_2 含量。

应该强调指出,当热导式分析器用来分析易燃、易爆气体时应该采用防爆型的气体分析器以确保设备与人身安全。

以氢气浓度测量的应用为例说明热导式气体分析器的应用。氢气浓度的测量一般采用热导式气体分析仪器、气相色谱分析仪器等,由于氢气的热导系数较高,一般测量氢气浓度的分析仪器都采用热导原理。

混合氢中各组成分浓度及热导系数 $\lambda_0 \times 10^{-5} cal/(cm \cdot s \cdot ℃)$ 见表 4-2。

表 4-2　混合氢中各组分浓度及热导系数

混合氢	H_2	H_2S	NH_3	H_2O	C_1	C_2	C_3	IC_4	nC_4	C_5^+
浓度%(V)	83.96	1.57	0.001	0.14	5.76	5.79	1.99	0.29	0.29	0.172
热导系数	41.60	3.49	5.20	0.973	7.17	3.71	3.87	3.41	3.55	2.9

从表 4-2 中可以看出混合氢中,氢气的浓度要达到 83% 左右,而氢气的热导系数 λ_0 要明显高于其他气体,其他各种气体的热导系数较为接近。由于混合气体的热导系数具有叠加性质,混合氢的热导系数几乎由氢气来决定,因此采用量程为 70%～100% 氢气热导式分析仪器来测量混合氢中的氢气浓度是较为合适的。

这种典型的采样系统在石化炼油厂的加氢装置中得到运用。热导式氢分仪虽然是一种较为成熟的分析仪表,在实际使用过程中,应注意日常的维护保养。在安装过程中应注意仪器气路的密封,通常要求通入 10kPa 压力的空气或氮气在 15min 内压力下降不大于 0.4kPa。定期检查仪器的取样预处理部分的工作是否正常,如流量计的流量指示,稳压器的稳压,干燥或吸附管的干燥剂、吸附剂变色情况等,确保热导式氢分仪正常运行。

4.3　热磁检测器

目前热磁检测器主要用来测量氧气的浓度,也可用来测量一氧化氮或二氧化氮的浓度。热磁式氧分析器是利用氧气的顺磁性能在磁场中产生热磁效应,从而对氧气进行连续分析的仪器。

4.3.1 气体的磁化率

由电磁学知,同样的磁场强度 H 在不同介质中相应的磁感应强度 B 不同,用公式表示为

$$B = \mu H \tag{4-22}$$

式中:B 的单位为特斯拉 $T(Wb/m^2)$,H 的单位为 A/m,μ 为介质的磁导率。磁导率 μ 还可表示为

$$\mu = \mu_0 \mu_r$$

式中:μ_0——真空磁导率;

μ_r——介质的相□□□□□□□

真空的相对磁□□□□□□□□□□□ 的数值,把除真空外的介质分为三类,即

相对磁导率□□□□□□□□□□□□

$$\tag{4-23}$$

式中:χ——介□□□□□□□□□□□□□反磁性介质的 χ 为负值。一般的顺磁性介质和反磁□□□□□□□□□□□□,因此 μ_r 很接近1。例如,在1个大气压20℃时空气□□□□□□□□□□□为 -2.47×10^{-5}。对于气体来说,多数气体的 χ 相□□□□□□□□□□气、一氧化氮和二氧化氮,要比多数气体的 χ 高1~□□□□□□□□□化率与氧气磁化率的比值。这个比值称为相对磁化□□□□□□□

多种组□□□□□□□□□表为各组分磁化率的计权平均值,即

$$\sum \chi_i \varphi_i \tag{4-24}$$

式中:χ——□□□□□□□□□

χ_i——□□□□□□□□□

φ_i——□□□□□□□□□为体积的百分含量。

如□□□□□□□□□化率高,比如组分1,它的磁化率为 χ_1,百分含量为 φ□□□□□□□以地取一个适当的平均值 χ_e 作为它们的磁化率。□□□□□□□

$$+ \chi_e(1 - \varphi_1) \tag{4-25}$$

或

$$+ (\chi_1 - \chi_e)\varphi_1 \tag{4-26}$$

从此式可看出,混合气体的□□□□□分1的浓度 φ_1 存在着线性关系。

因此,为了测量混合气体中组分1的浓度 φ_1,可由测量混合气体的磁化率来实现。这就是热磁检测器的理论基础之一。

表 4-3　一些气体的磁化率与氧气磁化率的比值

气体名称	相对磁化率	温度/℃
氧	100	20
一氧化氮	$+45.8$	22
二氧化碳	-0.398	20
氨	-1.03	16
氩	-0.424	20
二氧化氮	$+3.4$	135
氦	-0.044	20
氢	-1.85	20
氖	-0.31	20
氮	-0.32	20
水蒸气	-0.41	
空气	$+21.6$	

4.3.2　气体磁化率与温度的关系

由电磁学知,顺磁性气体介质的磁化率可表示为

$$\chi = \frac{NM^2}{3kT} \tag{4-27}$$

式中：N——单位体积中磁介质的分子数目；

　　　M——分子磁矩；

　　　k——玻耳兹曼常数；

　　　T——绝对温度。

设每个分子的质量为 m,则式(4-27)可表示为

$$\chi = \frac{M^2}{3km} \cdot \frac{Nm}{T} \quad 或 \quad \chi = A\frac{\rho}{T} \tag{4-28}$$

式中：$A = \dfrac{M^2}{3km}$——居里常数；

　　　$\rho = Nm$——气体的密度。

式(4-28)称为居里定律,最早是 P.居里用实验方法确定的。

从式(4-28)可看出,对于顺磁性气体介质,当温度升高时,磁化率下降。这是热磁检测器的理论基础之二。

4.3.3　磁场对磁介质的作用力

由电磁学知,单位体积的顺磁性介质或反磁性介质,在磁场中所受的作用力即力密度为

$$\bar{f} = \frac{1}{2} \cdot \mu\chi \nabla H^2 \tag{4-29}$$

式中：$\bar{f}$——力密度,矢量；

　　　H——磁场强度；

　　　χ——介质的磁化率；

　　　μ——介质的磁导率；

∇——哈密尔顿算符,在直角坐标系为

$$\nabla = \mathrm{grad} = \boldsymbol{i}\,\frac{\partial}{\partial_x} + \boldsymbol{j}\,\frac{\partial}{\partial_y} + \boldsymbol{k}\,\frac{\partial}{\partial_z}$$

式(4-29)表示磁场对单位体积磁介质的作用力,即力密度。力密度 $\bar{f}$ 的作用方向是沿着梯度 ∇H^2 的方向。

在均匀磁场中,梯度 $\nabla H^2 = 0$,因此作用力为零。在不均匀磁场中,对于顺磁性介质,磁化率 $\chi > 0$,作用力 $\bar{f}$ 的方向沿着 ∇H^2 的方向,即由弱磁场指向强磁场。亦即磁场对介质的作用力方向是力图使介质进入磁场,是吸引力;对于反磁性介质,磁化率 $\chi < 0$,磁场对反磁性介质的作用力是排斥力。式(4-29)是热磁检测器的理论基础之三。

4.3.4 热磁检测器结构

1. 外对流检测器

这种结构应用较为广泛,因为这种结构的仪器指示线性度较好,环境倾斜度引起的误差较小,外对流敏感元件尺寸小,稳定性良好。但其缺点则是非测量组分的影响较大,降低了测量精度。敏感元件典型结构如图4-6所示。在传感器内自左至右对称地放置有4个尺寸相同、特性一致的敏感元件,其中敏感元件①、②与两个固定电阻(图中未表示出)构成比较电桥。敏感元件③、④与两个固定电阻组成工作电桥。其中敏感元件①、④处于非均匀磁场中,受到热磁对流的作用;敏感元件②、③周围则没有磁场,只受自然对流的作用。敏感元件通电加热到适宜的温度(200~400℃)。

被分析气体沿管道通入传感器。当气体中没有氧气时,敏感元件③、④都只受到自然对流的作用,二者温度相同。测量电桥处于平衡状态,仪器指示为零。当气体中有氧气时,在敏感元件④周围形成热磁对流使其温度降低,电阻值发生变化,测量电桥产生不平衡电压,此电压大小与含氧量多少有关。为了方便地校正仪器零点,传感器上部有磁分路器。需要校正仪器零点时,磁分路下移和极靴紧密接触,则磁力线通过磁分路器本身闭合起来,使敏感元件④周围的磁场消失,不产生热磁对流,两个元件处于相同的工作状态,测量电桥平衡,仪器指示为零。否则可用电位器调节零点。氧分析器的灵敏度与磁场强度及磁场梯度的乘积成正比,所以在仪器中总是采用性能稳定而磁性强的铝镍钴磁钢,间隙磁感应强度一般为5000~10000高斯。

具有环状外对流敏感元件的传感器典型结构如图4-7所示。敏感元件沿圆锥形的极靴水平放置,这样的结构可以大大降低环境倾斜度的影响。为了保证两个敏感元件的热对称,在敏感元件2上部设有可以调节的螺栓,螺栓由不导磁的材料(如黄铜)制成,改变与敏感元件的距离,就改变了元件散热状态,以达到调节两个元件热对称的目的。

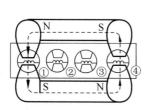

图 4-6 具有柱状外对流敏感元件的检测器

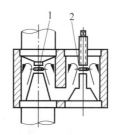

图 4-7 具有环状外对流敏感元件的检测器

2. 内对流检测器

（1）环形水平通道检测器。

图 4-8 为内对流热磁检测器的结构示意图，它采用了内对流敏感元件。环形气室里有一个中间通道，被测混合气体从环形气室下面流入，从上面流出。环形气室一般由玻璃制成。一般中间通道的外径 6mm，壁厚 0.3mm，长度 25mm。在中间通道绕有两个热敏电阻丝 R_1 与 R_2，一般用直径 $0.015 \sim 0.03$mm 的铂丝做成，电阻值在 10Ω 左右。

电阻 R_1 为测量元件，R_2 为参比元件，它们被通以一定的电流。同时它们又兼作加热元件，给中间通道加温。一般使中间通道的温度保持在 $100 \sim 250$℃。在中间通道的左侧放一对磁极，使中间通道形成不均匀磁场。磁感应强度的最大值为 $0.5 \sim 0.9$T，磁场分布如图 4-9 所示。

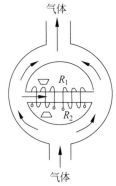

图 4-8　内对流热磁检测器的结构示意图

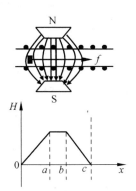

图 4-9　中间通道中心线处磁场强度
H 沿距离 x 方向的分布曲线

图中画出中间通道中心线处磁场强度 H 沿距离 x 方向的分布曲线。此分布可大致划分为 3 个区域：磁场强度平方的梯度 ∇H^2 在 a 区域为正值，在 b 区域为零，在 c 区域为负值。由图可见，在中间通道里磁场的分布与距离 x 有关，因此气体在不同区域里所受的磁场作用力不同。

在环形气室的中间通道里如果不放磁极，当气体从下面入口流入后分左右两路从环形气室流过，然后再汇合一起从上面出口流出，而中间通道里没有气体流通。在中间通道里放上磁极之后，中间通道里有气体流通，一般称为磁风。

为了简化，近似地认为在中间通道里磁场强度仅与距离 x 有关，即近似地认为中间通道上任一横截面上各点的磁场强度是相等的。根据式(4-29)，单位体积气体所受的磁场作用力为

$$\bar{f} = i\, \frac{1}{2} \mu \chi \frac{\mathrm{d}H^2}{\mathrm{d}x} \tag{4-30}$$

$\bar{f}$ 是沿 x 轴方向的力。为了简化，下面把它表示为标量，并对 H^2 求导，得

$$f = \mu \chi H \frac{\mathrm{d}H}{\mathrm{d}x} \tag{4-31}$$

式中：χ——混合气体的磁化率；

　　　μ——混合气体的磁导率。

实际上可认为 $\mu = \mu_0$，这样式(4-31)还可表示为

$$f = \mu_0 \chi H \frac{\mathrm{d}H}{\mathrm{d}x} \tag{4-32}$$

由此式并根据图 4-8 磁场在中间通道里的分布可看出，气体在中间通道里的各处所受的作用力不同。

在磁极左端即中间通道的入口处，气体受顺 x 方向的力，使气体流入通道；在磁极中部气体不受力；而在磁极右端气体受逆 x 方向的力，使已流入中间通道的气体受阻。由于磁极两端不均匀磁场对称，如磁化率 χ 不变，则气体在磁极两端所受的作用力互相抵消，气体不能从中间通道流过。

但由于中间通道有加热元件 R_1 与 R_2 加热，气体流入后流到磁极右端时温度已升高，根据居里定律即式(4-28)，气体的磁化率 χ 减小，气体所受的逆 x 方向的力比顺 x 方向的力小，因此气体可从中间通道流过，形成磁风。设氧的磁化率为 χ_1，其余气体的平均磁化率为 χ_e，则由式(4-26)可将混合气体的磁化率 χ 表示为

$$\chi \approx \chi_e + (\chi_1 - \chi_e)\varphi \tag{4-33}$$

当氧的浓度 φ_1 不很低时，可近似将上式表示为

$$\chi \approx \chi_1 \varphi_1 \tag{4-34}$$

将此式代入式(4-32)，得

$$f = \mu_0 \chi_1 \varphi_1 H \frac{\mathrm{d}H}{\mathrm{d}x} \tag{4-35}$$

由此式可看出，气体在中间通道里所受的作用力与氧的浓度有关。氧的浓度高，所受的作用力大，显然，中间通道里流过气体的流量就大。如设中间通道里气体的流量为 q_v，则可把它表示为氧浓度 φ_1 的函数，即

$$q_v = f_1(\varphi_1) \tag{4-36}$$

从图 4-8 热磁检测器的结构示意图中可看出，磁风流量 q_v 越大，中间通道的测量电阻元件 R_1 受到的冷却作用就越大，电阻值减小的就越多。这样，电阻 R_1 与磁风流量 q_v 存在着对应的关系，设它们之间的函数关系为

$$R_1 = f_2(q_v) \tag{4-37}$$

把式(4-36)代入上式可得

$$R_1 = f(\varphi_1) \tag{4-38}$$

从此式可看出，只要测出 R_1 值，就可得到对应的被测组分气体的百分含量。它们之间的函数关系用理论方法导出是很困难的，但这并不妨碍热磁检测器的应用。因为仪表的实际刻度是由实验方法决定的，即利用标准气样进行刻度。

在热磁式分析仪器中，R_1 的测量都是采用桥路进行。此时把 R_1 作为测量臂，而把中间通道另一个加热电阻元件 R_2 作为参比臂。

从图 4-5 很易看出，中间通道没有磁风，R_1 与 R_2 都没受到冷却作用，这时电桥平衡，无输出信号。当有磁风时，由于冷风从 R_1 端进入，R_1 受的冷却作用较强，而 R_2 较弱，也就是 R_1 的阻值降低较多，而 R_2 阻值降低较少，甚至不降。电桥的输出信号反映 R_1 与 R_2 的变化，则反映被测气体组分的百分含量。

环形气室检测器，非测量组分对仪器指示的影响较小，调整方便。

　　(2)环形垂直通道检测器。

　　环形垂直通道检测器与环形水平通道检测器的结构是一样的,只是将环形气室的中间通道沿顺时针方向旋转90℃,如图4-10所示。这样做的目的是提高分析仪的测量上限。中间通道为垂直状态后,在通道中除有自上而下的热磁对流作用力F_M外,还有热气体上升而产生的由下而上自然对流作用力F_r,两个作用力的方向正好相反。在被测气体没有氧气存在时,中间通道没有热磁对流,只有自下而上的自然对流,此上升气流先流经桥臂电阻r_2,使r_2产生热量损失,而r_1没有热量损失。为了使仪器刻度始点为零,此时应将电桥调至平衡,测量电桥输出信号为零。随着被测气体氧含量的增加,中间通道就有了自上而下的热磁对流产生,此时的热磁对流会削弱自然对流。随着热磁电流的逐渐加强,自然对流的作用会越来越小,电阻丝r_2的热量损失也越来越小,其阻值逐渐加大,测量电桥失去平衡而有信号输出。氧含量越高,输出信号越大。当氧含量由0达到某一值时,$F_M = F_r$,热磁对流完全抵消自然对流,此时中间通道内没有气体流动,检测器输出特性曲线出现拐点,曲线斜率最大,检测器的灵敏度达到最大值。当氧含量继续增加,$F_M > F_r$,热磁对流大于自然对流,这时,中间通道内的气流方向改为由上而下,之后的情况与水平通道相似。

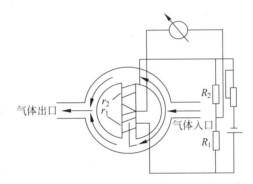

图4-10　热磁式检测器示意图(环形垂直通道)

　　由此可见,在环形垂直通道检测器的中间通道中,由于自然对流的存在,削弱了热磁对流,以致在氧含量很高的情况下,中间通道内的磁风流速不是很大,从而扩展了仪器测量上限值。实验证明,这种检测器在氧含量100%的情况下,仍能保持较高的灵敏度。

　　(3)环形水平通道和垂直通道检测器在测量范围上的区别。

　　首先是对于环形水平通道,其测量上限不能超过40%O_2。这是因为当氧含量增大时,磁风也增大,水平通道中的气体流速同样也增大,气体来不及与r_1进行充分的热交换就已到达r_2,造成r_2的热量损失。随着氧含量增加,r_1、r_2的热量损失逐渐接近,两者间电阻的差值就会越来越小。当氧含量达到50%时,检测器的灵敏度就会慢慢接近零。

　　其次是对于环形垂直通道检测器,其检测上限可达到100%O_2,但是对低含量氧进行测量时,其检测灵敏度很低,甚至不能测量,这是因为热磁对流受到自然对流干扰较大引起的。仪器选型时,要多加注意。

　　(4)两种检测器的安装注意事项。

　　内对流式热磁氧分析仪安装时,必须保证检测器处于水平位置,否则会引起较大的测量误差。其原因是:检测室稍有倾斜,就可能改变检测器内的热磁对流和自然对流的相互关系,热磁对流矢量和自然对流矢量形成的夹角不同,检测器的输出值也会发生变化。

安装后要注意检查分析仪的水平度：一般热磁式氧分析仪都装有水准仪，检查水准仪的气泡是否处在标记中间，如有偏移，则调节水平螺钉，使水准仪的气泡正好处在标记中间。

4.3.5　热磁检测器应用

采用热磁式检测器的热磁式氧量计主要应用在以下几方面：

(1) 监视锅炉的燃烧过程，保证经济燃烧，节约能源。如用于热电厂、水泥厂、冶金厂等。控制锅炉燃烧过程中燃料与空气的适当比例使锅炉处于最佳燃烧状态，提高经济效益。为此，必须对锅炉烟气成分进行分析。

锅炉燃烧的好坏，通常用过剩空气系数来衡量。过剩空气系数大，多余的空气将带走燃料燃烧的热量，使排烟损失增大；过剩空气系数小，空气供应不足，大量有用的燃料附着在炉灰或烟气中白白跑掉，造成化学未完全燃烧损失加大，这些都使锅炉的热效率降低。因此，要使燃烧处于最佳状态，首先要控制过剩空气系数在一定的范围(数值为 1.20～1.30)。

直接测定过剩空气系数目前仍比较困难，但过剩空气系数与烟气的含氧量有一定关系(单值对应关系)。过剩空气系数增大，烟气中含氧量增加；过剩空气系数减小，则烟气中含氧量减少。因此，测出烟气的含氧量，就可判断出过剩空气系数的大小，进而判断出燃烧的好坏。因此，热磁检测器广泛应用于烟道气体含氧量的监测。

(2) 测定易燃、易爆气体的含氧量，确保安全生产。如用于分析石油加工工厂催化剂再生塔中的含氧量，确保催化剂质量；用于电影胶片生产中分析保护气体内的含氧量以防止爆炸等。

(3) 通过含氧量分析，控制产品质量。在很多化工厂生产中都要求分析含氧量，判定产品质量，如在硫酸、尿素、硝酸生产过程中等。冶金企业对金属热处理炉中的保护气体亦需要进行分析，以防止金属老化。

(4) 分析氧气纯度。用于各种制氧、制氮设备上。在空分设备上，不但要分析产品氧的纯度，而且对制氧的中间过程亦需要进行分析，从而保证设备的正常运转。

(5) 分析密闭空间的大气中的含氧量，确保人身安全。如用于潜艇、隧道、高压氧舱、水下施工沉箱等特殊场合。

热磁式氧量计虽然具有结构简单、便于制造和调整等优点，但缺点是反应速度慢、测量误差大、容易发生测量环室堵塞。当被分析气体中背景组分很复杂时，一般避免选用这种仪器。热磁式氧分析器另一个显著优点是对被分析气体中的水分、灰尘、腐蚀性气体等不敏感，且能抗震、抗冲击。

4.3.6　磁力检测器

氧分析器是利用氧气在磁场内具有极高的顺磁特性为原理而制造的，分为热磁式氧气分析器和磁力式氧气分析器两种。根据氧气的高顺磁性质和磁化率与温度平方成反比这两个特性来测量氧的含量。

磁力检测器的结构形式有两种：磁压力式和磁力机械式。

1. 磁压力式检测器

磁压力式氧分析器的特点是反应迅速，适合快速分析。

(1) 结构。

图 4-11 为 OXYMAT 6 型氧分析仪检测器原理示意图。该仪器基于氧顺磁性的直接测量原理工作,检测元件是薄膜电容器。将被分析气样和参比气样在膜片两侧产生的压力差,转换成标准输出信号,与分析气样中的氧浓度有严格的线性关系。

OXYMAT 6 型氧分析仪正是利用了这一原理来测量氧浓度的。在不均匀磁场中,氧分子由于其顺磁性,会朝磁场增强方向移动。当不同氧气浓度的两种气体在同一磁场相遇时,它们之间就会产生一个压力差。

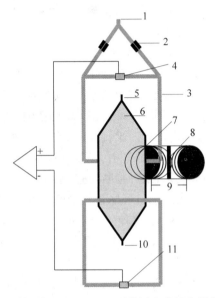

图 4-11　西门子 OXYMAT 6 型磁压力式氧分析仪原理图

1—参比气入口;2—限流器;3—参比气通道;4—用于测量的微流量传感器;5—样气入口;6—样气室;7—磁场区;
8—通电线圈;9—电磁铁电源;10—样气和参比气出口;11—参臂(一般充氮气,使阻值稳定)

(2) 工作原理。

样品气经入口 5 进入测量腔 6。参比气经入口 1 和两个参比气通道 3(左 3 和右 3)进入测量腔。微流传感器中有两个被加热到 $120℃$ 的镍格栅电阻,和两个辅助电阻组成惠斯通电桥,变化的气流导致镍格栅的阻值发生变化,使电桥产生偏移。

参比气可以在镍格栅中通过,所以左右两个参比气通道是相通的。测量开始前,两路参比气压力相等,$\Delta p=0$,所以测量电桥无信号输出。

当通电线圈 8 通电励磁时,在其周围形成一个磁场,样气中的氧分子被吸引,朝磁场强度较大的右侧运动,产生一定的气阻,并推动参比气右 3 逆时针流动,通过微流量传感器 4,并产生输出信号。

当通电线圈 8 断电去磁时,磁场消失,右 3 参比通道气阻消失,气路通,参比气顺时针流动,反向经传感器 4 流向测量室,输出信号恢复。

采用一定频率的通断电流,对电磁铁反复励磁和消磁,便可以在测量桥路中得到交流波动信号。信号强度与样气中氧含量成正比。

当被测气体中含氧时,由于氧是顺磁性物质,并且磁化率 χ_1 比其他气体的磁化率高

1~2 个数量级。根据式(4-35)，即单位体积气体受磁场的作用力

$$f = \mu_0 \chi_1 \varphi_1 H \frac{\mathrm{d}H}{\mathrm{d}x} \tag{4-39}$$

可知磁铁气隙被测气体侧的不均匀磁场对气体产生吸引力，使得该侧不均匀磁场区域里气体浓度增大，相应气体压力增大，此压力增大传至电容动片使其向定片方向变形，电容器的电容产生增量 ΔC。由式(4-39)还可看出，吸引力 f 正比于被测气体氧浓度 φ_1，相应地 ΔC 也正比于氧浓度。当磁场以 12.5Hz 周期性地变化时，ΔC 将以 25Hz 周期性地变化，并且 ΔC 的振幅与被测气体中的氧浓度成正比。由于 ΔC 周期性地变化，在 RC 回路中引起周期性电流，相应地在电阻 R 上引起周期性电压，此电压正比于被测气体氧浓度。

微流量传感器位于参比气路中，不直接接触样品气，所以样气的导热、比热容和样气的内部摩擦对测量结果都不会产生影响。同时，也避免了样气的腐蚀，使传感器的抗腐蚀性能大大提高。

磁压力式检测器需要参比气体，要求参比气体不含氧或氧含量固定。

（3）磁压力式氧分析器特点。

磁压力式检测器主要用来测量混合气体中氧浓度，特点如下：

① 测量范围宽，被测气体的氧浓度可为 0~100% 范围内任何值。为了提高测量精度，每台分析器的量程不宜过宽。量程的始点或终点由参比气体的氧浓度确定。当参比气体为氮气(N_2)时，量程的始点为 0%O_2。当参比气体为空气时，量程的始点为空气中的氧浓度，一般为 20.6%O_2。应当注意，不同地区空气中的氧浓度可能略有差别。当参比气体为纯氧时，量程的终点为 100%O_2，并且这时应采用反向接法，将参比气体和被测气体的管路对调。

② 测量室内没有热丝存在，因此不受 H_2 等导热系数高的背景气体的影响，响应速度快，对安装没有严格的要求。

③ NO 也是一种顺磁性较强的气体，若背景气体中含有 NO 气体，则会产生严重的干扰，要想办法在样气进入检测室之前把它去除掉。另外，样气流量的变化、环境温度的变化、仪器的振动均会产生误差，因此要采用恒温、防振和恒定流量的措施。

2. 磁力机械式检测器

磁力机械式氧分析器的优点是非测量组分对仪器的影响很小，它不受样气的导热性能、密度等变化的影响，分析精度高。除能进行常规的氧含量测量外，还可以测量微量氧含量。但缺点是仪器对被分析气体中的灰尘、腐蚀性气体等杂质较敏感。该型仪器主要应用于被分析气体中背景组分较复杂的场合。

（1）结构。

图 4-12 为磁力机械式检测器的结构示意图。两对永久磁铁在空间形成不均匀磁场，在两磁场中间对称处放置一反射镜，上下用吊丝固定，反射镜两侧连接两个相同的石英球，形状像哑铃。每个石英球上放置一个反馈线圈，并互相串联起来。光源发出的光经过狭缝和透镜聚焦在反射镜上。反射镜将光反射到由两块硅光电池组成的电池组上。两块硅光电池反向串联并分别并联一个电阻。为了减少由于温度变化引起的误差，对上述系统采取恒温措施。

（2）工作原理。

当不含氧的被测气体通过检测器时，调整吊丝使两石英球位于两磁场中心附近适当位置。这时两石英球所受的微小的磁场力矩与吊丝的反作用扭矩相平衡。调整电池组的位

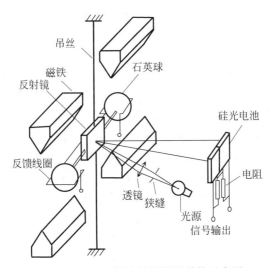

吊丝

磁铁

反射镜

石英球

硅光电池

反馈线圈

电阻

透镜
狭缝
光源
信号输出

图 4-12　磁力机械式检测器的结构示意图

置,使两硅光电池接收的光通量相同,这时电池组没有电压信号输出。

当含氧的被测气体通过检测器时,根据式(4-39)知,由于含氧气体的顺磁性,使气体受到不均匀磁场的吸引,气体在空间的浓度分布不均匀,磁场中心处浓度大,向两侧逐渐减小;相应地气体压力分布也不均匀,磁场中心处压力大,向两侧逐渐减小。由于石英球两侧所受到的压力不同,形成以吊丝为中心的力矩,引起石英球和反射镜偏转。当此力矩与吊丝的反作用扭矩相同时,系统平衡,反射镜偏转到某一稳定位置。由于反射镜偏转,两硅光电池接收的光通量不同,因此电池组有电压信号输出。根据式(4-39)可见,被测气体中氧的浓度越大,不均匀磁场空间气体的浓度和压力的分布越不均匀,反射镜偏转角越大,电池组输出的电压信号越大,它们之间存在正比关系。对电池组的输出电压信号进行放大并转换成电流供给显示仪表,显示被测气体中氧的百分含量。

为了使被测气体中氧的浓度与电池组的输出电压信号之间得到良好的线性关系,采取负反馈措施。将输出电流通入反馈线圈,其电流流向如图 4-12 所示,形成负反馈即反馈线圈形成的磁场阻碍石英球和反射镜偏转,使得在全部量程范围内转角不大。这样不仅可保证良好的线性,而且可增加系统的稳定性。

磁力机械式检测器也主要用来测量混合气体中氧浓度,制成磁力机械式氧分析器。这种分析仪利用氧的顺磁性,通过磁场电流与氧气含量的线性关系来测量氧含量。特点是不需要参比气,测量精度高,分辨率和灵敏度高,稳定性强,线性输出,无须维护。

(3) 磁力机械式氧分析仪的主要特点和使用注意事项。

与热磁式分析仪相比,磁力机械式氧分析仪有如下特点:

① 它是对氧的顺磁性直接测量的分析仪,在测量中,不受被测气体导热性变化、密度变化等影响。

② 在 $0 \sim 100\% O_2$ 内线性刻度、测量精度较高,测量误差可低至 $\pm 0.1\% O_2$。

③ 灵敏度高,除了用于常量的测量以外,还可用于微量氧的测量。

注意事项：

① 磁力机械式氧分析仪基于对磁化率的直接测量,像氮、氧等一些强磁性气体会对测量带来严重干扰,所以应将这些干扰组除掉。此外,一些较强逆磁性气体也会引起较大的测量误差。如氙气,若样品中含有较多的这类气体,也应予以清除或对测量结果采取修正措施。

② 氧气的体积磁化率是压力、温度的函数,样气压力、温度的变化以及环境温度的变化,都会对测量结果带来影响。因此,必须稳定样气的压力,使其符合调校仪器时的压力值。环境温度和整个检修部件,均应工作在设计的温度范围内。一般各种型号的磁力机械式氧分析仪均带有温度控制系统,以维持检测部件在恒温条件下工作。

③ 无论是短时间的剧烈振动还是轻微的持续振动,都会削弱磁性材料的磁场强度。因此,该类仪器多将检测器等敏感部件安装在防振装置中。仪器安装位置也应避开振源并采取适当的防振措施。另外,任何电气线路都不允许穿过这些敏感部分,以防电磁干扰和振动干扰。

磁力机械式氧分析仪的特点与磁压力式氧分析器的特点相同,测量范围宽,被测气体的氧浓度可为 0~100% 范围内任何值;可用氮气(N₂)校正零点,用空气校正 20.6% 点;都需要去除背景气体中的氮氧化合物。

最后应指出,采用磁力检测器和热磁式检测器制成氧分析器测量混合气体中氧浓度时,混合气体中不应含有氮氧化物,否则将引起干扰,造成很大误差。当然,从原理上讲,采用磁力检测器和热磁检测器也可制成氮氧化物分析器。例如,测量一氧化氮或二氧化氮,但这时被测气体中必须不含氧和仅含一种氮氧化物。

4.3.7　顺磁式氧分析仪测量误差分析

分析仪在使用过程中,会遇到使用环境、操作人员、操作程序不同而造成的各种情况,产生的测量误差也各不同。

1. 气样温度变化引起的误差

由理论推断出的居里公式可知,顺磁式氧分析仪的示值与样气温度的平方成反比,但在实际运用中,温度变化造成的影响比理论推导出的结论要严重得多。有国外文献认为,顺磁氧分析仪的示值和样气温度的 4 次方成反比。但实验证明,在常温情况下,样气温度每变化 1℃,热磁氧测量示值变化可达 1%~1.5%。对磁力机械式氧分析仪而言,短时间偏差也能达到 0.02%~0.05%,随着时间延长和温度升高,其温漂现象会更加严重。所以,温度变化是测量中产生误差的重要原因。在顺磁氧分析仪中普通采用了恒温措施,设置了温控系统,恒温一般在 60℃ 左右,温控精度在 ±0.1℃。

2. 样气压力变化引起的误差

理论推断出的居里公式可知,顺磁性气体的磁化率与压力成正比,而与热力学温度的平方成反比。由于样气测量后直接放空,大气压力或放空背压的变化都会使检测器中的样气压力发生变化,从而影响输出数值。

大气压力的变化,一是指季节或气候变化导致的气压变化,在同一地点,这种变化通常是很微弱的,对测量误差的影响一般可忽略不计,但在精密测量中仍需要考虑其影响;二是指仪器安装地点的海拔高度不同带来的测量误差。如大气压力由 101.3kPa(760mmHg)变化到 99.7kPa(740mmHg)时,仪器的示值降低 2.63%。要消除这种误差,只需在仪器投用前,对仪器重新校准,就可解决此误差问题。

放空背压的变化,通常发生在分析后样气管堵或多台仪器共用一根放空管线的气堵而造成的变化,若频繁发生气堵现象,可通过加装背压调节阀或其他稳压措施来解决。

为了克服上述因素引起的测量误差,有些精度高的氧分析仪中带有压力补偿措施。

3. 样气流量变化引起的误差

样气流量变化引起的误差较大,当流量波动±10%以内时,示值误差可达1%～5%。为了减少这种影响,在热磁式分析仪样品处理系统中需要加装稳压装置,对于较低量程的测量,还需要配置稳流阀,有的仪器采用扩散式结构的测量室来减少流量波动的影响。

对于磁力机械式和磁压力式氧分析仪来说,若样气密度和空气相差较大时,需要重新寻找最佳流速,既可以使响应达到最大,又可以使流速在一定范围内变化时对输出无影响。

4. 样气中背景气成分引起的误差

磁力机械式和磁压力式氧分析仪基于对磁化率的直接测量,像氧化氮等一些强磁性气体会对测量带来严重干扰,所以不宜测量含有氧化氮成分的样气,如果氧化氮含量很少,可设法将其除掉后再进行测量。此外,一些较强逆磁性气体也会引起不容忽视的测量误差。如氙等,若样气中含有较多的这类气体时,也应予以清除或对测量结果进行修正。

对于热磁式氧分析仪来说,其测量原理不仅基于气体的磁效应,还与气体的热效应有关,气体热导率以及密度等因素都会对热传导带来影响,尤其是热导率最高而密度最小的氢和密度很大的二氧化碳的影响更为显著。例如,氢含量增加0.5%时,仪器测量数值将降低$0.1\%O_2$;CO_2含量增加1.5%时,仪器测量数值将增加$0.1\%O_2$。

5. 样气预处理后,由于背景气体成分的变化而造成的误差

样品预处理系统的任务是将样气中对检测器有害的组分(如水分、腐蚀性气体等)以及干扰测量的组分除掉。如果这些除掉的组分含量较高,势必会引起样品组成发生变化,氧含量亦随之变化,从而造成测量误差。这种情况对氧分析仪的测量,尤其是低量程测量影响十分严重。因此,要充分考虑其影响程度,采取措施尽量加以避免或对仪器示值进行修正。

一般情况下,工艺操作关心的是被测气体的主要组成,或被测气体在常温下的组成。高温工艺气体中往往含有常温下的过饱和水,将其降温除水后不会影响到样品的组成。但如果除水方法不当,也会破坏其组成。例如,在高温烟道气中,除含水以外还含有大量的CO_2和部分SO_2,以前曾采用水力抽气器取样,再经气水分离器加以分离,这实际上是一种水洗的处理方法。CO_2和SO_2易溶于水,经过水洗处理后,一部分CO_2和SO_2溶于水中,改变了样品组成,加之冷却水中一部分溶解氧释放出来,这些都会使样品气中的氧含量增高,造成氧分析仪测量值虚高。所以,不应采用这种方法处理烟道气样品,正确的方法是用压缩机或半导体冷却器降温除水。

6. 标准气组成引起的误差

当标准气中的非氧组分与被测样品气的背景组分一致时,可使测量误差减至最小。但这样的标准气来源困难,一般均采用来源方便的N_2用零点气,并以氮为本底配制量程气。当被测样气背景组分的体积磁化率与N_2的体积磁化率有较大差异时,这样校准的分析仪零点和量程必然存在误差。对磁力机械式氧分析仪和磁压力式氧分析仪来说,其零点的微小变化都会给测量带来较大的误差。所以,针对这种情况须采用零点迁移方法进行修正。

7. 安装不合适对指示的影响

安装时发送器必须处于水平位置,所以在发送器设置一个水平仪,以校准工作室的水平。安装不水平会引起较大的测量误差,并影响仪器的测量精度。其原因是,工作室稍有倾斜后,改变了分析室中热磁对流和自然对流的相互关系,热磁对流和自然对流矢量夹角的不同,发生器将有不同的输出特性。

4.4　热学式分析仪器

热导式分析仪器几乎可以对任何气体进行分析,广泛应用于各种工业流程。

氧和可燃物分析仪主要是氧分析器。如转炉炼钢要求在炼一炉钢的 20min 左右时间内连续取样。经过预处理的气体样品,进入氧分析器及其他成分的过程分析器进行分析。

氧分析器主要用于燃烧过程和氧化反应过程中气体中氧的含量测定,来控制燃烧过程,提高燃料的利用率,也可以对易燃易爆场合进行连续监测,防止意外事故发生。下面介绍热学式分析仪器的特点和技术性能。

4.4.1　热导式分析仪器

CALOMAT 6 型分析仪用于连续测量氢气和惰性气体,通过测量混合样气的热导率来计算其浓度。该仪器只能直接测量二元混合气,如果混合气中的成分不止两种,其他所有成分的浓度也必须使用其他测量方法进行单独测量。CALOMAT 6 型分析仪在外部测量结果输入该仪器后,可以进行内部干扰校正,无须外部计算机。

CALOMAT 6E/F/Ex 热导系列分析仪采用新型硅片传感器,响应时间小于 5s,最小测量范围为 $1\%H_2$;全量程设置测量范围为零点抑制,如图 4-13 所示。

图 4-13　CALOMAT 6E/F/Ex 热导系列分析仪

1. 特点

(1) 分析仪是利用超微技术制造的硅传感器工作的,响应时间快。

(2) 4 个可自由编程量程,可自动切换。

(3) 通过菜单式操作实现编程输入、功能测试和标定。

(4) 有 CALOMAT 6E 机架安装型和 CALOMAT 6F 现场安装型两种结构形式。

2. 主要技术指标

(1) 零点漂移：最小量程的 1%/月。

(2) 重复性：小于量程的 1%。

(3) 输出信号：0/2/4～20mA。

(4) 负载电阻：大于 750Ω。

(5) 模拟量输入：2 路,0/2/4～20mA,用于外部传感器和残余气体的干扰校正。

(6) CALOMAT 6 型依据热导原理测量氢气、惰性气体的浓度,CALOMAT 62 型依据热导原理测量氢气、惰性气体的浓度,适用于腐蚀性气体。

CALOMAT 6 型高端气体分析仪,有 19″机柜式和现场式两种安装方式。通过附加的吹扫单元,CALOMAT 6 型现场式可安装在防爆 1 区和 2 区,用于气体纯度测量和过程监控以保证产品质量的各种应用。

CALOMAT 6 型气体分析仪带 RS-485、PROFIBUS DP 和 PROFIBUS PA 接口,可用 PDM 软件进行参数设定和操作。对应简单维护,也可使用 Siprom GA 软件,通过 TCP/IP 接入以太网。

4.4.2 磁压力式氧分析器

OXYMAT 6 型系列氧分析仪先进的电子元件、易操作性和可适用于各种测量任务的物理元件,使它具有高可靠性和测量质量,满足各种应用需求,是非常常用的分析仪表。

OXYMAT 6 型分析仪,利用顺磁磁压力式氧测量原理对氧含量进行测量。由此,可保证理想的线性度,在一台分析仪中实现从最小测量范围 0～0.5%(检测极限 50 ppm)到 0～100%,甚至是 99.5%～100%范围内任意设定测量范围,如图 4-14 所示。

图 4-14　OXYMAT 6 系列氧分析仪

OXYMAT 61 型在标准应用中依据顺磁原理测量氧浓度,OXYMAT 64 型依据氧化锆原理测微量氧的浓度。

主要技术指标：

(1) 量程。

如果选用合适的参比气,在 0～100vol%任何一点均可设为零点。

最小量程：0.5vol%,2vol%或 5vol%O_2。

最大量程：100vol%O_2。

(2) 零点漂移：小于最小量程的±0.5%/月。

测量值漂移：小于当前测量量程的±0.5%/月。

(3) 重复性误差：小于当前测量量程的 1%。

(4) 输出信号：0/2/4～20mA。

通过合适选择参比气体(空气或 O_2)进行零点校正,如用于纯度监控/空分装置的 98%～100%的氧气。开放接口架构：RS-485、RS-232、PROFIBUS,用于维护和服务信息的 SIPROMGA 网络(可选)。

由于检测器中的传感器不与样气接触,因此可测量腐蚀性气体。在测量气路中也采用耐腐蚀材料。

对于防护等级为 IP 65 和连接了吹扫气的现场型仪器,由于使用电子器件和分析部件相隔离的设计模式,使得即使在苛刻的工况条件下,亦可保证较长的使用寿命。现场分析仪还有其他基本型号,可以进行分析部件的加热,用于测量低沸点成分或在危险场合使用。

4.4.3　磁机械式氧分析器

PA200-CJ 型磁机械式氧分析器基于氧气顺磁性的直接测量原理工作。在非均匀强磁场中悬挂有哑铃形磁敏元件,氧分子因强顺磁性被磁化改变磁场强度,产生一排斥力矩促使哑铃偏转,光电系统检测偏转角并转换成电信号。输出电流的信号正比于被测气样中的含量,且呈严格的线性关系。仪器有电流负反馈设计,以提高仪器性能,如图 4-15 所示。

图 4-15　PA200-CJ 型智能氧分析器

1. 仪器特点

(1) 顺磁性哑铃形氧传感器,高稳定性光源,灵敏度高、使用寿命长。

(2) 微处理器、模拟/数字信号处理相结合,测量准确。

(3) 大尺寸点阵 LCD、中文菜单驱动软件,薄膜键盘,操作方便。

(4) 模块化设计,自诊断功能,维护简单。

(5) 报警输出(上、下限极值报警、温度报警、自检故障报警)。

(6) 物理式分析原理,无须参比气。

2. 主要技术性能

(1) 测量范围:$0 \sim 100\% O_2$,最小测量范围 $0 \sim 1\% O_2$。

(2) 零点漂移:$\leqslant \pm 2\%$ F. S. $/24h$,或 $\pm 0.05\% O_2/24h$,以较大者为准。

(3) 量程漂移:$\leqslant \pm 2\%$ F. S. $/24h$,或 $\pm 0.05\% O_2/24h$,以较大者为准。

(4) 重复性误差:量程跨度大于 5%,$CV \leqslant 0.5\%$;其余 $CV \leqslant 1\%$。

(5) 输出波动:$\leqslant \pm 0.5\%$ F. S. ,或 $\pm 0.03\% O_2$,以较大者为准。

(6) 线性误差:$\leqslant \pm 1\%$ F. S. ,或 $\pm 0.03\% O_2$,以较大者为准。

(7) 预热时间:$\leqslant 8h$。

(8) 响应时间 T_{90}:$\leqslant 45s$(流量 12L/h)。

(9) 隔离直流电流:$4 \sim 20mA$ 或 $0 \sim 20mA$,最大负载电阻 600Ω。

4.4.4　热磁式氧分析器

QZS-5101C 型氧分析器的工作原理是根据氧气具有高顺磁性这一特点而设计的,在混合气中,氧气的磁化率比其他气体高出数倍至数百倍,所以混合气体的磁化率几乎完全取决于所含氧气的多少,即根据混合气体的磁化率可以确定含氧量的多少。

QZS-5101C 型氧分析器用于在线连续分析混合气体中氧气的含量。广泛应用于热电厂、水泥厂、冶金等流程控制设备中以控制燃烧与通风量之间的最佳比例,提高燃烧效率;应用于化工、化肥厂、氢工业等部门分析氧气浓度,以保证产品质量;动植物的呼吸过程及医学生物学研究;实验室燃烧试验的气体含量测定;高压氧舱氧气含量监测,如图 4-16 所示。

主要技术数据如下：

测量范围：0～100％O_2（可在此范围内选择不同的规格）。

最小量程：0～2％。

标准量程：0～5％，0～10％，0～21％，0～50％，0～100％。

零点漂移：±2％F.S./7d。

量程漂移：±2％F.S./7d。

线性误差：±1％F.S.。

重复性：≤1％。

响应时间：≤40s。

功率：<70W。

电源：AC(220±22)V，50Hz。

图4-16　ZS-5101C型热磁式氧分析器

标准RS-232、RS-485、CAN、以太网数字通信功能，可直接与计算机或DCS连接；具有软启动和看门狗功能；输出为同步、隔离的(0/2/4～20)mA，电流输出负载≤400Ω；具有完全隔离的校准、故障、报警、量程转换等状态的输出信号；具有故障、报警指示与提示功能。

综上所述，热学式在线分析仪器主要用于气体分析，对工业节能和设备安全具有重要意义。尤其是热导式气体分析仪几乎可用于各种气体的分析，广泛应用于各种工业流程。

4.5　转炉工艺流程在线分析

由铁矿石炼钢需经过高炉炼铁与转炉炼钢两步，铁矿石由高炉熔成铁水，因为铁水里含有氧、硫、磷等杂质，需要进一步去除。炼钢的过程就是脱碳(脱气)、去硫去磷，以及后期脱氧和升温的过程。最常用的炼钢设备是氧气顶吹转炉。氧气由水冷喷头吹入，铁水中的碳在反应区直接氧化成CO气泡，在碳含量低时由于部分碳反应生成CO_2。转炉气体中含有大量的CO、少量CO_2及微量的其他高温气体成分。

气体分析仪在转炉气体的分析中主要监测CO和CO_2，它们的含量以及变化趋势可以作为重要信息直接反馈：转炉脱碳的工艺进程与结束时间；钢水的温度等信息；造渣过程的情况。由于整个转炉炼钢过程只有15～20min，要求分析仪表分析结果准确，更要具有快速的响应时间，否则对于整个工艺的控制与优化没有实际意义。

4.5.1　分析测量点

分析仪分别在二次除尘后、烟道排放前以及气柜出口、电除尘前的位置测量CO/CO_2和O_2的值。CO/CO_2的检测是保证回收到最有价值的煤气，O_2的检测是避免煤气中的氧含量过高导致在回收或使用中发生爆炸。转炉工艺点分析仪器布置如图4-17所示。

在这些测量点采用维护方便、响应速度快、可同时进行CO/CO_2和O_2分析的Gasboard-3100和Gasboard-3000型分析仪器是一个可行的选择。设备选型表如表4-4所示。

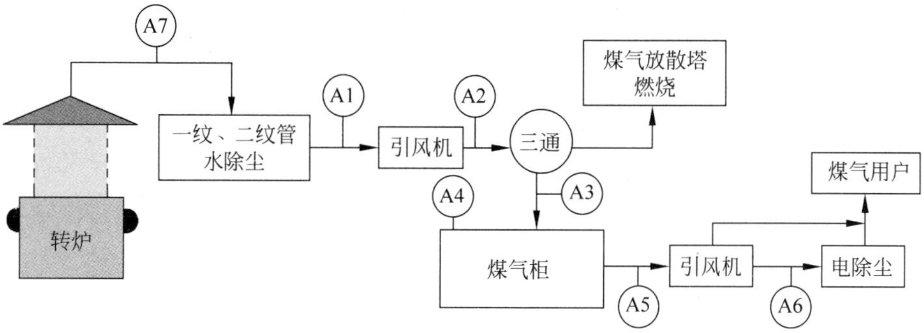

图 4-17 转炉工艺点示意图

表 4-4 转炉工艺点及设备选型表

序号	检测点	用途	组分及量程	选用探头	选用仪表	系统名称及型号
A1	引风机前（冷端）	回收控制	CO：0～100%　O₂：0～3%		Gasboard-3100	
A2	引风机后（冷端）					
A3	煤气柜前	安全控制	O₂：0～3%	Gasboard-9080 加热型	Gasboard-3000	转炉煤气在线分析系统 Gasboard-9013
A4	煤气柜顶		CO：0～500ppm			
A5	煤气柜后		O₂：0～3%			
A6	电除尘器前					
A7	一纹管前（热端）	工艺控制	CO：0～100%　O₂：0～3%		Gasboard-3100	

4.5.2 分析仪器

1. Gasboard-3100

Gasboard-3100 在线红外煤气成分热值仪采用国际最先进的 NDIR 非分光红外技术和基于 MEMS 的 TCD 热导技术，主要用于测量煤气、生物燃气的热值，以及 CO、CO_2、CH_4、H_2、O_2、C_nH_m 六种气体的体积浓度。该产品测量精度高、结构简单、操作方便、实用性好，目前在钢铁、化工、煤气化、生物质气化裂解等领域广泛应用。用于测量焦炉煤气、高炉煤气、转炉煤气、混合煤气、发生炉煤气、生物燃气等可燃气体的热值和不同成分的体积浓度。其原理结构框图如图 4-18 所示。技术原理是红外技术与热导技术及长寿命电化学氧气传感器技术（或顺磁氧技术）的结合，功能强大。

（1）技术指标。

测量指标：CO、CO_2、CH_4、H_2、O_2、C_nH_m（可以任意选择 1～6 种组分）的浓度，煤气热值。

测量方法：CO、CO_2、CH_4、C_nH_m：NDIR 非分光红外；

　　　　　H_2：TCD 热导；O_2：ECD 电化学（或顺磁氧技术）。

量程：CO：0～75%；CO_2：0～25%；CH_4：0～40%；

　　　H_2：0～75%；O_2：0～25%；C_nH_m：0～5%。

（量程可根据用户实际需求配置。）

分辨率：CO、CO_2、CH_4、H_2、O_2、C_nH_m：0.01％。

精度：CO、CO_2、CH_4、C_nH_m：≤±1％F.S.；

　　　H_2、O_2：≤±2％F.S.。

重复性误差：CO、CO_2、CH_4、H_2、O_2、C_nH_m：≤1％。

最佳流量：0.7～1.2L/min。

进气压力：2～50kPa。

样气要求：无尘、无水、无油。

响应时间：T_{90}＜10s(NDIR)。

信号输出：RS-232 数字输出、4～20mA 模拟输出。

工作电源：AC220V，50Hz。

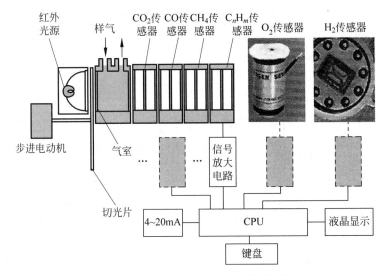

图 4-18　Gasboard-3100 系列原理图

(2) 功能特点：

① 采用国际先进、具有自主知识产权的 NDIR 非分光红外和 TCD 热导气体分析技术。

② 一台仪器同时测量燃气中 CO、CO_2、CH_4、H_2、O_2、C_nH_m 六种气体的体积浓度。

③ 能够自动计算、显示煤气的热值，热值单位 $kcal/m^3$ 和 MJ/m^3 可以自由切换。

④ 测量 C_nH_m 浓度，保证焦炉煤气、混合煤气、发生炉煤气、秸秆燃气等气体热值的准确性。

⑤ C_nH_m 气体对 CH_4 测量结果无干扰，能够精确测量 CH_4 的浓度。

⑥ CO、CO_2、CH_4 对 H_2 测量结果无干扰。

⑦ 气体采样流量变化对 H_2 热导传感器测量结果无影响。

⑧ 中、英文软件操作界面，并且可以自由切换。

⑨ 具备 RS-232 数字输出和 4～20mA 模拟输出接口。

⑩ 内置进口调零气泵，可以实现空气自动调零。

⑪ 可选配预处理装置，可以实现 7d×24h 模式连续不间断测试。

(3) 高炉喷煤工艺点及系统选型。

高炉喷煤工艺点仪表及系统选型如表 2-2 所示。

2. Gasboard-3000

Gasboard-3000 在线红外烟气分析仪,采用国际上领先的微流红外气体检测技术,主要用于锅炉、窑炉烟气中污染物监测。该产品测量准确、分辨率高、稳定性好,能够可靠应用于高湿、低温、低浓度气体测量,目前已在国内外固定污染源监测和窑炉在线监测领域得到广泛应用。适用于锅炉、窑炉烟气中污染物气体监测,主要测量烟气中 SO_2、NO、CO、CO_2、O_2等气体的浓度。

(1) 技术指标。

测量参数:SO_2、NO、CO、CO_2、O_2。

测量方法:SO_2、NO、CO、CO_2:微流红外。

           O_2:电化学或顺磁。

测量范围:SO_2:0～200～2000ppm;NO:0～200～2000ppm;

           CO:0～2000～5000ppm;CO_2:0～10%～25%;

           O_2:0～25%(量程可以根据要求定制)。

精度:SO_2、NO、CO、CO_2≤±1%F. S. ;O_2≤±2%F. S. 。

分辨率:SO_2、NO、CO:0.1ppm;CO_2、O_2:0.01%。

重复性:SO_2、NO、CO、CO_2、O_2:≤1%。

零点/量程漂移:SO_2、NO、CO、CO_2≤±1%F. S. ;

                O_2≤±2%F. S. 。

最佳流量:0.7～1.2L/min。

进气压力:2～50kPa。

样气要求:无尘、无水、无油。

响应时间:T_{90}<10s(NDIR)。

信号输出:RS-232 数字输出、4～20mA 模拟输出。

工作电源:AC220V,50Hz。

(2) 功能特点:

① 采用先进的微流红外气体传感器技术,精度高、寿命长、无交叉干扰,自动消除水分对 SO_2、NO 的影响。

② 能够连续测量烟气中 SO_2、NO、CO、CO_2、O_2 的气体浓度。

③ 仪器具备自诊断功能,能够在线检查传感器状态。

④ 传感器采用双通道设计,仪器性能更稳定。

⑤ 分辨率达到 0.1ppm,适用于低浓度烟气认证。

⑥ 具备 RS-232 数字输出和 4～20mA 模拟输出接口。

⑦ 内置进口调零气泵,可以实现空气自动调零。

⑧ 获得欧盟 CE 认证。

⑨ 获得国家重点新产品称号。

4.5.3 转炉炼钢分析仪器的作用

转炉炼钢的特点是吞吐量大、周期短、冶炼强度高、烟尘量大且浓烈,转炉生产中易产生大量烟气,其主要成分是煤气。其中,CO 占 60%～70%。它是一种有毒、有害、易燃、易爆的危险性气体,也是一种很好的化工原料和工业生产能源。

因此,对转炉煤气的净化与回收是炼钢中不可忽视的重要部分。实现转炉煤气最大限度回收,对降耗增效,优化和控制工艺,减少大气污染,节能环保有着巨大的经济和社会效益。

思考题

4-1 简述热导率的物理意义。

4-2 简述热磁检测器中磁风的形成。

4-3 简述热磁检测器垂直通道和水平通道各自的特点。

4-4 简述热导检测器和热磁检测器的应用。

4-5 简述氧分析仪应用的注意事项。

4-6 简述磁力式氧分析仪原理。

4-7 简述转炉工艺分析仪器的应用。

第**5**章

光学式在线分析仪器

5.1　概述

光学式分析仪器可分两大类：一类是光谱吸收式，另一类是光谱发射式。目前工业流程上应用的光学式在线分析仪器，如红外线气体分析器、分光光度计以及某些过程式紫外光度计几乎都是吸收式的。

红外线气体分析器是基于某些气体在常用的红外线波长 $2\sim12\mu m$ 对红外线波长具有选择性吸收的特性，对混合气体的组分信息进行分析。红外线气体分析器主要用于大气监测，燃烧装置中锅炉控制，烟气排放的污染物测量和化工、石油等工业中一氧化碳、二氧化碳、氨、高纯气体的品质检验及气态烃类的测定。

在线分光光度计是在工业流程上利用物质对可见光的吸收特性进行成分分析的仪器。它是专门用来对液体试样进行定量分析，如湿法冶金炼锌中，制成的硫酸锌中为了除去杂质砷和锑，需要事先加入铁，在浸出前需要测量溶液中全铁的含量。这时要用过氧化氢和硝酸作氧化剂把 Fe^{2+} 氧化成 Fe^{3+}，然后用 NH_4SCN 显色剂显色，显色后进入比色皿进行光电比色分析。这类仪器主要用于石油化工、冶金、纺织及其他工业部门的生产过程中连续地自动分析各种液体物料成分的含量。

本章先介绍光的吸收规律，然后分别介绍光学检测系统的各个组成部分，最后介绍光学式在线分析仪器在垃圾焚烧烟气排放连续监测的应用实例。

5.1.1　电磁波谱的波段划分

光是电磁波，它具有波动和粒子的两重性，光子的能量与频率及波长之间的关系为

$$E = h\gamma = h\frac{c}{\lambda} \tag{5-1}$$

式中：E——光子的能量，J；

$\quad\ h$——普朗克常数，其值等于 6.626×10^{-34} J・s；

$\quad\ c$——光速，其值等于 3×10^{8} m/s；

$\quad\ \gamma$——光的频率，Hz；

λ——光的波长,m。

光学式在线分析仪器使用的波谱包括紫外线、可见光和红外线 3 个波段,但一般波长范围在 200nm~50μm。表 5-1 给出电磁波谱的波段划分。

表 5-1 电磁波谱的波段划分

波段	γ 射线	X 射线	紫外线	可见光	红外线	无线电波
波长	10^{-2}~30pm	10^{-2}~30nm	10~400nm	400~760nm	0.76~$10^3\mu m$	1×10^{-4}~10^5m

5.1.2 物质吸收光辐射的选择性

由原子物理学知道,分子的内能包括分子的电子能、振动能和转动的能量,即

$$E = E_{电子} + E_{振动} + E_{转动} \tag{5-2}$$

式中: $E_{电子}$——电子运动状态的能量;

$E_{振动}$——分子中原子之间的相对振动能量;

$E_{转动}$——分子围绕其质量中心转动能量。

这些内能都是量子化的。电子能级间能量差最大,振动能级间能量差次之,转动能级间能量差最小。分子的内能可取能级中任一个值,但一般处于最低能级即基态。当分子获得能量即被激发时就跃迁到高能态,但时间很短(10^{-8}s 数量级)又会放出能量而返回基态。如果分子被激发是由于光辐射,那么它所吸收的光子的能量必须是某一高能态能级与基态能级之间的能量差,这些能量差是分立而不是连续的。换句话说,物质对光辐射的吸收是有选择性的。按光的波长来说,某种物质只能吸收某些波长的光辐射。这一点就是制造吸收光谱检测器所依据的原理。图 5-1 给出了光波谱区与能量跃迁相关图。

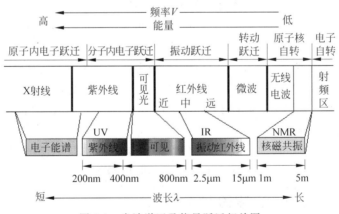

图 5-1 光波谱区及能量跃迁相关图

如果能测出某物质吸收了哪些波长的光辐射,就可判定它是什么物质,这就是定性分析。如果还能测出被某物质吸收的光辐射的强度,就可算出该物质的浓度,这就是定量分析。在线分析仪器都是在对试样采用其他方法进行定性分析后,为了专门分析某一种组分而采用的仪器,都是定量分析仪器。

显然,分子从高能态返回基态时要放出能量,这些能量如果以光辐射形式放出时,光的波长也只能取某些固定值。这就是制造发射光谱检测器所依据的原理。

综上所述,任何物质不仅有其特定的吸收光谱,还有特定的发射光谱,而且它们之间是互相对应的。一般来说,能吸收某个波长的光辐射,也能反射那个波长的光辐射。这些就是制造光学式检测器的基本出发点。

5.1.3 光的衰减定律:朗伯-比尔定律

先研究单色平行光束通过均匀介质被介质吸收的规律。如图 5-2 所示,有一束单色平行光垂直射入均匀介质。设入射光的辐射通量为 P_0(指光经过某个面积的辐射功率,单位为 W),经过厚度 x 后辐射通量减弱为 P。1768 年朗伯总结出:单色平行光经过均匀介质的微小单元厚度 $\mathrm{d}x$ 被吸收的辐射通量 $\mathrm{d}P$,与入射的辐射通量 P 及介质的厚度 $\mathrm{d}x$ 成正比,即

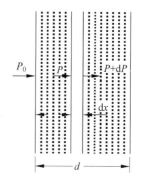

图 5-2 光被均匀介质吸收的示意图

$$- \mathrm{d}P = \alpha_\lambda P \mathrm{d}x \tag{5-3}$$

式中:比例系数 α_λ 为均匀介质单位厚度对波长为 λ 的光的吸收百分数,称为线衰减系数或线性吸收系数。

分离式(5-3)中变量并积分,得

$$- \int \frac{\mathrm{d}P}{P} = \alpha_\lambda \int \mathrm{d}x$$

即

$$- \ln P = \alpha_\lambda x + C \tag{5-4}$$

式中:C——积分常数,可由边界条件 $x = 0$ 处 $P = P_0$ 来确定。得

$$- \ln P_0 = C$$

将 C 值代入式(5-4),移项整理得

$$\ln \frac{P}{P_0} = - \alpha_\lambda x \tag{5-5}$$

以指数形式表示,即

$$\frac{P}{P_0} = \mathrm{e}^{-\alpha_\lambda x} \quad \text{或} \quad P = P_0 \mathrm{e}^{-\alpha_\lambda x} \tag{5-6}$$

如果均匀介质层厚度为 d,则经过吸收后反射的辐射通量为

$$P = P_0 \mathrm{e}^{-\alpha_\lambda d} \tag{5-7}$$

这就是常用的朗伯定律的数学表达式。

1859 年比尔在朗伯的基础上总结了光被均匀介质吸收与物质浓度的关系,指出均匀介质微小单元厚度对单色平行光的吸收与该介质的物质浓度 c 成正比。这样式(5-3)可表示为

$$- \mathrm{d}p = K_\lambda c P \mathrm{d}x$$

因此,线衰减系数可表示为

$$\alpha_\lambda = K_\lambda c \tag{5-8}$$

式中:c——物质的浓度;

K_λ——物质的吸收系数,它与光的波长及物质的性质有关。

把式(5-8)代入式(5-7),得

$$P = P_0 \mathrm{e}^{-K_\lambda c d} \tag{5-9}$$

这就是比尔定律的数学表达式,也叫朗伯-比尔定律。

但此式的应用范围受到一定限制,因为它假定吸收系数 K_λ 与浓度 c 无关。但在实际中有时不是这样,特别是在高浓度的情况下更是如此。由于吸收系数 K_λ 与物质的性质及波长有关,这样就构成了各种物质的特定的吸收光谱。

在实际工作中还经常采用透射率(也叫透光率、透过率或透光度)与吸光度(也叫消光度或光密度)的概念。透射率常用 τ 表示,定义为

$$\tau = \frac{P}{P_0} \tag{5-10}$$

吸光度常用 α 表示,定义为

$$\alpha = \ln\frac{1}{\tau} = \ln\frac{P_0}{P} \tag{5-11}$$

由式(5-9)得出

$$\ln\frac{P_0}{P} = K_\lambda cd \tag{5-12}$$

这样吸光度可表示为

$$\alpha = K_\lambda cd \tag{5-13}$$

采用这个式子有时很方便,因为吸光度 α 与吸收系数 K_λ、浓度 c 及厚度 d 之间存在着线性关系。

5.2　吸收光谱检测系统的组成

吸收光谱检测系统主要用来分析气体和液体试样。检测系统主要包括四部分,即光源、色散元件、试样池和光的探测元件。色散元件的作用是选择出测量所需要的单色光;试样池是存放试样的器皿,光经过它以后被试样吸收一部分而减弱;光的探测元件的作用是接收被试样吸收后的光,并把它转换为电信号。

5.2.1　光源

光源主要是红外线、可见光、紫外线光源。

(1)在线分析仪器用的红外线光源,一般是用电阻丝通电流加热而得到。最常用的材料是镍铬丝。

(2)在线分析仪器用的可见光光源都是低压白炽灯,灯丝一般都是用钨丝制成。钨是难熔金属,它的熔点为 3665K。钨丝灯在高温时接近灰体辐射,即它的辐射率近似与波长无关。钨丝灯可发出连续的可见光光谱,覆盖整个可见光波段。

(3)紫外线光源都是用气体放电灯。气体放电灯一般工作在弧光放电与正常的辉光放电两个区域。主要有汞灯和氢灯两种,都工作在弧光放电区域。汞灯在紫外线区有线状光谱,最强的谱线为 253.7nm,其次为 312.6nm,365nm 与 296.7nm。氢灯在紫外线区有连续的光谱,范围为 150～500nm。

5.2.2　色散元件

常用的色散元件有棱镜、光栅和滤光片。

1. 棱镜

1665 年牛顿发现了光的色散现象。他将一束近乎平行的白光通过一块玻璃棱镜,在棱镜后的屏幕上得到一条彩色光带。经研究发现,各种透明介质具有不同的折射率,而同一种介质对于不同波长的光也有不同的折射率。这就是光谱棱镜能使不同波长的光分解开的原因。

任意偏向角法的测量原理如图 5-3 所示。平行光以入射角 i 射到棱镜的 AB 面上,折射光进入棱镜后,折射角为 r,然后以入射角 r' 在出射面 AC 以折射角 φ 射出。δ 为光线偏向角。设棱镜材料的折射率为 n,则有

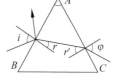

图 5-3　棱镜测量原理

$$\begin{cases} \sin i = n\sin r \\ n\sin r' = \sin\varphi \\ r + r' = A \\ \delta = i + \varphi - r - r' \end{cases} \tag{5-14}$$

解之可得

$$n = \frac{1}{\sin A}(\sin^2 i + 2\sin i \cos A \sin\varphi + \sin^2\varphi)^{\frac{1}{2}} \tag{5-15}$$

式中：A——棱镜入射面 AB 和出射面 AC 所组成的顶角；

n——棱镜玻璃折射率。

对于 A 角已定的光谱棱镜,折射率 n 为出射角的函数,因此偏向角 δ 仅为折射率 n 的函数。由于折射率 n 为波长的函数,因此偏向角为波长的函数。亦即波长不同,偏向角就不同。对于一束包含各种波长的复合光入射到光谱棱镜面上,通过棱镜折射后,各波长对应的偏向角不同,即在空间上被分解开来,这样棱镜就实现了分光。

研究表明,在透明区范围折射率 n 随着波长的增加反而减小。则波长越长,偏向角越小。对可见光来说,红光偏向角最小,紫光偏向角最大。

2. 光栅

光栅与棱镜比较具有色散率大、分辨率高、工作光谱范围广(反射式光栅不受材料透过率的影响)等优点。光栅的种类很多,有平面光栅、凹面光栅和阶梯光栅等。平面衍射光栅又有透射式与反射式两种。目前透射式光栅在光谱仪器中已不采用,今后讨论的均指反射式衍射光栅。

反射式平面衍射光栅是在高精度平面上刻有一系列等宽而又等间隔的刻痕所形成的元件。一般的光栅在 1mm 内刻有几十条至数千条的刻痕,刻画面积可达到 $600\text{mm}\times400\text{mm}$。

光栅作为光谱仪器的分光元件应该工作在平行光束中。当一束平行的复合光入射到光栅上,光栅能将它按波长在空间分解为光谱,这是由于多缝衍射和干涉的结果。光栅产生的光谱,其谱线的位置是由多缝衍射图样中的主最大条件决定的。

当平行入射光投射到衍射光栅上时,其上的每一条缝(或槽)都会使光发生衍射(单缝衍射),从而各条缝(或槽)衍射的光又会发生相互干涉。根据物理光学关于衍射理论,对于理想的衍射光栅,出射光束的能量分布公式为

$$I = I_0 \frac{\sin^2 u}{u^2} \cdot \frac{\sin^2 Nv}{\sin^2 v}$$

$$u = \frac{\pi b(\sin\alpha + \sin\beta)}{\lambda}$$

$$v = \frac{\pi d (\sin\alpha + \sin\beta)}{\lambda} \tag{5-16}$$

式中：I_0——单缝衍射的零级强度；

　　　b——光栅缝的宽度；

　　　α——光束的入射角；

　　　β——衍射角；

　　　u——在正入射情况下，单个刻槽两边缘上两条衍射光线的位相差之半，等于 $\pi b \sin\beta/\lambda$；

　　　v——在正入射情况下，相差一个刻槽间隔的两条衍射光线的位相差之半，等于 $\pi d \sin\beta/\lambda$；

　　　d——光栅常数。

当 $v = m\pi (m = 0, \pm1, \pm2, \cdots)$ 时，$\lim\limits_{v \to m\pi} \dfrac{\sin^2 Nv}{\sin^2 v} = \dfrac{N^2 v^2}{v} = N^2$ 达到最大，出现干涉极大值。根据式(5-16)，出现干涉极大值时应有方程

$$m\lambda = d(\sin\alpha + \sin\beta) \tag{5-17}$$

这就是衍射光栅方程，m 被称为光栅光谱的级次数。由光栅方程式(5-17)可知，对于相同的光谱级数，以相同的入射角 α 投射到光栅上的不同波长组成的混合光(例如白光)，每种波长产生的干涉极大值位于不同的角位置。这样，不同波长的同一级主极大值或次极大值都不重合，而是按波长的次序顺序排列、形成分立的细锐谱线。这样，只要转动光栅，就能在出射狭缝上得到不同波长的单色光。

3. 滤光片

滤光片是能够滤掉某波段光谱的器件。滤光片按作用原理分为吸收式、干涉式、反射式、散射式、组合式 5 种。按滤光片的光谱特性，可分为带状滤光片与截止滤光片两类。常用的滤光片是吸收式和干涉式 2 种。

吸收式滤光片又分为固体、液体、气体 3 种。气体吸收滤光器广泛应用于在线分析仪器中，如在红外线气体分析器中广泛使用。

(1) 气体吸收滤光器。

图 5-4 为气体吸收滤光器示意图。在一个圆筒形的气室两端嵌以透光的物体，如玻璃或其他晶体。气室里充满滤光的气体，并加以严格密封。气室可用铜、铝合金或玻璃等材料制成。气室的内壁应有很高的光洁度，使之有较大的反射系数，以减少光通过气室时由于内壁吸收而造成损失。为此，常在气室内壁镀一层金，镀金不仅可以增加反射系数，而且可以避免内壁氧化而降低反射系数。气室的内径一般为 20～30mm，气室的长度应根据滤光的要求来决定。可根据吸光度的表达式(5-13)来计算，即

$$\alpha = K_\lambda cd$$

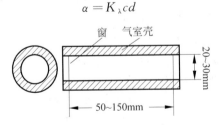

图 5-4　气体吸收滤光器结构示意图

式中：α——所要求的吸光度；

　　K_λ——所充气体的吸收系数；

　　c——所充气体的浓度；

　　d——所需气室的长度。有时需要充两种以上组分气体，也可以用上式计算，这时气室长度 d 只能取一个适当值。此时为了得到所需的吸光度 α，可调整各组分气体的浓度 c。一般气室长度为 $50\sim150\mathrm{mm}$。

气室两端透光的物体为窗口，窗口材料的选择是很重要的。选择的原则是：应使窗口材料对测量光有最大的透射率，而对需要滤掉的光有较大的吸光度。窗口材料除了要求一定的光学特性外，还要有一定的机械强度和防腐蚀的性能。

气体吸收滤光器的光谱特性取决于所充气体，可做成带状的，也可做成截止类型的。

（2）固体吸收滤光片。

在近紫外、可见和近红外区，固体吸收滤光片的材料一般采用玻璃。在红外区固体吸收滤光片主要采用晶体、塑料和陶瓷等材料。

有色玻璃滤光片的光谱特性可以做成带状的，也可以做成截止的。用其他固体材料做成的滤光片的光谱特性主要是截止的。

（3）干涉滤光片。

在折射率为 n 的透明材料两侧分别镀上两层很薄的半透明银膜。透明材料的厚度 d 应满足

$$d = \frac{\lambda}{2n} \tag{5-18}$$

式中：λ——希望透过的光在真空中的波长；

　　n——透明材料的折射率。

这样，厚度 d 等于真空中波长为 λ 的光在透明材料中传播时的半波长。银膜的作用是使光射上后有一部分透过，另一部分被反射，这个薄膜对波长为 λ 的光有较大的透射率。显然，不满足这个条件的光经过薄膜后透射率很小。

如果把几层叠合起来，那么不满足条件的光实际上透不过去。这样，这个薄膜就构成了中心波长为 λ 的带状干涉滤光片。同样，干涉滤光片也可做成截止类型的。

目前从紫外到中红外整个光谱区的干涉滤光片都可以制造。现代的干涉滤光片已发展到采用几十层的膜系结构。制造薄膜用的材料有介质、金属和半导体等。窄带干涉滤光片最窄的光谱宽度现在已可达到 $0.1\mathrm{nm}$ 左右。

5.2.3　试样池

在线分析仪器的取样按取样方式可分为连续式取样和间歇式取样两种，则试样池也分为连续取样的试样池和间歇取样的试样池。图 5-5 为连续取样的试样池，一般做成圆筒形，有两个口，一个为试样入口，另一个为试样出口。这种结构可作为气体试样池，也可作为液体试样池。作为液体试样池时，有时由于试样有腐蚀性，因此试样池的材料应注意防腐蚀。

图 5-6 为间歇取样的液体试样池，一般称为比色皿。比色皿的材料采用光学玻璃，一般做成长方体形状。图中上边的阀门为进液阀，下边的阀门为排液阀，它们与比色皿之间用塑料管或优质橡胶管连接。比色皿上部有个放空口，供进液时排出空气用。

以上介绍的试样池仅是原理性的，实际的试样池是多种多样的，要根据仪器的具体要求来设计。

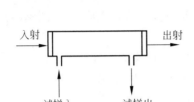

图 5-5 连续取样的试样池

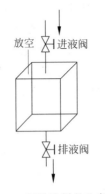

图 5-6 间歇取样的比色皿

5.2.4 光的探测元件

光的探测元件包括光电元件和热电元件。

1. 光电元件

(1) 真空光电管。

如图 5-7 所示的真空光电管的球形玻璃壳内表面上用蒸镀的方法镀上一层光阴极材料。阴极引线一般用直径为 0.2mm 左右的铂丝。阳极放在球壳中间,阳极材料采用合金,比如高镍钢、钼或高铬钢等。窗口材料要根据光谱特性决定,比如工作在紫外区的应当用石英。球壳直径一般为 20～30mm。

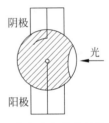

图 5-7 真空光电管的结构示意图

光电管工作时要外加电源,工作电压为几十伏或一二百伏。当光照射到阴极上,由于光电效应,阴极发射出电子,这些电子被阳极收集而形成电流。这种光电转换的特性称为光特性。

由于光电效应光阴极发射出电子形成的电流 I_λ 与入射的单色光的辐射通量 P_λ 之比,称为光阴极的光谱灵敏度 S_λ,即

$$S_\lambda = \frac{I_\lambda}{P_\lambda}$$

常用的积分灵敏度定义为:光阴极发射的总的光电流 I_n,与入射光所有波长的复合光的辐射通量 P 之比,即

$$S_{\Sigma n} = \frac{I_n}{P} \tag{5-19}$$

式中:$S_{\Sigma n}$——阴极的积分灵敏度,A/W。

光电管的积分灵敏度不高,但光电管光特性的线性范围很宽,即光电流与照射上的辐射通量在很大范围内成正比。亦即,某一个波长的光谱近似为常量。这是真空光电管的一个很重要的特性。

当负荷较小时,真空光电管的灵敏度可以长期保持不变,即稳定性好。它的寿命较长,抗外界干扰的能力也较强。

（2）光电倍增管。

它是基于光电效应,把光的辐射通量转换成真空中的电子束,然后再利用二次电子发射效应使电子束倍增的真空元件,使积分灵敏度得到提高。

光电倍增管的光特性与光电管相似,也用积分灵敏度表示,定义为:阳极电路的光电流 I_p,与照射到光阴极的辐射通量 P 之比,即

$$S_{\Sigma p} = \frac{I_p}{P} \tag{5-20}$$

式中:$S_{\Sigma p}$——阳极的积分灵敏度,A/W。

显然,阳极的积分灵敏度与阴极的积分灵敏度的关系为

$$S_{\Sigma p} = \frac{MI_n}{P} = MS_{\Sigma n} \tag{5-21}$$

此式指出,光电倍增管的灵敏度要比光电管高 M 倍。

光电倍增管的光谱应用范围与光电管一样,取决于光阴极材料的光谱特性。

光电倍增管工作时,各级间的电源电压必须十分稳定,否则将严重影响光电倍增管放大倍数的稳定性。

（3）光敏电阻。

光敏电阻主要由半导体制成。当光照射到半导体上,在辐射能的激发下,半导体内产生更多的自由电子和空穴,从而使自由载流子增加,亦即增强了它的导电性。这种增加的导电性与射入光束的波长和强度有关,因此称这种半导体为光敏电阻。

光敏电阻工作时要外加电源。光敏电阻的最小检测量可达 10^{-9} W 量级。

（4）光电池。

常用的光电池有硒光电池和硅光电池。硒光电池仅用在可见光区,硅光电池可用于可见光和近红外区。

硒光电池的积分灵敏度比真空光电管大。但如果光照射时间过长,它的灵敏度会下降,即所谓疲劳现象。这时需要放置在暗处一段时间,还可以恢复。

2. 热电元件

主要用于红外光谱区。常用的有热电堆、热敏电阻、热辐射计、光敏元件、气体接收器等。

（1）热电堆。

为了提高热电偶的灵敏度,把几个热电偶串联起来组成一个组,这个组称为热电堆。图 5-8 为热电堆的结构示意图,由 8 支镍铬-考铜热电偶串联组成,把它们的热电极焊在一个镍箔上作为热接点;冷接点由考铜箔连接。把热电堆固定在一个外径为 10～20mm 的环形云母架上。为了更好地吸收光辐射,在热接点的镍箔上镀有铂黑。为了减小热电堆的响应时间,镍箔应当做得尽量薄,以减小热接点的热容量。

为了进一步提高热电堆的灵敏度,还将它置于在真空密封容器中,做成真空热电堆。真空度一般在 0.01Pa 以下,这样可减少空气散热的作用和延长热电堆的寿命。真空热电堆热接点的面积可以做得很小,可以小于 $1mm^2$。

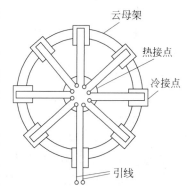

图 5-8 热电堆的结构示意图

热电堆主要用于红外光谱区。由于热电堆是把光能变成热能,又把热能变成电能的器件,因此它的灵敏度与波长无关,是无选择性的接收元件。这是热电堆的重要特点。目前,热电堆的最小检测量可达 $10^{-9} \sim 10^{-11} W$。

(2) 气体接收器。

气体接收器是利用光束加热气体,使其压力发生变化而产生机械变形的接收元件。根据测定这种机械变形的方法不同,可分许多种。

目前应用较多的有两种:光声接收器和果列(Golay)接收器。在在线分析仪器中,光声接收器广泛用于红外线气体分析器中。光声接收器也叫薄膜电容接收器。图 5-9 为薄膜电容接收器的结构示意图。图中 1 为窗口的光学玻璃,2 为壳体,3 为薄膜,在其下部带有动片,4 为定片,5 为绝缘体,6 为支架,7 和 8 为薄膜隔开的两个气室,9 为后盖,10 为密封垫圈。检测器的两个气室所充的气体就是试样气中待测组分的气体,两个吸收气室由电容的动片隔开。电容的动片是一个 $5 \sim 10 \mu m$ 厚的圆形铝箔,周围固定在接收器壳体上。电容的定片是个圆形金属电极,它与壳体绝缘,要求绝缘良好,希望绝缘电阻大于 $10^{10} \Omega$。吸收气室充气后要严格密封,为了保持两吸收气室的静压平衡,在电容动片上钻一个几十微米的小孔。窗口采用透红外线的材料做成。检测器使用一段时间后灵敏度就会下降,可经过重新充气继续使用。

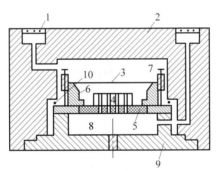

图 5-9　薄膜电容接收器的结构示意图

当气体试样池(也叫测量气室)中没有待测组分气体时,调整气体分析器光源后的平衡挡板,使射入吸收气室的参比光束与测量光束的辐射通量相同。这时两吸收气室中气体吸收的光能相同,气体的温度相同,气体的压力也相同,电容的动片没有变形。

当气体试样池中有待测组分气体,测量光束经过它时,辐射通量被吸收一部分而减弱。这时测量光束侧的吸收气室由于接收的辐射通量减弱,因而气室压力比原来减小。但参比光束侧的吸收气室由于参比光束的辐射通量未变,因而气室压力也未变。这样,中间气室里电容的动片变形,偏向定片,使电容两极间的距离减小。随极板间距离减小,电容量增大。显然,气体试样池中待测组分气体的浓度越大,射入吸收气室中测量光束的辐射通量越弱,气室压力越小,电容的动片越偏向定片,电容 C 增大越多。简单地说,待测组分气体浓度越大,电容的增量 ΔC 越大。

直接测量这个微小的电容增量 ΔC 是很困难的。为了便于测量,利用切光片对光束进行调制。切光片形状如图 5-10 所示,其中图(a)为半圆形,图(b)为十字形。切光片在几何上应严格对称,这样调制的光波信号也是对称的方波。

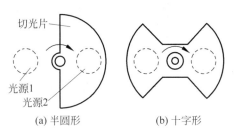

图 5-10　切光片

用微型同步电动机拖动切光片旋转,使测量光束与参比光束周期性同步地射入吸收气室。调制频率一般在 $3\sim25\,Hz$,最常用的是 $6.25\,Hz$。电容的动片就产生周期性的振动,相应地电容的增量 ΔC 也周期性地变化。待测组分气体浓度越大,电容的增量 ΔC 的振幅就越大。这时如在电容器的两极上加以直流电压,就会产生周期性的充放电电流。这个电流经过放大就可以用来显示被测组分气体的浓度。光声接收器和热电堆一样,都是用于红外光谱区的光的探测元件。但是由于气体对光辐射的吸收有选择性,因此光声接收器和热电堆不同,它是对光的波长有选择性的探测元件。

光声接收器抗电磁干扰的能力强,目前广泛应用于过程式红外线气体分析器中,它的最小检测量可达 $10^{-9}\sim10^{-10}\,W$。

果列接收器和光声接收器一样,也是利用气室吸收光能后压力改变而引起一个弹性膜片变形,然后利用光学系统测量这个变形。薄膜电容接收器是红外线气体分析器长期使用的传统检测器,目前使用仍然较多。它的特点是温度变化影响小、选择性好、灵敏度高,但必须密封并按交流调制方式工作。其缺点是薄膜易受机械振动的影响,接收气室漏气即使有微漏也会导致检测器失效,调制频率不能提高,放大器制作比较困难,体积较大等。

3. 微流量检测器

微流量检测器是一种利用敏感元件的热敏特性测量微小气体流量变化的新型检测器。其传感元件是两个微型热丝电阻和另外两个辅助电阻组成惠斯通电桥。热丝电阻通电加热至一定温度,当有气体流过时,带走部分热量使热丝元件冷却,电阻变化,通过电桥转变成电压信号。

微流量传感器中的热丝元件有两种:一种是栅状镍丝电阻,简称镍格栅,它是把很细的镍丝编织成栅栏状制成的,这种镍格栅垂直装配于气流通道中,微气流从格栅中间穿过;另一种是铂丝电阻,在云母片上用超微技术光刻上很细的铂丝制成。这种铂丝电阻平行装配于气流通道中,微气流从其表面掠过。

这种微流量检测器实际上是一种微型热式质量流量计,它的体积很小(光刻铂丝电阻的云母片只有 $3\,mm\times3\,mm$,毛细管气流通道内径仅为 $0.2\sim0.5\,mm$),灵敏度极高,精度优于 $\pm1\%$,价格也较便宜。采用微流量检测器替代薄膜电容检测器,可使红外分析器光学系统的体积大为缩小,可靠性、耐振性等性能提高,因而在红外、氧分析仪等仪器中得到了较广泛的应用。

图 5-11 是微流量检测器工作原理示意图。测量管(毛细管气流通道)3 内装有两个栅

状镍丝电阻(镍格栅)2和另外两个辅助电阻组成惠斯通电桥,镍丝电阻由恒流电源5供电加热至一定温度。

当流量为零时,测量管内的温度分布如图5-11下部虚线所示,相对于测量管中心的上下游是对称的,电桥处于平衡状态。当有气体流过时,气流将上游的部分热量带给下游,导致温度分布变化如实线所示,由电桥测出两个镍丝电阻阻值的变化,求得其温度差 ΔT,便可按下式计算出质量流量 q_m:

$$q_m = K \frac{A}{c_p} \Delta T \tag{5-22}$$

式中:c_p——被测气体的比定压热容;

　　A——镍丝电阻与气流之间的热传导系数;

　　K——仪表常数。

然后利用质量流量与气体含量的关系计算出被测气体的实际浓度。

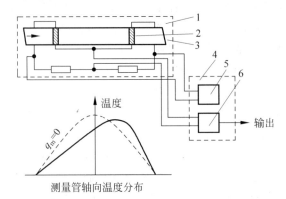

图 5-11　微流量检测器工作原理

1—微流量传感器;2—栅状镍丝电阻(镍格栅);3—测量管(毛细管气流通道);
4—转换器;5—恒流电源;6—放大器

当使用某一特定范围的气体时,A、c_p 均可视为常量,则质量流量 q_m 仅与镍丝电阻之间的温度差 ΔT 成正比,如图5-12中 Oa 段所示。Oa 段为仪表正常测量范围,测量管出口处气流不带走热量,或者说带走热量极微;超过 a 点流量增大到有部分热量被带走而呈现非线性,超过 b 点则大量热量被带走。

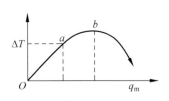

图 5-12　质量流量与镍丝电阻
温度差的关系

当气流反方向流过测量管时,图5-12中温度分布变化实线向左偏移,两个镍丝电阻的温度差为 $-\Delta T$,质量流量计算式为

$$q_m = -K \frac{A}{c_p} \Delta T \tag{5-23}$$

上式中的负号表示流体流动方向相反。

4. 光电导检测器

光电导检测器是利用半导体光电效应的原理制成的,当红外光照射到半导体元件上时,它吸收光子能量后使非导电性的价电子跃迁至高能量的导电带,从而降低了半导体的电阻,引起电导率的改变,所以又称其为半导体检测器或光敏电阻。

光电导检测器使用的材料主要有锑化铟(InSb)、硒化铅(PbSe)、硫化铅(PbS)、碲镉汞(HgCdTe)等。

红外线气体分析器大多采用锑化铟检测器,也有采用硒化铅、硫化铅检测器的。锑化铟检测器在红外波长 $3\sim7\mu m$ 范围内具有高响应率(响应率即检测器的电输出和灵敏面入射能量的比值),在此范围内 CO、CO_2、CH_4、C_2H_2、NO、SO_2、NH_3 等几种气体均有吸收带,其响应时间仅为 $5\times10^{-6}s$。

碲镉汞检测器的检测元件由半导体碲化镉和碲化汞混合制成,通过改变混合物组成可得不同测量波段。其灵敏度高,响应速度快,适于快速扫描测量,多用在傅里叶变换红外分析器中。

光电导检测器的结构简单、成本低、体积小、寿命长、响应迅速。与气动检测器(薄膜电容、微流量检测器)相比,它可采用更高的调制频率(切光频率可高达几百赫兹),使信号的放大处理更为容易。它与窄带干涉滤光片配合使用,可以制成通用性强、快速响应的红外分析器。其缺点是半导体元件的特性(特别是灵敏度)受温度变化影响大,一般需要在较低的温度($77\sim200K$,与波长有关)下工作,因此需要采取制冷措施。硫化铅、硒化铅检测器可在室温下工作,也有室温型锑化铟、碲镉汞检测器可选,在线红外分析器中采用的就是这种室温型检测器。

5. 热释电检测器

热释电检测器是基于红外辐射产生的热电效应为原理的一类检测器,它以热电晶体的热释电效应(晶体极化引起表面电荷转移)为机理。

热释电检测器具有波长响应范围广(无选择性检测或选择性差)、检测精度较高、反应快的特点,可在室温或接近室温的条件下工作。以前主要用在傅里叶变换红外分析器中,它的响应速度很快,可以跟踪干涉仪随时间的变化,实现高速扫描。现在也已广泛用在红外线气体分析器中。下面简单介绍其工作原理和结构组成。

如图 5-13 所示,在某一晶体两端施加直流电场,晶体内部的正电荷向阴极表面移动,负电荷向阳极表面移动,结果晶体的一个表面带正电,另一个表面带负电,这就是极化现象。对大多数晶体来说,当外加电场去掉后,极化状态就会消失,但有一类叫"铁电体"的晶体例外,外加电场去掉后,仍能保持原来的极化状态。铁电体还有一个特性,它的极化强度即单位表面积上的电荷

图 5-13 晶体的极化现象

量,是温度的函数,温度越高极化强度越低,温度越低则极化强度越高,而且当温度升高到一定值之后,极化状态会突然消失(使极化状态突然消失的这一温度叫居里温度)。也就是说,已极化的铁电体,随着温度升高表面积聚电荷降低(极化强度降低),相当于释放出一部分电荷来,温度越高释放出的电荷越多,当温度高到居里温度时,电荷全部释放出来。人们把极化强度随温度转移这一现象叫作热释电,根据这一现象制成的检测器称为热释电检测器。

热释电检测器中常用的晶体材料是硫酸三甘肽$(NH_2CH_2COOH)_3H_2SO_4$(TGS)、氘化硫酸三甘肽(DTGS)和钽酸锂$(LiTaO_3)$。热释电检测器的结构和电路见图5-14,将 TGS 单晶薄片正面真空镀铬(半透明,用于接收红外辐射),背面镀金形成两电极,其前置放大器是一个阻抗变换器,由一个 $10^{11}\sim10^{12}\Omega$ 的负载电阻和一个低噪声场效应管源极输出器组成。

为了减小机械振荡和热传导损失,把检测器封装成管,管内抽真空或充氪等导热性能很差的气体。

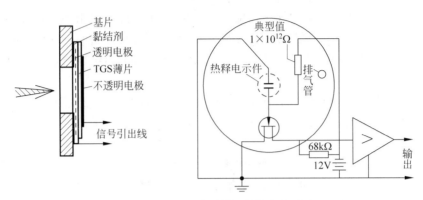

图 5-14　热释电检测器的结构和电路图

5.3　红外线气体分析器

红外线气体分析器是利用不同气体对红外波长的电磁波能量具有特殊的吸收特性而进行分析的。红外光学吸收式仪器具有以下特点:能测量多种气体,测量范围宽,灵敏度高,精度高,响应快,选择性良好(有很高的选择性系数),可靠性高,寿命长,可以实现连续分析和自动控制。红外线气体分析仪主要用于大气监测,废气控制和化工、石油等工业中一氧化碳、二氧化碳、氨及气态烃类的测定。

5.3.1　特征吸收波长

在近红外和中红外波段,红外辐射能量较小,不能引起分子中电子能级的跃迁,而只能被样品分子吸收,引起分子振动能级的跃迁,所以红外吸收光谱也称为分子振动光谱。当某一波长红外辐射的能量恰好等于某种分子振动能级的能量之差时,才会被该种分子吸收,这一波长便称为该种分子的特征吸收波长。部分常见气体的红外吸收光谱见图 5-15。

图 5-15 中的横坐标为红外线波长,纵坐标为红外线透过气体的百分率。从图中可以看出,CO 气体特征吸收波长在 $2.37\mu m$ 和 $4.65\mu m$,其中在 $4.65\mu m$ 处吸收最强;CO_2 气体特征吸收波长在 $2.7\mu m$、$4.26\mu m$、$14.5\mu m$;CH_4 气体的特征吸收波长在 $2.3\mu m$、$3.3\mu m$、$7.65\mu m$;所有的碳氢化合物对波长大约为 $3.4\mu m$ 处的红外线都表现出吸收特性,成为 C-H 键化合物谱振频率的集中点,所以不能从这个波长去辨别不同的碳氢化合物,而要从其他波长去辨认。

所谓特征吸收波长是指吸收峰顶处的波长(中心吸收波长),从图 5-15 中还可以看出,在特征吸收波长附近,有一段吸收较强的波长范围,这是由于分子振动能级跃迁时,必然伴随有分子转动能级的跃迁,即振动光谱必然伴随有转动光谱,而且相互重叠。因此,红外吸收曲线不是简单的锐线,而是一段连续的较窄的吸收带。这段波长范围可称为"特征吸收波带(吸收峰)",几种气体分子的红外特征吸收波带范围见表 5-2。

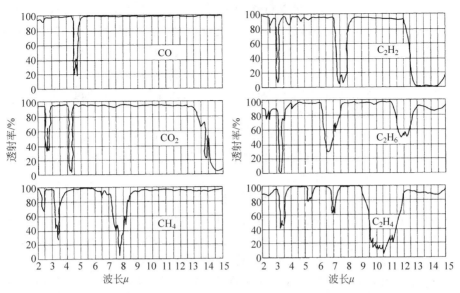

图 5-15　部分常见气体的红外吸收光谱（注意：透射率与吸收率的区别）

表 5-2　几种气体分子的特征吸收波带范围

气体名称	分子式	红外线特征吸收波带（吸收峰）范围/μm			吸收率/%		
一氧化碳	CO	4.5~4.7			88		
二氧化碳	CO_2	2.75~2.8	4.26~4.3	14.25~14.5	90	97	88
甲烷	CH_4	3.25~3.4	7.4~7.9		75	80	
二氧化硫	SO_2	4.0~4.17	7.25~7.5		92	98	
氨	NH_3	7.4~7.7	13.0~14.5		96	100	
乙炔	C_2H_2	3.0~3.1	7.35~7.7	13.0~14.0	98	98	99

注：表中仅列举了红外线气体分析器中常用到的吸收较强的波带范围。

5.3.2　红外线气体分析器分类

1. 从物理特征划分

工业用红外气体分析仪从物理特征上分为分光型和不分光型两种。分光型是借助分光系统分出单色光，使通过介质层的红外线波长与被测组分的特征吸收光谱相吻合而进行测定的，其分析能力强，多用于实验室。从目前研究状况看，分光型红外分析器开始从实验室应用向现场应用发展。不分光型指光源的连续光辐射全部投射到样品上，样品对红外辐射具有选择性吸收和积分性质，同时采用与样品具有相同吸收光谱的检测器来测定样品对红外光的吸收量。不分光型相对功能单一，但简单可靠，多用于工业现场。一般采用气体相关技术消除背景气体干扰或应用串联型声光检测器等方法提高选择性。

2. 从光学系统划分

可以分为双光路（双气室）和单光路（单气室）两种。

双光路（双气室）从精确分配的一个光源发出两路彼此平行的红外光束，分别通过几何光路相同的测量气室、参比气室后进入检测器。

单光路(单气室)从光源发出的单束红外光只通过一个几何光路(分析气室),但是对于检测器而言,接收到的是两束不同波长的红外光束,只是它们到达检测器的时间不同而已。这是利用滤波轮的旋转(在滤波轮上装有干涉滤光片或滤波气室),将光源发出的光调制成不同波长的红外光束,轮流送往检测器,实现时间上的双光路。为了便于区分这种时间上的双光路,通常将测量波长光路称为测量通道,参比波长光路称为参比通道。

3. 从使用的检测器类型划分

红外线气体分析器中使用的检测器,目前主要有薄膜电容检测器、微流量检测器、光电导检测器、热释电检测器四种。根据结构和工作原理上的差别,可以将其分成两类,前两种属于气动检测器,后两种属于固体检测器。

气动检测器靠气动压力差工作,薄膜电容检测器中的薄膜振动靠这种压力差驱动,微流量检测器中的流量波动也是由这种压力差引起的。这种压力差来源于红外辐射的能量差,而这种能量差是由测量光路和参比光路形成的,所以气动检测器一般和双光路系统配合使用(也有配用单光路的)。不分光红外(NDIR)源自气动检测器,气动检测器内密封的气体和待测气体相同(通常是待测气体和氩气的混合气),所以光源光谱的连续辐射到达检测器后,它只对待测气体特征吸收波长的光谱有灵敏度,不需要分光就能得到很好的选择性。

光电导检测器和热释电检测器的检测元件均为固体器件,根据这一特征将其称为固体检测器。固体检测器直接对红外辐射能量有响应,对红外辐射光谱无选择性,它对待测气体特征吸收光谱的选择性是借助于窄带干涉滤光片实现的。与其配用的光学系统一般为单光路结构,靠相关滤波轮的调制形成时间上的双光路。这种红外分析器属于固定分光型仪器。

由上所述可以看出,这两类检测器的工作原理不同,配用的光路系统结构不同,从是否需要分光的角度来看,二者也是不同的。因此,可以由此出发,将红外线气体分析器划分为两类:采用气动检测器的不分光型红外分析器和采用固体检测器的固定分光型红外分析器。

这两类仪器相比较,前者的灵敏度和检出限明显优于后者,而后者的结构简单、调整容易、体积小、价格低又胜过前者。前者是红外线气体分析器的传统产品,也是目前的主流产品。

5.3.3 红外线气体分析器类型

1. 分光型

红外分光型气体分析仪器主要由以下基本部分组成:红外光源(红外热辐射型,波段在 $2\sim15\mu m$)、调制器、分光系统、气室、探测器和电子系统。分光型仪器的多样性在于分光系统组成部分的变化和改进。目前分光系统主要有滤光片、光栅、干涉仪、声光调制滤光器和傅里叶变换型等。

(1) 滤光片型。

滤光片型应用较早也最为广泛,可分为固定滤光片和可调滤光片两种形式,可以根据样品特征吸收光谱选择适当波长的滤光片。光源发出的光经过滤光片后,得到一定带宽的准单色光(带宽越窄单色度越好),此光通过样品池被气体吸收后入检测器检测出射光强。固定滤光片灵活性差,但用于工业过程中检测某一两种固定成分或作为便携式单一气体专用型检测仪,其功能足够且坚固可靠。

为了提高该类产品的应用灵活性,研制了选择性切光板,将滤光片安装在旋转轮上,兼有了调制器的功能。比如英国 Procal 公司的连续排放监测系统(CEMS)中的红外气体分析单元,一次可分时滤过 8 种单色光,对于每种被测气体应用两种波长的红外光(测量波长和参比波长)。红外光通过样品池后,测量波长的红外辐射被气体吸收,参比波长的红外辐射不被吸收,比较差值即能得到待测气体浓度。有些参比波长可以共用,该类型最多可同时测定 6 种气体浓度。通过更换不同组合的滤光片可以使该类型仪器具有测量二三十种气体的能力。因为分光系统简单可靠,所以这种检测系统在污染源在线监测和便携式仪器中广泛应用。

近年来固定分光型仪器发展很快,而且有与气体滤波相关技术结合的趋势。这类型仪器可实现多组分分析,而且光谱干扰小,因而在复杂的工业现场在线分析方面具有优势。比如 CEMS 中的 MCS100 型多组分分析单元用于垃圾焚烧烟气测量时,可以测定 SO_2、NO、NO_2、HCl、CO、CO_2、CH_4、H_2O。

随着窄带干涉滤光片技术和高灵敏度、高稳定性的半导体红外探测器技术的应用,研制出时间双光路新型红外线分析器,如图 5-16 所示。时间双光路系统与几何双光路系统不同,它只有一支光源,一条光通道,一组气室。仪器硬件简单可靠,消除干扰、解决非线性、去除气体组分间的交叉吸收干扰可由计算机软件来完成。其测量原理是利用两个固定波长的红外线通过气样室,被测组分选择性地吸收其中一个波长的辐射,而不吸收另一波长的辐射。对两个波长辐射能的透过比进行连续测量,就可以得知被测组分的浓度。这类仪表使用的波长可在规定的范围内选择,可以定量地测量具有红外吸收作用的各种气体。在光路中,由测量滤光片和参比滤光片先后把红外线分成两组不同波长的红外光束,这样就使几何单光路的系统按时间不同形成两个光路,对于相同的影响因素都可以通过后面的自动增益控制电路而得到补偿。这种时间双光路系统与普通的几何双光路系统比较,具有更高的选择性和稳定性。

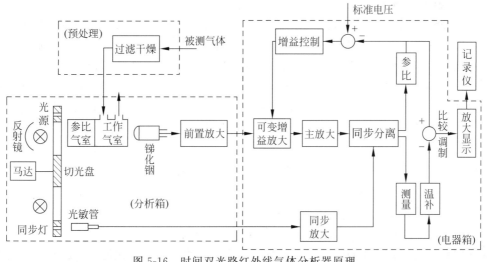

图 5-16 时间双光路红外线气体分析器原理

时间红外线气体分析器组成有预处理器、分析箱和电器箱三部分。被测气体经过预处理后进入分析箱中工作气室(测量气室)。分析箱内有光源、切光盘、气室、光检测器及前置放大电路等。在切光盘上装有四组干涉滤光片,两组为测量滤光片,其透射波长与被分析气体的特征吸收峰波长相同;交叉安装的另两组为参比滤光片,其透射波长则是不被任何被分析气体吸收的波长。切光盘上还有与参比滤光片位置相对应的同步窗口,同步灯通过同步窗口使光敏管接收信号,以区别是哪一个窗口对准气室。气室有两个,红外光先射入一个参比气室,它是作为滤波气室,室内密封着与被测气体有重叠吸收峰的干扰成分;工作气室即测量气室则被被测气体连续地流过。由光源发出的红外辐射光在切光盘转动时被调制,形成了交替变化的双光路,使两种波长的红外光线轮流地通过参比气室和测量气室,半导体锑化铟光电检测器接收红外辐射并转换成与两种红外光强度相对应的参比信号与测量信号。

当测量气室中不存在被测组分时,光检测器接收到的是未被吸收的红外光,测量信号与参比信号相等,二者之差为零。当测量气室中存在被测组分时,测量光束的能量被吸收,光检测器接收到的测量信号将小于参比信号,二者的差值与被测组分的浓度成正比。这种仪表采用时间双光路系统具有更高的选择性和稳定性,还具有结构简单、体积小、耐振、可靠性高和对样气的预处理要求低等优点,如加入温度补偿,可以进一步提高仪表精度。这种仪器由于采用了先进的滤光片和半导体光敏元件,必将得到进一步的发展和广泛的应用。

(2) 扫描型。

扫描型的分光元件采用棱镜或光栅、转动棱镜或光栅。红外光按波长长短依次经过光强调制器,通过气室进入探测器,可以进行全谱扫描,分辨率高。其缺点在于存在机械转动,机械转速限制了信息读出的速率,抗震性差,而且光栅、棱镜式系统的结构过于庞大,实现高速扫描更加困难。所以扫描型红外光谱仪多用于实验室。目前利用光纤技术将主控室分光系统与现场测量气室分离,发挥了全谱扫描、分辨率高的优点,又避免了分光系统抗震性差的缺点,可实现在线检测。其难点在于能传输气体指纹区近红外热辐射的光纤损耗大,传输效率太低,所以最大传输的距离小。

(3) 傅里叶变换型。

傅里叶变换红外(FTIR)光谱仪的核心单元是迈克尔逊(Michelson)干涉仪,其作用是把光源发出的光分成两束,造成一定的光程差,会合后产生明晰的干涉条纹,干涉条纹函数包含了光源所有信息的频率与强度。主计算机把样品干涉图函数和光源干涉图(即气室无样品时)函数经傅里叶变换为频率分布图,二者相比得到样品红外谱图。此类型仪器的优点是扫描快、波长精度高,分辨率高,干涉仪中动镜运动的不同形式构成 FTIR 光谱仪的多样性。其本质都是通过改变两束光的光程差,来达到干涉调制目的。有的干涉调制系统利用平行板转动来改变光程差,代替了动镜直线移动。除了在结构设计上保证了精度外,还使整个结构更为紧凑,且对外界振动更不敏感。这种结构降低了系统对环境的要求,已成功应用于航天观测工作,能够经受住火箭发射时巨大加速度的冲击。

由于计算机技术的快速发展,傅里叶变换红外光谱仪可以实现在线分析,使一次分析周期缩短至 0.1s。在有机化学分析以及许多复杂的化学反应系统中可以实现连续分析,使其成为在线色谱的主要竞争对手。但是软件的工作量仍很大,因此,快速、精确、实用的光谱定量分析软件是目前重要的研究课题之一。

(4) 固定光路多通道检测型。

采用该类型仪器分析样品时,红外光经过样品池,由固定的全息光栅分光后,按波长分布聚焦在 CCD 检测器上,可实现多通道同时检测。光学系统没有移动部件,适合于现场分析和在线检测。这种仪器的难点在于聚焦系统的设计。为了使阵列探测器 CCD 或 Pd-Si 具有光谱识别能力,目前研究的热点是多光谱微型列阵滤光器,它将滤光器微型化,并与探测器组合为一体,精简了系统的结构,还可以将机械扫描改为电子扫描,以提高系统的可靠性。

（5）声光调制型。

在分光系统中,声光调制型最引人注目,利用各向异性双折射晶体的声光衍射原理,采用较高光品质因数和较低衰减的双折射晶体为分光器件,以压电晶体为换能器组成阵列,为了防止声波反射,透过声光介质的声波被声终端吸收。当声波频率改变时,满足动量匹配条件的衍射光波长相应改变,从而实现电调谐滤光器。声光介质、换能器阵列、声终端构成了声光调谐滤光器。

该光学系统没有移动部件,波长切换快,重视性好,通光口径大,信噪比高,电调谐方法可快速扫描,便于计算机控制。目前声光调谐技术已经成功地应用于液体分析。在中红外区域的应用则主要受到双折射晶体和光纤材料的限制。所以在红外气体分析中应用声光调谐技术,双折射晶体材料和光纤材料是研究的一个热点。

（6）固态调制器型。

目前分析气体浓度的高效方法是利用黑体辐射源和集成滤波器热释电探测器。固态调制器使光源辐射出热释电探测器能够探测的强度调制光线,免除了移动部件,可不受气体流动的干扰。该调制器可以封装在器件的光学窗口内。通常机械斩波器受移动部件影响,不能在高速下斩波;而低热能的定时电子脉冲光源的缺点是局限于很低的频率（10Hz）,限制了仪器的响应时间,并且引入了 $1/f$ 噪声。另外,低热能材料工作在高电压脉冲下,所获得光线的幅度调制也不会有长久的寿命。而该固态调制器的设计思想在于,利用二极管激光器脉冲光驱动一个锗片的微观结构变化,起到了光开关的作用。尽管目前还处于试验研究阶段,但是它代表了光学幅值调制器的发展方向。

2. 不分光型

不分光型红外仪（NDIR）是指光源发射出的连续光谱全部通过固定厚度的含有被测气体混合组分的气体层,由于被测气体的浓度不同,吸收固定红外线的能量就不同,因而转换成的热量就不同。探测温度变化或者经特殊结构的红外探测器将热量转换成为压力的变化,进而测定温度或压力参数以完成对气体的定性定量分析。

固定分光型（CDIR）为了克服各组分之间的交叉重叠干扰,提高仪器的选择性,在红外分析器中开始采用窄带干涉滤光片分光技术。但这种窄带干涉滤光片的分光不同于光栅系统的分光,它不能形成连续光谱,只能对某一特定波长附近的狭窄波带进行选通,因此将其称为固定分光型（CDIR）仪器,以区别于连续分光型仪器。

NDIR 由以下基本部分组成:红外光源、调制器、充气滤波气室（或者光学滤波器）、测量气室和探测器。不分光型红外分析器的研制、发展和使用历史悠久,其操作维护简单,价格低廉,市场用户颇多。仪器主要通过气室结构和探测气室的变化构成不同类别。

一般结构的 NDIR 只能分析一种气体;而检测多种气体的分析器,采用了 3 对滤波室,每对滤波室内充以一种待测组分,并轮流地通过红外光束。滤波室都安装在一个旋转台上。每对滤波室在光束中的停留时间为 15min,切换到另一对滤波室所需的时间为 3min。应用这一系统可测量 CO、CO_2、CH_4 或者 C_2H_6、C_2H_4、C_2H_2。

事实证明,使 NDIR 能实现多组分测量的最好办法是在检测器中充以一定浓度的多种气体,使其对多种气体的吸收光谱灵敏,滤光片切换不同的光路而无须切换气室,不同组分的测量间隔只要几秒至 20s。

以下 5 种变化因素可能会影响不分光红外线气体分析器的准确性:电源电压变化,电源频率变化,环境温度变化,大气压力变化,电阻丝材料的阻值稳定性及表面化学稳定性。因为这些因素的变化都会影响光谱成分的变化,从而导致测量误差的增加。为了提高不分光红外分析仪的性能,经常采用气体滤波相关技术(GFC)。

GFC 技术是基于待测气体与混合气体的红外精细光谱的比较。采用 GFC 技术具有很高的横向抗干扰能力。高浓度的被测气体充入相关轮的参比气室,相关轮的另外一个气室充满不被任何红外辐射吸收的氮气。旋转相关轮,通过相关轮的红外辐射交替进入测量气室,因为高浓度的被测气体几乎完全吸收了所能吸收的红外辐射,测量气室的被测气体不能对该波段的红外光产生吸收,所以就被作为参比信号;而红外辐射无衰减地穿过相关轮的氮气室,经过测量气室被测量气体和背景气体吸收,同步分离,差动输出,那么背景气体对被测气体的干扰几乎等于零。为了提高仪器的选择性与灵敏度,两个滤波室前窗口均采用待测气体特征吸收波长的窄带滤光片。这种把气体相关技术与滤光片技术结合应用的结构设计很精巧,从硬件上解决了多组分交叉敏感问题,是该类仪器发展的方向。

5.3.4 非色散型红外线气体分析器组成

红外线辐射是物质由于分子振动与转动能级跃迁而发出的;反之,物质吸收红外线辐射后也产生同样的能级跃迁。大多数物质在红外区域都有特征吸收谱线,即显著吸收某些特定波长的红外线。因此,可利用物质在红外区的特征谱线进行定性与定量分析。在线分析仪器常用的红外波段为 $3\sim10\mu m$。

在线红外线气体分析器的测量对象主要是 CO、CO_2、NH_3 及气态烃类,如 CH_4、C_2H_6、C_2H_4、C_3H_6、C_2H_2 等。但红外线气体分析器不能分析那些对称结构无极性双原子分子(如 O_2、N_2、H_2、Cl_2 等)及单原子分子(如 Ne、He、Ar 等)气体,因为它们在常用的红外波段内没有特征吸收谱线。图 5-17 为 GXH-105 型智能红外气体分析器检测系统示意图。

它是非色散型双光束正式结构。采用串联式薄膜电容检测器,仪器的信息处理和恒温控制等由微机系统完成。仪器基于不分光红外测量法,即非单元素气体分子在红外线光谱范围内的选择性吸收原理工作。该仪器采用微机技术,对显示、测量、修正等参数通过键盘进行设置或更改,菜单形式操作,实现多种自动功能。

1. 红外光源

按发光体的种类,红外光源有镍铬丝光源、陶瓷光源、半导体光源等;按光能输出形式,有连续光源和断续光源(脉冲光源)两类。

辐射区的光源有两种:一种是单光源;另一种是双光源。单光源只有一个发光元件,经两个反光镜构成一组能量相同的平等光束进入参比室和样品室。而双光源结构则是参比室和样品室各用一个光源。双光源因热丝发光不尽相同而产生误差。光源的任务是产生具有一定频率(2~12Hz)的两束能量相等又稳定的平等红外光束。红外线光源常用镍铬丝制成,后面带有抛物线面或球面反射镜,前面有透红外线材料制成的窗口。

常用的透红外线材料有石英及氟化锂、氟化钙等晶体。

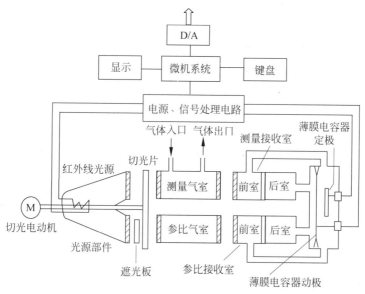

图 5-17 红外线气体分析器检测系统示意图

红外光源是将镍铬丝在胎具上绕制成螺旋形或锥形（图 5-18）。螺旋形绕法的优点是比较近似点光源,但正面发射能量小;锥形绕法正面发射能量大,但绕制工艺比较复杂,目前使用的以螺旋形绕法居多。镍铬丝加热到 700℃ 左右,其辐射光谱的波长主要集中在 2～12μm,能满足绝大部分红外分析器的要求。合金丝光源的最大优点是光谱波长非常稳定,几乎不受任何工作环境温度影响,寿命长,能长时期高稳定性工作。缺点是长期工作会产生微量气体挥发。

图 5-18 光源灯丝绕制形状

2. 样品室和参比室及窗口材料（晶片）

多数红外线分析器的样品室和参比室是由黄铜制成的,要求内壁光滑、镀金,以使红外线在气室内多次反射而得到良好的透射效果。如测腐蚀性气体时,可选用玻璃、不锈钢或氟塑料的制品。

（1）测量气室和参比气室。

测量气室和参比气室的结构基本相同,外形都是圆筒形,筒的两端用晶片密封。也有测量气室和参比气室各占一半的"单筒隔半型"结构。测量气室连续地通过待测气体,参比气室完全密封并充有中性气体（多为 N_2）。

气室的主要技术参数有长度、直径和内壁粗糙度。

① 长度。测量气室的长度主要与被测组分的浓度有关,也与要求达到的线性度和灵敏度有关。一般小于 300mm。测量高浓度组分时气室最短,仅零点几毫米（当气室长度小于 3mm 时,一般采用在规定厚度的晶片上开槽的办法,制成开槽型气室,槽宽等于气室长度）,测量微量组分时气室最长可达 1000mm 左右。

② 直径。气室的内径取决于红外辐射能量、气体流速、检测器灵敏度要求等。一般取 20～30mm,也有使用 10mm 甚至更细的。太粗会使测量滞后增大;太细则削弱了光强,降

低了仪表的灵敏度。

③ 内壁粗糙度。气室要求内壁粗糙度小,不吸收红外线,不吸附气体,化学性能稳定(包括抗腐蚀)。气室的材料多采用黄铜镀金、玻璃镀金或铝合金(有的在内壁镀一层金)。金的化学性质极为稳定,气室内壁不会氧化,所以能保持很高的反射系数。

(2) 窗口材料(晶片)。

晶片通常安装在气室端头,要求必须保证整个气室的气密性,具有高的透光率,同时也能起到部分滤光的作用。因此,晶片应有高的机械强度,对特定波长段有高的透明度,还要耐腐蚀、潮湿,抗温度变化的影响等。窗口所使用的晶片材料有多种,如 ZnS(硫化锌)、$ZnSe$(硒化锌)、BaF_2(氟化钡)、CaF_2(氟化钙,萤石)、LiF_2(氟化锂)、$NaCl$(氯化钠)、KCl(氯化钾)、SiO_2(熔融石英)、蓝宝石等。其中氟化钙和熔融石英晶片使用较广。

晶片和窗口的结合多采用胶合法,测量气室由于可能受到污染,有的产品采用橡胶密封结构,以便拆开气室清除污物。但橡胶材料的长期化学稳定性较差,难以保证长期密封,应注意维护和定期更换。

晶片上沾染灰尘、污物、起毛等都会使仪表的灵敏度下降,测量误差和零点漂移增大。因此,必须保持晶片的清洁,可用擦镜纸或绸布擦拭,注意不能用手指接触晶片表面。

3. 滤光元件

图 5-13 所示仪器未采用滤光室,而是在接收室采用了分层四气室的结构,提高抗干扰的能力。

光源发出的红外光通常是所谓广谱辐射,比被测组分的吸收波段要宽得多。此外,被测组分的吸收波段与样气中某些组分的吸收波段往往会发生交叉甚至重叠,从而对测量带来干扰。因此必须对红外光进行过滤处理,这种过滤处理称为滤光或滤波。

红外线气体分析器中常用的滤光元件有两种:一种是早期采用且现在仍在使用的滤波气室;另一种是现在普遍采用的干涉滤光片。

(1) 滤波气室。

滤波气室的结构和参比气室一样,只是长度较短。滤波气室内部充有干扰组分气体,吸收其相对应的红外能量以抵消(或减少)被测气体中干扰组分的影响。例如,CO 分析器的滤波气室内填充适当浓度的 CO_2 和 CH_4,将光源中对应于这两种气体的红外波长吸收掉,使之不再含有这些波长的辐射,则会消除测量气室中 CO_2 和 CH_4 的干扰影响。

滤波气室的特点是:除干扰组分特征吸收峰中心波长能全吸收外,吸收峰附近的波长也能吸收一部分,其他波长全部通过,几乎不吸收。或者说它的通带较宽,因此检测器接收到的光能较大,灵敏度高。其缺点是体积比干涉滤光片大,一般长 50mm,发生泄漏时会失去滤波功能。在深度干扰时,即干扰组分浓度高或与待测组分吸收波段交叉较多时,可采用滤波气室。如果二者吸收波段相互交叉较少时,其滤波效果就不理想。当干扰组分多时也不宜采用滤波气室。

(2) 干涉滤光片。

滤光片是一种形式最简单的波长选择器,它是基于各种不同的光学现象(吸收、干涉、选择性反射、偏振等)而工作的。采用滤光片可以改变测量气室的辐射通量和光谱成分,消除或减少散射辐射和干扰组分吸收辐射的影响,仅使具有特征吸收波长的红外辐射通过。滤光片有多种类型,按滤光原理可分为吸收滤光片、干涉滤光片等,按滤光特点可分为截止滤光片、带通滤光片等。目前红外线气体分析器中使用的多为窄带干涉滤光片。

干涉滤光片是一种带通滤光片,根据光线通过薄膜时发生干涉现象而制成。最常见的干涉滤光片是法布里-珀罗型滤光片,其制作方法是以石英或白宝石为基底,在基底上交替地用真空蒸镀的方法,镀上具有高、低折射系数的膜层。一般用锗(高折射系数)和一氧化硅(低折射系数)作镀层,也可用碲化铅和硫化锌作镀层,或用碲和岩盐作镀层。镀层的光学厚度 $d=\lambda/2n$,n 为镀层材料的折射率,即保持其光学厚度 $d\times n$ 等于半波长的整数倍,因而对波长为 λ 的光有较大的透射率。

显然,不满足这一条件的光透射率很小,如果几层镀膜叠加起来,那么不满足这一条件的光实际上透不过去,这样就构成了以 λ 为中心波长的带通滤光片。

干涉滤光片可以得到较窄的通带,其透过波长可以通过镀层材料的折射率、厚度及层次等加以调整。现代干涉滤光片已发展到采用几十层镀膜,通带宽度最窄已达到 0.1nm 左右。

干涉滤光片的特点是:通带很窄,其通带 $\Delta\lambda$ 与特征吸收波长 λ_0 之比 $\Delta\lambda/\lambda_0$ 小于或等于 0.07,所以滤波效果很好。它可以只让被测组分特征吸收波带的光能通过,通带以外的光能几乎全滤除掉。其厚度和体积小,不存在泄漏问题,只要涂层不被破坏,工作就是可靠的。一般在干扰组分多时采用干涉滤光片。其缺点是由于通带窄,透过率不高,所以到达检测器的光能比采用滤波气室时小,灵敏度较低。

综上所述,干涉滤光片是一种"正滤波"元件,它只允许特定波长的红外光通过,而不允许其他波长的光通过,其通道很窄,常用于固定分光式仪器中的分光,个别场合也用于不分光式仪器中的躲避干扰。滤波气室是一种"负滤波"元件,它只阻挡特定波长的红外光,而不阻挡其他波长的光,其通道较宽,常用于不分光式仪器中的滤光,当用于固定分光式仪器中的分光时,必须和干涉滤光片配合使用。

上述适用场合的分析,基于不分光和固定分光这两种测量方式对波长范围的要求,从应用意义上看,窄带干涉滤光片是一种待测组分选择器,而滤波气室是一种干扰组分过滤器。

4. 切光片

切光装置是频率调制装置,包括切光片和同步电机,切光片由同步电动机(切光马达)带动,其作用是把光源发出的红外光变成断续的光,即对红外光进行频率调制。调制的目的是使检测器产生的信号成为交流信号,便于放大器放大,同时可以改善检测器的响应时间特性。切光片的几何形状有多种,图 5-19 中为常见的三种。

(a) 半圆形切光片　(b) 十字形切光片

(c) 几何单光路(时间双光路)切光片

图 5-19　切光片的几何形状

1—同步孔;2—参比滤光片;3—测量滤光片

切光频率(调制频率)的选择与红外辐射能量、红外吸收能量及产生的信噪比有关。从灵敏度角度看,调制频率增高,灵敏度降低,超过一定程度后,灵敏度下降很快。因为频率增高时,在一个周期内测量气室接收到的辐射能减少,信号降低,另外气体的热量及压力传递跟不上辐射能的变化。因此从灵敏度角度看,频率低一些是有利的。但频率太低时,放大器制作较难,并且增加仪器的滞后,检波后滤波也较困难。理论与实践指出,切光频率一般应取在$5\sim15\mathrm{Hz}$范围内,属于超低频范围(采用半导体检测器的红外分析器,切光频率可高达几百赫兹)。

5. 检测室

检测室(检测器)的作用是接收从红外光源辐射出的红外线,并转换成电气信号。检测室充以被测组分气体,大多数红外线分析器都采用薄膜电容接收器。

当样气中不含有被测组分时,薄膜电容接收器接收的测量光束与参比光束的辐射通量相同,它没有输出,显示器应当指零。如不指零,可利用遮光板进行调整。当样气中含有被测组分气体时,薄膜电容接收器接收的测量光束的辐射通量减小,显示器偏转,指出相应的被测组分气体浓度。当样气中含有的被测组分气体浓度增加时,显示器偏转也增加,指示浓度值也相应增加。这就是所谓正式结构,而负式结构则与此相反。目前在线红外线气体分析器几乎都采用正式结构,而且绝大多数都采用双光束和薄膜电容接收器,可以抵消光源不稳定、放大器增量的变化及其他气体干扰因素的影响。

红外线被吸收的数量与吸收介质的浓度有关。因此,一般红外线分析器为保证仪表读数与浓度呈线性关系,当被测组分浓度很大时,选用较短的测量气室;浓度低时,测量气室选得长些。测量气室的长度为$0.5\sim500\mathrm{mm}$。

6. 采用微流量检测器的红外分析器

图 5-20 是 ULTRAMAT 6 的光学系统示意图,它是一种采用微流量检测器的双光路红外分析器。

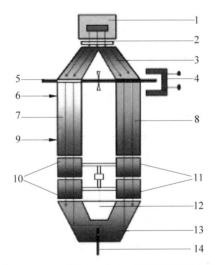

图 5-20　ULTRAMAT 6 光学系统示意图

1—红外光源;2—滤光片;3—光束分离器;4—电动机;5—切光片;6—样气入口;7—测量气室;8—参比气室;
9—样气出口;10—接收气室,左;11—接收气室,右;12—微流量传感器;13—光耦合器;14—光耦合器旋杆

红外光源 1 被加热到约 $700℃$,光源发出的光经过光束分离器 3 被分成两路相等的光束(测量光束和参比光束),红外光源可左右移动以平衡光路系统,分光器同时也起到滤波气室的作用。

参比光束通过充满 N_2 的参比气室 8,然后未经衰减地到达右侧参比接收气室 11。测量光束通过流动着样气的测量气室 7,并根据样气浓度的不同而产生或多或少的衰减后到达左侧接收气室 10。

接收气室被设计成双层结构,内部充填有特定浓度的待测气体组分。光谱吸收波段中间位置的光优先被上层气室吸收,边缘波段的光几乎同样程度地被上层气室和下层气室吸收。上层气室和下层气室通过微流量传感器 12 连接在一起。这种耦合意味着吸收光谱的带宽很窄。光耦合器 13 延长了下层接收气室的光程长度。改变光耦合器旋杆 14 的位置可以改变下层检测气室的红外吸收。因此,最大限度地减少某个干扰组分的影响是可能的。

切光片 5 在分光器和气室之间旋转,交替地、周期性地切断两束光线。如果在测量气室有红外光被吸收,那么就将有一个脉冲气流被微流量传感器 12 转换成一个电信号。微流量传感器中有两个被加热到大约 120℃ 的镍格栅,这两个镍格栅电阻和两个辅助电阻形成惠斯通电桥。脉冲气流反复流经微流量传感器,导致镍格栅电阻阻值发生变化,使电桥产生补偿,该补偿数值取决于被测组分浓度的大小。

7. 取样系统

常压测量时,红外线气体分析器的气样出口是通大气的。取样系统包括气体净化、减压、干燥、去除化学杂质和流量计等。如果样气是高温情况,则还应有冷却装置。

现在不分光红外气体分析器已有采用串联型声光检测器来提高气体的选择性,以取代前端的干扰气体滤光室。这种方法可同时消除光源波动和背景气体干扰,其缺点是测量组件太多,结构复杂,维护困难。密封、干燥、绝缘也是薄膜微音检测器必须注意的问题。

5.3.5 固定分光型红外分析器

采用固体检测器(光电导检测器、热释电检测器)的红外线气体分析器,其光学系统为单光路结构,测量方式属于固定分光型,虽然检出限和灵敏度不如采用气动检测器的双光路仪器,但也有一定的优势和独到之处。

它是空间单光路系统,不存在双光路系统中参比与测量光路因污染等原因造成的光路不平衡问题;也是时间双光路系统,可使相同干扰因素对光学系统的影响相互抵消;通用性强,改变测量组分时,只需更换不同波长通带的干涉滤光片即可;检测器不存在漏气问题,寿命长;结构简单,体积小,价格低廉。

1. 工作原理和结构组成

固体检测器的响应仅与红外辐射能量有关,对红外辐射光谱无选择性。它对待测组分特征吸收波长的选择是靠滤波技术实现的,将空间单光路转变为时间双光路也是靠滤波技术实现的。

普遍采用的两种滤波技术是干涉滤波相关技术(IFC)和气体滤波相关技术(GFC),滤波元件分别是窄带干涉滤光片和滤波气室。仪器的工作原理和结构组成与滤波技术密切相关。

(1)采用干涉滤波相关技术(IFC)的红外分析器。

图 5-21 是一种采用 IFC 技术的红外分析器原理结构图。光源 1 发出的红外光束经滤光片轮 8 加以调制后射向气室。滤光片轮上装有两种干涉滤光片:一种是测量滤光片,其通带中心波长是待测组分的特征吸收波长;另一种是参比滤光片,通带中心波长是各组分都不吸收的波长。两种滤光片间隔设置,当滤光片轮在马达驱动下旋转时,两种滤光片交替进入光路系统,形成时间上分隔的测量、参比两光路。

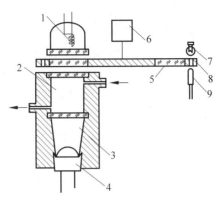

图 5-21　采用 IFC 技术的红外分析器原理结构图

1—光源；2—测量气室；3—接收气室；4—热释电检测元件；5—窄带干涉滤光片；

6—同步电机；7—同步光源；8—滤光片轮；9—光敏三极管

当测量滤光片置于光路时,射向测量气室的红外光被待测组分吸收了一部分,到达检测元件的光强因此而减弱。当参比滤光片置于光路时,射向测量气室的红外光各组分都不吸收,到达检测元件的光强未被削弱。这两种波长的红外光束交替通过测量气室到达检测元件,被转换成与红外光强度(待测组分浓度)相关的交变信号。

接收气室 3 是一个光锥缩孔,其作用是将光路中的红外光全部汇聚到检测元件上。

(2) 采用气体滤波相关(GFC)技术的红外分析器。

图 5-22 是一种采用 GFC 技术的红外分析器原理结构图。滤波气室轮 2 上装有两种滤波气室：一种是分析气室 M,充入氮气；另一种是参比气室 R,充入高浓度的待测组分气体。两种滤波气室间隔设置,当滤波气室轮在马达驱动下旋转时,分析气室和参比气室交替进入光路系统,形成时间上分隔的测量、参比两光路。

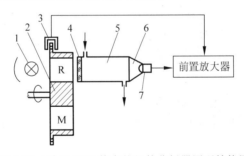

图 5-22　采用 GFC 技术的红外分析器原理结构图

1—光源；2—滤波气室轮；3—同步信号发生器；4—干涉滤光片；5—测量气室；6—接收气室；7—锑化铟检测元件

当分析气室 M 进入光路时,由于 M 中充的是氮气,对红外光不吸收的,光束全部通过,进入光路系统形成测量光路。当参比气室 R 进入光路时,由于 R 中充的是待测组分气体,红外光中的特征吸收波长几乎被完全吸收,其余部分进入光路系统形成参比光路。

光源发出的红外光中能被待测组分吸收的仅仅是一小部分,为了提高仪器的选择性,加入了窄带干涉滤光片 4,其通带中心波长选择在待测组分的特征吸收峰上,只有特征吸收波长附近的一小部分红外光能通过滤光片进入测量气室 5。

从上述可以看出,IFC 和 GFC 都属于差分吸收光谱技术。IFC 是一种波长参比技术,被测组分吸收波长与非吸收波长差减,可以抵消光源老化、晶片或气室污染、电源波动等因素对光强的影响。GFC 属于组分参比技术,被测组分吸收光谱和背景组分吸收光谱差减,可以抵消吸收峰交叉、重叠造成的干扰,当然也可抵消光源老化、晶片和气室污染、电源波动等因素对光强的影响。

采用何种滤波技术进行测量,取决于被测气体的光谱吸收特性和测量范围。一般来说,常量分析或被测气体吸收峰附近没有干扰气体的吸收(非深度干扰)时,可采用 IFC 技术;微量分析或被测气体吸收峰附近存在干扰气体的吸收(深度干扰)时,则需采用 GFC 技术。

2. 西克麦哈克 FINOR 多组分红外分析模块

FINOR 多组分红外分析模块是 S700 系列中的一种模块,图 5-23 是其原理结构图。FINOR 模块采用脉冲光源,革除了切光系统,4 块滤光片平均布置在光路中,没有滤光片轮,检测器中装有 4 个热释电红外检测器,位置与 4 个滤光片一一对应,分别接收 4 个波长的红外光能量,4 个检测元件制作在一个基座上的,温度变化相同,可以互相补偿。

FINOR 可同时测量 3 种组分,其工作原理是:对于每个测量组分,都选择一个测量波长,一个参比波长。在测量波长上,气体有强烈的吸收;在参比波长上,气体没有吸收。3 种被测组分分别使用 3 个测量波长,1 个参比波长是公用的。脉冲光源的发光频率由计算机控制,光源每发出一次红外辐射脉冲,检测器可以同时得到 4 个信号:3 个测量,1 个参比。进行信号采集后由计算机处理得到各气体组分的浓度信号。

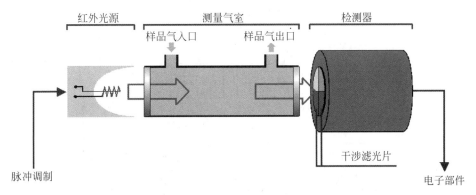

图 5-23　FINOR 模块的原理结构图

FINOR 中没有机械调制部件,结构十分简单,不仅成本低,可靠性也高。由于受光源功率和热惯性的限制,FINOR 的测量量程较宽,测量精度不高,滞后时间也稍长,但能满足大部分过程分析的需要。

主要技术数据如下:

零点漂移:≤最小测量范围的 1.5%/周;

灵敏度漂移:≤1%/周;

线性误差:≤所选量程范围的 1.5%。

3. Teledyne 公司 GFC7000E 超微量红外 CO_2 分析仪

GFC7000E 采用气体滤波相关技术,测量超微量 CO_2 含量,其主要性能指标见表 5-3。

表 5-3　GFC7000E 超微量红外 CO_2 分析仪主要性能指标

测量范围	50ppb~2000ppm(以 1ppb 间隔递增)
测量单位	ppb、ppm、$\mu g/m^3$、mg/m^3、%
测量下限	<0.2ppm
零点漂移(24h)	<0.25ppm
零点漂移(7d)	<0.5ppm
量程漂移(7d)	<0.1%(仪器读数>50ppm 时)
线性误差	1%F.S.
测量精度	0.5%仪器读数
滞后时间	10s
样气流量	800mL/min±10%

GFC7000E 的基本工作原理见图 5-24。在 GFC7000E 中采用了以下技术来保证超微量 CO_2 的测量精度。

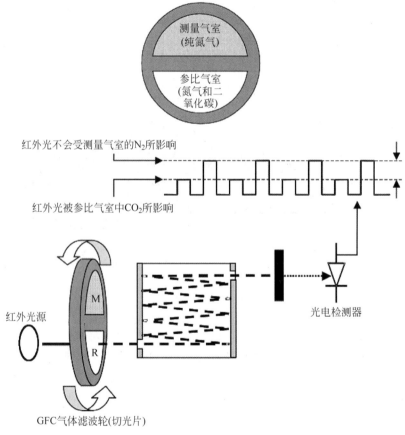

图 5-24　GFC7000E 的基本工作原理

M—测量气室,充纯 N_2；R—参比气室,充 CO_2 和 N_2

（1）采用气体滤波相关(GFC)技术测量 CO_2；

（2）测量气室为多返结构,红外光多次反射,以提高微量组分的吸收；

（3）严格保持被测样气的温度和压力恒定，如图 5-25 所示，测量气室内的样气经临界小孔被样品泵抽出，由于经临界小孔的样气流量恒定，其压力也恒定。

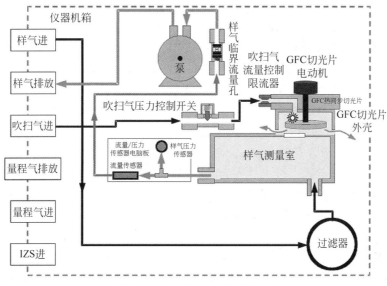

图 5-25　GFC7000E 气路流程

5.3.6　常用数据处理方法

红外气体分析仪经过近一个世纪的发展，在硬件结构上已经比较完善。但要从实验室应用向工业现场应用发展，在复杂的现场条件下仪器单靠硬件难以实现精确稳定测量的目的，所以各种数据处理的新方法应运而生。其中数据融合算法近年来受到人们的普遍关注，特别是在只能采用简单可靠仪器的复杂现场或者在易燃易爆高压环境下，数据融合算法更能体现出其独特的优越性。目前常采用各种新算法来消除诸多非目标因素（环境总压变化、电源波动、温度变化及多组分间干扰）的影响，以解决非线性问题等。

1．小波分析

小波变换在处理信号时具有较好的高频域时间精度和低频域频率精度，故它在数据压缩、模式识别、信噪分离等方面有着广泛应用。比如应用小波变换对多组分气体体系得到的信号进行平滑和消噪，以去除背景干扰，在提高信噪比的同时又不丢失有用信息。小波变换也可用于对红外光谱数据进行压缩表征，然后进行处理，易于实现在线分析。

2．人工神经网络

人工神经网络（ANN）具有很强的处理非线性能力和分类功能，在光谱数据定量分析中应用广泛。对多组分气体测量系统进行拟合标定，可提高系统的预测能力和测量精度。

3．小波网络

小波网络是基于小波分析构造的神经网络。用非线性小波基取代神经网络的激励函数，其信号的表述是通过所选取的小波基进行线性叠加来实现的。通过调节小波基参数和权值，网络在大量压缩数据的同时能很好地恢复红外光谱，并能较准确地反映吸收峰的位置和强度。对经过小波变换压缩后的红外光谱数据进行偏最小二乘法（PLS）校正分析或者作为人工神经网络(ANN)的输入,可以保持原始信息,还能提高 ANN 的训练速度,其预测结果也比直接光谱数据训练的神经网络更精确。

4. 回归分析

回归分析法在光谱仪器多维标定方面应用最为成熟,主要有多元线性回归分析方法(MLR)、主元素分析法(PCA)、主元素回归法(PCR),偏最小二乘法(PLS)是在以上几种方法基础上发展起来的一种多元非线性迭代回归方法。MLR 算法简单且易于理解,MLR 是矩阵分析法,可对谱峰严重重叠的体系进行多元校正,预测能力强,并具有一定消除非线性的能力,比较适合同时测定成批样品的多种组分。当测量点少时,MLR 相当有效,但测量波长点多时,MLR 就有些困难。PLS 除具有上述优点外,同时还克服了 MLR 的缺点,在红外光谱仪中采用 PLS 最为有效。

5. 遗传算法

遗传算法适用于红外光谱快速分析中对波长变量进行筛选,用最小二乘法建立的分析校正模型有所简化,增强了所建模型的预测能力,适用于信息弱、单纯 PLS 较难关联校正的体系。

6. 数据挖掘

红外光谱与分子结构的对应关系是通过比较大量已知化合物的红外光谱,从中总结出各种基团的吸收规律,由此完成对物质的定性识别。这种判别有时不太准确,所以通常需要其他经验配合识别。而数据挖掘的目的是利用计算机对大量实际光谱总结规律,找出光谱图库中所有的关联规则。

7. 卡尔曼滤波等各种数字滤波算法

这些算法在光谱数据的平滑与滤噪,特别是在消除与信号同频或者倍频噪声方面比硬件更具有灵活性。多数气体分析仪在提取信号时利用锁相放大,提高了信噪比,但是对于同频干扰却无能为力。采用软件滤波算法消除噪声显示了其独特的优越性。

5.3.7　测量误差分析

1. 背景气中干扰组分造成的测量误差

在红外线气体分析器中,所谓干扰组分是指与待测组分的特征吸收带有交叉或重叠的其他组分,如图 5-26 所示。

从图 5-26 中可以看出,有些组分的吸收带相互交叉,存在交叉干扰,其中以 CO、CO_2 最为典型,给 CO 或 CO_2 的测量带来困难。从图 5-26 中还可看出,有些组分的吸收带相互重叠,存在着重叠干扰,其中以 H_2O 最为突出。水分在 $1\sim9\mu m$ 波长内几乎有连续的吸收带,其吸收带和许多组分的吸收波带重叠在一起。

为消除或减小干扰组分对测量的影响,通常采用以下处理方法:

(1) 在样品处理环节通过物理或化学方法除去或减少干扰组分,以消除或降低其影响,例如,通过冷凝除水,降低样气中水分的浓度(露点)。

(2) 如果干扰组分和水蒸气的浓度是不变的,可以用软件直接扣除其影响量。例如,采用带温控系统的冷却器降温除水是一种较好的方法,可将气样温度降至 $5℃\pm0.1℃$,保持气样中水分含量恒定在 0.85% 左右,使它对待测组分产生的干扰恒定,造成的附加误差是恒定值,可从测量结果中扣除。

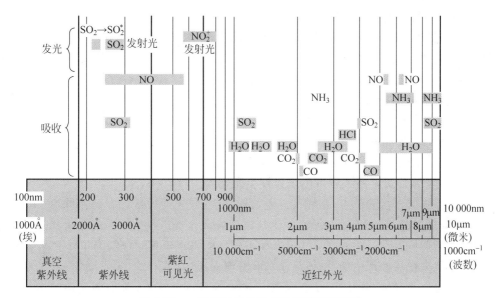

图 5-26 一些烟气组分的主要光谱吸收波带

（3）如果干扰组分的浓度不确定和随机变化，可采取滤波措施，设置滤波气室或干涉滤光片。例如，CO、CO_2 吸收峰相互交叉，给 CO 的测量带来干扰。可在光路中加装 CO_2 滤波气室，使 CO_2 吸收波带的光在进入测量气室之前就被吸收掉，而只让 CO 吸收波带的光通过。

也可加装窄带干涉滤光片，其通带比 CO 的吸收峰狭窄得多，红外光中能通过干涉滤光片的只有 CO 特征吸收波长 4.65μm 附近很窄的一段，干扰组分 CO_2 无法吸收这部分能量，故避开了干扰。

再如，石油裂解气乙烯（C_2H_4）受甲烷（CH_4）的干扰严重，40%～60% 的甲烷对 0～40% 乙烯的干扰误差高达 86%F.S.，因为甲烷吸收波长 3.3μm、7.6μm，与乙烯吸收波长 3.3μm、7.2μm 有重叠和交叉。其抗干扰措施如下：增加过滤气室，干扰误差可降至 6.0%F.S.；如用窄带干涉滤光片，干扰误差可降至 1.9%F.S.；滤波气室和窄带干涉滤光片联用，干扰误差可进一步降低至 0.63%F.S.。这两种滤波手段均有助于提高仪器的选择性，但均会给仪器的灵敏度带来不利影响。

（4）采用多组分气体分析器，同时测量多种气体组分，通过计算消除不同组分之间的交叉干扰和重叠干扰。例如，西克麦哈克公司的 S700、MCS100 型多组分红外分析器就具有这种自动校正功能。在烟气排放连续监测系统（CEMS）中，测量 SO_2、NO 的红外分析仪增加了 H_2O 的测量功能，用 H_2O 的测量值对 SO_2、NO 的测量值进行动态校正。

（5）改变标准气的组成来修正干扰误差。例如，CEMS 系统分析 SO_2 会受到 CO_2 的干扰，常规 SO_2 红外分析器在 12% CO_2 时的干扰误差可能达到 −500ppm SO_2 左右，环境监测处于低 SO_2 情况时，有可能出现显示负值的不正常现象，改变标准气的组成可以一试：原用零点气 99.99% N_2，改用零点气 12% CO_2/N_2；原用量程气 2000ppm SO_2/N_2，改用量程气（2000ppm SO_2 + 12% CO_2）/N_2，校准分析器的操作步骤不变。当样气中 CO_2 含量正好是典型值 12% CO_2 时，干扰误差为零。

2. 样品处理过程可能造成的测量误差

红外线气体分析器的样品处理系统承担着除尘、除水和温度、压力、流量调节等任务,处理后应使样品满足仪器长期稳定运行要求。除应保证送入分析仪的样品温度、压力、流量恒定和无尘外,特别应注意的是样品的除水问题。

当样气含水量较大时,主要危害有以下几点:

(1) 样气中存在的水分会吸收红外辐射,从而给测量造成干扰;

(2) 当水分冷凝在晶片上时,会产生较大的测量误差;

(3) 水分存在会增强样气中腐蚀性组分的腐蚀作用;

(4) 样气除水后可能造成样气的组成发生变化。

为了降低样气含水的危害,在样气进入仪器之前,应先通过冷却器降温除水(最好降至5℃以下),降低其露点,然后伴热保温,使其温度升高至40℃左右,送入分析器进行分析。由于红外分析器恒温在45~60℃工作,远高于样气的露点温度,样气中的水分就不会冷凝析出了。这就是样品处理中的"降温除水"和"升温保湿"。

在采用冷却器降温除水时,某些易溶于水的组分可能损失,例如烟气中的 SO_2、NO、CO_2 等会部分溶解于冷凝液中。样品处理系统的设计应尽可能避免此种情况,包括迅速将冷凝液从气流中分离出来,尽可能减少冷凝液与干燥后样气的接触时间和面积等。根治这一问题的办法是采用 Nafion 管干燥器,其优点是: Nafion 管没有冷凝液出现,根本不存在被测组分流失的问题,样气露点可降低至0℃以下甚至-20℃。

有时也采用干燥剂(如硅胶、分子筛、氯化钙或无氧化二磷等)对低湿样品进行处理,但应慎用,因为各种干燥剂往往同时吸附其他组分,吸附量又易受环境温度、压力变化的影响,弄得不好反而会增大附加误差。这种方法仅适用于要求不高的常量分析,在微量分析或重要的分析场合,均应采用带温控器的冷却器降温除水。

高温型红外气体分析器(如西克麦哈克的 MCS100)、傅里叶变换红外光谱仪(FTIR)采用热湿法测量,为解决高含水样品的测量提供了新的途径和手段,可从根本上解决样气含水造成的各种麻烦。

3. 标准气体造成的测量误差

在线分析仪器的技术指标和测量准确度受标准气制约。如果校准用的标准气体纯度或准确度不够,会对测量造成影响,尤其是对微量分析。

(1) 使用标准气体注意事项:

① 不可使用不合格的或已经失效的标准气,标准气的有效期仅为1年。

② 标准气体的组成应与被测样品相同或相近,含量最好与被测样品含量相近,以尽量减少由于线性度不良而引起的测量误差。

③ 安装气瓶减压阀时,应微开气瓶角阀,用标气吹扫连接部,同时安装。其作用是置换连接部死体积中的空气,以免混入气瓶污染标气。

④ 输气管路系统要具有很好的气密性,防止环境气体漏入污染标准气体。

(2) CO_2、CO 微量分析中出现的读数为负值问题。

合成氨生产采用红外分析器测量新鲜气中微量 CO_2、CO 的含量,实际使用中有时出现读数为负值的情况,其原因往往是由于零点气不纯造成的。

红外分析器的零点气一般采用99.999%的高纯氮气,其中尚有10ppm的杂质,如果这

10ppm 中有 2ppm 的 CO_2,当新鲜气中的 CO_2 比零点气中的含量还低,低至 1ppm 时仪器就会出现 $-1ppm$ 的示值。

目前,大气中的 CO_2 含量约为 350ppm,工业生产环境中的 CO_2 含量会更高一些,加之标气配制和使用过程中的各种影响因素,如气瓶清洗不彻底、标气充装、气路置换操作不当等原因,高纯氮中含有微量 CO_2 不足为奇,甚至有可能混入微量 CO。

清除高纯氮气中微量 CO_2、CO 的方法是在零点气通路中增设"吸收、吸附"环节,用碱石灰吸收 CO_2,用霍加拉特吸附并氧化 CO。

4. 电源频率变化造成的测量误差

不同型号的红外线气体分析器切光频率是不一样的。它们都由同步电机经齿轮减速后带动切光片转动。一旦电源频率发生变化,同步电机带动的切光片转动频率亦发生变化,切光频率降低时,红外辐射光传至检测器后有利于热能的吸收和仪器灵敏度的提高,但响应时间减慢。切光频率增高时,响应时间增快,但仪器灵敏度下降。仪器运行时,供电频率一旦超过仪器规定的范围,灵敏度将发生较大变化,使输出示值偏离正常示值。

对于一个 50Hz 的电源,其频率变化误差要求保持在 ±1% 以内,即 ±0.5Hz 以内。如果频率的变化达到 ±0.8Hz 时,由其产生的调制频率变化误差将达到 ±1.6%,根据计算,此时检测部件的热时间常数会发生 ±0.04% 以上的变化,由此造成的测量误差可能达到 ±1.25%～±2.5%。

检测信号经阻抗变换后需进行选频放大。不同仪器的切光调制频率不同,选频特性曲线亦不同。一旦电源频率变化,信号的调制频率偏离选频特性曲线,也会使输出示值严重偏离。因此,红外分析器的供电电源应频率稳定,波动不能超过 ±0.5Hz,波形不能有畸变。

5. 温度变化造成的影响

温度对红外分析器的影响体现在两个方面:一是被测气体温度对测量的影响;二是环境温度对测量的影响。

被测气体温度越高,则密度越低,气体对红外能量的吸收率也越低,进而所测气体浓度就越低。红外分析器的恒温控制可有效控制此项影响误差。红外分析器内部设有温控装置及超温保护电路,恒温温度的设定值处在 45～60℃,视不同厂家的设计而异。

环境温度对光学部件(红外光源,红外检测器)和电气模拟通道都有影响。通过较高温度的恒温控制,选用低温漂元件和软件补偿可以消除环境温度对测量的影响。根据经验,在工业现场应将红外分析器安装在分析小屋内,冬季蒸汽供暖,夏季空调降温,室内温度一般控制在 10～30℃。不宜将红外分析器安装在现场露天机柜内,因为这种安装方式无论是冬季保暖还是夏季降温均难以解决,夏季阳光照射往往造成超温跳闸。

日常运行时,若无必要不要轻易打开分析器箱门,一旦恒温区域被破坏,需较长时间才能恢复。

6. 大气压力变化造成的影响

大气压力即使在同一个地区、同一天内也是有变化的。若天气骤变时,变化的幅度较大。大气压力变化 ±1% 时,其影响误差约为 ±1.3%(不同原理的仪器有所差别)。对于分析后气样就地放空的分析器,大气压力的这种变化直接影响分析气室中气样的压力,从而改变了气样的密度及对红外能量的吸收率,造成附加误差。

对一些微量分析或测量精确度要求较高的仪器,可增设大气压力补偿装置,以便消除或降低这种影响。对于高浓度分析(如测量范围 90%~100%),必须配置大气压力补偿装置。红外线分析器的压力补偿技术有可能将压力变化的影响误差降低一个数量级。例如,高浓度分析的测量误差为 ±1% F.S.,进行压力补偿后,测量误差可降至 ±(0.1%~0.2%) F.S.。

对于分析后气样排火炬放空或返工艺回收的分析器,排放管线中的压力波动,会影响测量气室中气样的压力,造成附加误差。此时可采取以下措施:

(1) 将气样引至容积较大的集气管或储气罐缓冲,以稳定排放压力。

(2) 外排管线设置止逆阀(单向阀),阻止火炬系统或气样回收装置压力波动对测量气室的影响。

(3) 最好是在气样排放口设置背压调节阀(阀前压力调节阀),稳定测量气室压力。

7. 样品流速变化造成的影响

样品流速和压力紧密关联,样品处理系统由于堵塞、带液或压力调节系统工作不正常,会造成气样流速不稳定,使气样压力发生变化,进而影响测量。一些精度较差的仪器,当流速变化 20% 时,仪表示值变化超过 5%,对精度较高的仪器,影响则更大。

为了减少流速波动造成的测量误差,取样点应选择在压力波动较小的地方,预处理系统要能在较大的压力波动条件下正常工作,并能长期稳定运行。

气样的放空管道不能安装在有背压、风口或易受扰动的环境中,放空管道最低点应设置排水阀。若条件允许,气室出口可设置背压调节阀或性能稳定的气阻阀,提高气室背压,减少流速变动对测量的影响。

日常维护中应定期检查气室放空流速,一旦发现异常,应找出原因加以排除。

5.3.8　目前存在的问题

红外气体分析器目前存在以下几个问题:

1. 精确定标

高纯度氮气和高纯度待测气体的制取、存放、注入、均匀等一系列环节,任何一个环节的误差均会导致结果的严重误差,这是软件也解决不了的问题。因此需要精确定标。

2. 缺乏整体的数学模型研究

由于红外气体分析仪器是一个典型的光、机、电、计算机一体化系统,涉及环节较多,目前还没有开展从"电源—光源—光学器件—气室吸收—电信号"整体的数学模型研究,进而可以综合考虑各个环节误差,以提高整体系统性能。

3. 不能满足个性需求

从国内现有的红外分析器来看,厂家还不能满足单件小批量不同行业个性化需求。从国外高价进口的新型 CEMS 连续排放系统的在线监测仪器,因安装尺寸或应用场合条件特殊而不能投运。真正急需气体分析的用户找不到适合自己工作领域的红外分析仪,以致科研单位或用户自己从朗伯-比尔定律开始进行低水平的重复研究,产品的技术含量相对于国外低,还停留在产品改造和进口产品消化上。目前国内还没有一个气体分析仪器厂家能形成适合自己生产能力的红外气体分析专家设计系统,以满足不同用户要求。

5.3.9　红外气体分析器发展方向

实验室的高精度红外气体分析仪需要采用新工艺、吸收新技术以实现现场在线连续监测,使仪器能够进行快速监测,无须样品预处理,分辨率高,可用于高温高压有强磁场场合和易燃易爆场合。

分光型和不分光型仪器在各种组件上能灵活搭配,以构成各种新式分析仪器。

能够实现多组分多路监测。滤光片阵列结合 CCD 阵列、热释电阵列、微结构阵列等新型探测器的研究是实现多组分多路监测的关键。

红外气体分析器将向小型化、专用化、操作简单化发展,将会出现个人分析仪器。

红外分析器与互联网结合将是一种新的研究模式。计算机技术的发展,虚拟仪器技术的应用,使红外分析器将向网络化、智能化、自动化、专家系统方向发展。

为了进一步适应用户需求,红外分析器各部件单元趋向模块化。光源模块、气室、相关轮、探测器等各自形成标准化系列单元,以满足不同用户的需求。

5.4　可见光分光光度计

在线分光光度计是在工业流程上利用物质对可见光的吸收特性进行成分分析的仪器。它是专门用来对液体试样进行定量分析,其测量原理是基于朗伯-比尔定律。它可以根据不同的试样选择最合适的波长进行分析,因而比那些固定波长的光电比色仪要优越。但波长选定后,它的分析操作就是光电比色。

光电比色是最成熟的分析方法,它是化验室分析经常采用的方法。这种方法不仅可用于液体试样分析,还可用于气体试样分析。光电比色法应用于工业流程上进行过程成分分析,从 20 世纪 50 年代就已开始。20 世纪 70 年代以来我国也有这类在线分析仪器生产,如硅酸根自动分析仪、磷酸根自动分析仪、铜离子分析器等。

分光光度计是产生和利用单色光照射样品,并测量单色光透过透明样品前、后的入射光及透射光能量的仪器,是分光仪和光度计的组合。世界上的分析工作量有 20%～30% 是用分光光度计完成的。利用分光光度计进行定性和定量分析工作,具有分析精度高、测量范围广、分析速度快、不改变试样的物理-化学特征等优点,使其在质量控制、农业、医疗卫生、环境监控、化学分析等部门得到了广泛的应用。

5.4.1　可见光分光光度计工作原理

溶液中的物质在光的照射激发下,产生对光吸收的效应,这种吸收是有选择性的。各种不同的物质都有各自的吸收光谱,因此当某单色光通过溶液时,其能量就会被吸收而减弱,光能量减弱的程度和物质的浓度有一定的比例关系,即符合朗伯-比尔定律。

当入射光、吸收系数和溶液的光程长不变时,透过光是根据溶液的浓度而变化的,可见光分光光度计的基本原理都是根据上述物理光学现象而设计的。

在可见光区,除某些物质对光有吸收外,很多物质本身并没吸收,但可在一定条件下加入显色试剂或经过处理使其显色后再测定,故又称比色分析。

5.4.2　可见光分光光度计的结构

1. 单光束

单光束简单,价廉,适于在给定波长处测量吸光度或透光度,一般不能作全波段光谱扫描,要求光源和检测器具有很高的稳定性。

2. 双光束

双光束自动记录,快速全波段扫描。可消除光源不稳定、检测器灵敏度变化等因素的影响,特别适合结构分析。仪器复杂,价格较高。

3. 双波长

双波长将不同波长的两束单色光(λ_1、λ_2)快速交替通过同一吸收池后到达检测器,产生交流信号,无须参比池。两波长同时扫描即可获得导数光谱。

722型可见光分光光度计一般由光源、单色器、比色皿(试样室)、光电接收器、电气处理电路等部件组成。其结构框图如图5-27所示,是单光束结构。

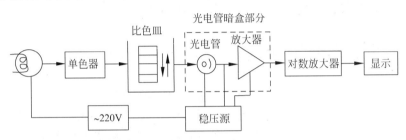

图 5-27　722 型可见光分光光度计结构示意图

5.4.3　可见光分光光度计的检测系统

可见光分光光度计的检测系统,由自动取样、试样处理装置和光度计组成,如图5-28所示。它是一个间歇式工作的在线分析仪器。首先由自动采样过滤器把试样从生产工艺流程中取出,并进行过滤、定容和稀释等预处理工作,然后放入反应池,同时把着色用的各种试剂也放入反应池。例如,测量溶液中全铁(即 Fe^{3+} 与 Fe^{2+} 之和)的含量,要用过氧化氢和硝酸作氧化剂把 Fe^{2+} 氧化为 Fe^{3+},然后用硫氰酸铵作着色剂,使溶液显红色。试样、稀释水和试剂的定容都采用有溢流口的定容瓶,其操作都采用防腐蚀的电磁阀。图中阀门都采用电磁阀,反应池一般由玻璃制成。反应池里放一个由铁磁性物质制成的搅拌棒,棒外面包一层防腐蚀的塑料薄膜。反应池下边放置一个由电动机带动的永久磁铁,当电动机转动时永久磁铁吸引搅拌棒旋转而进行搅拌。这就是电磁搅拌器。试样和各种试剂在反应池里反应着色后,放入比色皿中就可进行比色测量。

光电比色装置可采用可见光分光光度计,主要包括光源、单色光器、比色皿和检测器四部分。

(1) 光源:可见分光光度法是以钨灯作光源。钨灯可发出波长320~3200nm的连续光谱,最适宜的波长范围为360~1000nm。灯电源都要经过稳压以保证光强恒定。

(2) 单色光器:单色光器由棱镜或光栅、狭缝和准直镜等部分组成。光源发出的光,经入光狭缝由凹面准直镜成平行光线反射后进入棱镜色散,色散后的光回到准直镜,经准直镜聚焦在出光狭缝。转动棱镜便可在出光狭缝得到所需波长的单色光。狭缝宽度应适中,狭缝太宽,单色光纯度差;太窄,则光通量过小,影响测定灵敏度。也可用滤光片,但通用的在线分光光度计还是用色散元件(比如棱镜)比较方便,这样可以任意选择合适的波长进行测量。

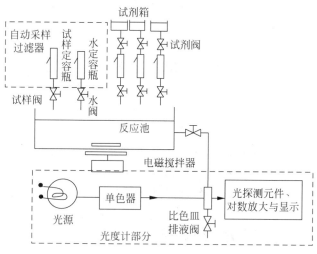

图 5-28　过程分光光度仪检测系统示意图

（3）比色皿：分光光度计中用来盛放溶液的容器称为比色皿。在测定中同时配套使用的比色皿应相互匹配，即有相同的厚度和相同的透光性。比色皿是光电比色装置的核心部件。图 5-28 所示的比色皿是间歇式工作的，即试样与各种试剂在试样池里反应后，开启电磁阀把试样放入比色皿中进行比色，结束后开启电磁阀将试样排出。然后开启有关的电磁阀用水清洗反应池和比色皿，准备下次再用。

（4）检测器：可见分光光度计中的检测器一般用光电管，它是用一个阳极和一个对光敏感材料制成的阴极所组成的真空二极管，当光照射到阴极时，表面金属发射电子，流向电势较高的阳极而产生电流。也有采用光电池作检测器的。

为了保证测量精度和加快反应时间，有时对比色皿要采取恒温措施。

5.4.4　可见光分光光度计性能指标

目前可见光光度计已发展成为紫外-可见分光光度计，包括紫外和可见光两种光源，波长范围扩大到紫外区域，使得检测范围大大扩展，可广泛用于无机物、有机物的定性、定量分析，在科研、制药、化工、环保、卫生、防疫等领域中发挥重要的作用。紫外-可见分光光度计相对于可见分光光度计来说，性能高，同时价格也是后者的 2 倍，选择光度计需要根据研究对象的性质和仪器的性能指标来决定。

影响分光光度计使用的几个重要指标如下：

1. 光度准确度

光度准确度指实际测量的光度读数值与真值之差。它是用户对仪器的直接要求，每个用户都必须重视。

2. 杂散光

杂散光指不应该有光的地方有了光。它是光谱测量中误差的主要来源。

3. 光谱带宽

光谱带宽指从单色器射出的单色光谱线强度轮廓曲线的 1/2 高度处的谱带宽度，表征仪器的光谱分辨率。按照比尔定律，光谱带宽应该是越小越好的，但是如果仪器的光源能量弱,光学传感器的灵敏度低时,光谱带宽小了,也得不到理想的测量结果。所以,选择和使用仪器时一定要注意。

4. 稳定性

稳定性是使用者最关注的指标之一。仪器的宗旨就是稳定可靠,不稳定就谈不上可靠。

5. 噪声

噪声也是仪器的重要指标之一。这个指标也是越小越好。

6. 波长的准确度和重复性

仪器的每个值都是在一定的波长下测得的,可见这个指标的重要性。

这几个指标都是相互独立又相互关联的,每个指标对仪器的使用都有很大影响。在选择分光光度计时,应多做比较,多做判断,切实找到一个稳定可靠的好帮手。

5.5　光学式在线分析仪器

光学式在线分析仪器主要包括红外线气体分析仪、在线分光光度计等。工业生产流程中常用的红外气体分析器是非分光的,也有部分是分光的,如傅里叶红外光谱仪。它主要有直读式和补偿式红外线气体分析器两种。

在线分光光度计一般是间歇式工作的。首先由自动采样过滤器把试样从生产工艺流程中取出,并进行过滤、定容和稀释等预处理工作,然后进入反应池。同时把显色用的各种试样也放入反应池。这类仪器主要用于石油化工、冶金、纺织及其他工业部门的生产过程中连续地自动分析各种液体物料成分的含量。

5.5.1　红外分析仪器

ULTRAMAT 6 系列分析仪先进的电子元件、易操作性和可适用于各种测量任务的物理元件,使它具有高可靠性和测量质量,满足各种应用需求,是常用的分析仪表。

ULTRAMAT 6 型单通道或双通道红外气体分析仪,采用交变 NDIR 双光束测量原理,具有高度的选择性,测量那些红外吸收波段在 $2 \sim$ $9\mu m$ 内的气体,例如 CO,CO_2,NO,SO_2,NH_3,H_2O, CH_4 以及其他碳氢化合物。单通道分析仪最多可测量 2 个气体组分,而双通道分析仪则最多可同时测量 4 个气体组分,如图 5-29 所示。

图 5-29　OXYMAT 6 系列氧分析仪

ULTRAMAT 6 主要技术指标:

(1) 最小量程:由实际应用决定,例如:

CO:$0 \sim 10$ppm。

CO_2:$0 \sim 5$ppm。

(2) 零点校正:在 $0 \sim 100$vol%任何一点均可设为零点。

　　最小测量跨度 20%。

(3) 零点漂移:<当前测量量程的 1%/周。

(4) 测量值漂移:<当前测量量程的 1%/周。

(5) 重复性:≤当前测量量程的 1%/周。

（6）输出信号：0/2/4～20mA。

应用在燃烧装置中锅炉控制，烟气排放的污染物测量，汽车工业（发动机性能测试系统），焚化装置排放监测，化工厂中的工艺气体浓度测量，高纯气体的品质检验，工作场所TLV值监测，质量监测，防爆机型用于危险区域分析易燃和非易燃气体。

5.5.2　分光光度计

MCS100UV-VIS-N-IR 是用于气体和液体的多组分过程光度计。在腐蚀性和有毒气体或液体的过程控制中，用很坚固的单光束过程光度计装备的 MCS100 引领着 UV，VIS，（N）IR 光谱范围的过程测量。它还能够消除干扰变量的影响。样品池的范围从 0.1mm 高压液体池到紧凑的 20m 高温长光路气体池，如图 5-30 所示。

应用于有问题的高温、高压的气体和液体组分的过程控制。适合用于爆炸性气氛（可选）。技术数据如下。

测量组分：UV/VIS/（N）IR 吸收的气体和液体；例如：Cl_2，SO_2，CO_2，NH_3，H_2O，C_2H_4，$C_2H_4Cl_2$，$COCl_2$，CH_3SH，H_2S，HCl 等。

图 5-30　MCS100UV-VIS-N-IR 光度计

组分数：最多 8 个。

测量范围：ppm 到 vol%，取决于应用及工作范围，可使用双量程。

测量原理：光度计，双波长和气体滤波相关。

环境温度：0～40℃。

保护类别：IP65，可根据用户定制。

样品点数：最多 8 个。

接口：RS-232（V24）。

测量值输出：24×0/4～20mA。

状态/控制信号：通过数字输入和输出。

测试功能：自动控制零点和量程测试。

注意：很坚固的单光束光度计用于 UV/VIS/（N）IR 光谱范围的过程分析，可以进行干扰校正。

综上所述，光学式在线分析仪器可用于气体和液体分析。与前两章所述的在线分析仪器不同，光学式在线分析仪器不再是只由检测器和相应的电路组成，而是由光源、色散元件、试样池和光的探测元件等几部分组成，结构较复杂，通过物质的光谱特性对物质进行定性定量分析。强大的数据处理功能和智能化的设计，使得光学式在线分析仪器广泛应用于化工、石油、矿山、冶金、医疗卫生、环境保护等行业。

5.6　垃圾焚烧烟气排放连续监测

垃圾焚烧排放气体组成包括 CO_2、CO、SO_2、NO、NO_2、HCl、HF、NH_3、H_2O、O_2 等。由于排放气体中含有大量水分，如果冷却后再进行测量，CO_2、SO_2、HCl、HF、NH_3 等组分会溶于凝结水并和水一起排放掉，测量的误差很大，使测量结果失去意义。此外，HCl、HF

溶于水形成强酸对样品系统的腐蚀性很强,设备难以长期运行。采用高温测量技术则可解决上述问题。

西克麦哈克公司提供的垃圾焚烧烟气排放连续监测系统包括 MCS100E 高温型分析仪器和 MCS100HW 高温型取样系统。

1. MCS100E 的系统构成

西克麦哈克公司的 MCS100E 是一种采用热释电检测器的红外分析器,可在高温下进行分析,最多能测量 8 种气体组分。它由光学检测单元和显示控制单元两个主要部分组成,如图 5-31 所示。

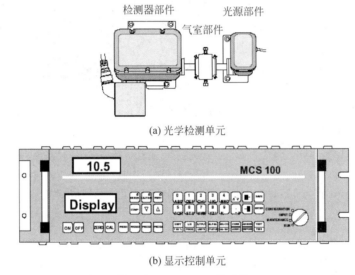

(a) 光学检测单元

(b) 显示控制单元

图 5-31　MCS100E 的系统

光学检测单元由光源、气室和检测器部件构成。光源部件包括红外光源和调制切光片,红外光源采用碳化硅加热棒,发射波长范围 $2 \sim 14.5\mu m$。气室部件由密封的窗口、气室本体和恒温加热器组成,工作温度可以长期保持在 180℃,气室本体采用多返结构,使红外光多次反射,以增长测量光程,提高微量组分的吸收。检测器部件由滤光片轮、滤波气室轮、热释电检测器、前置放大器组成,对热释电检测器采取制冷措施,使其在低温下工作,以克服温度漂移和热噪声的影响。光源、气室和检测三者之间用法兰连接,法兰连接处采取适当隔热措施,使气室的高温不会直接传递给光源部件和检测器部件。

(1) MCS100E 的工作原理。

MCS100E 的光学系统为单光路结构,它有两个滤波轮,一个滤波轮可以安装 8 块干涉滤光片,另一个滤波轮可以安装 8 个滤波气室,见图 5-32。其工作原理基于干涉滤光相关技术(IFC)、气体滤波相关技术(GFC)和时间双光路测量技术,以实现多种组分的分析。光源发出的红外光束经切光片调制后进入气室,从气室出来后,通过滤光片轮和滤波气室轮,到达检测器。两个滤波轮的动作由微机控制,对于某些气体组分,采用 IFC 技术测量;对于另一些气体组分,采用 GFC 技术测量。检测器接收到的一系列信号,通过微机确定的程序加以处理,计算出各组分的浓度。每一个组分的测量信号和参比信号通过 A/D 转换变成数字量,对它们的商取对数可得到该组分的吸收值(吸光值、消光值)。同样,对干扰组分的商取对数,可得到干扰组分的吸收值。为了消除干扰组分的吸收所带来的误差,最多可以选择 4 个干扰组分进行修正。

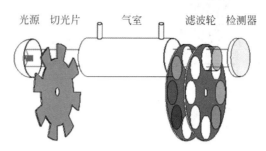

图 5-32　MCS100E 光学系统结构示意图

MCS100 的信号处理过程见图 5-33。有两种数学模型用于消除干扰的运算:加法和乘法。为了消除干扰组分在同一波带上的吸收所带来的测量误差,可采用加法运算,以补偿干扰组分吸收造成的测量损失。例如,CO 对 CO_2 测量的干扰,H_2O 对 SO_2 测量的干扰等,均可用加法运算加以补偿。这种干扰通常称为交叉干扰,即干扰组分和测量组分的吸收波带相互交叉,对红外辐射的吸收是二者吸收之和,测得的(透射)光强由于干扰组分的吸收受到损失,需要采用加法运算补偿这部分损失。

为了消除干扰组分在被测样品中的存在带来的测量误差,可采用乘法运算。例如,高温烟气中含有大量水分,为了消除高湿样品及其湿度变化对测量结果造成的影响和干扰,需进行背景气组成校正,将被测组分在湿气中的浓度转换成干气中的浓度,由于干基测量值和湿基测量值之间呈倍数关系,所以采用乘法运算。

运算后的吸收值与气体浓度有一个对应的函数关系,一般是非线性的。利用标准气体进行校准,将校准结果输入计算机,经处理后可得到一个反函数的校正曲线,利用校正曲线提供的校正因子对测量结果进行修正,使输出信号与气体浓度呈线性关系。最终测量结果用数字显示,同时以 $4{\sim}20mA$ 模拟信号或数字信号输出。

采用何种测量技术,如何选择滤波波长,取决于被测气体的光谱吸收特性和测量范围。以高温烟气分析为例,烟气中 CO_2 和 H_2O 的测量都采用 IFC 技术,CO_2 的浓度很高,选择最大吸收峰进行测量,非线性会很严重,线性校准很困难,选择弱的吸收峰,可以取得较好效果;H_2O 的吸收峰分布很广,与许多气体的吸收带交叉,会形成干扰,因此选择吸收峰的原则是避开干扰区。而烟气中 CO 和 HCl 的测量则必须采用 GFC 技术,因为它们的测量范围窄,并且在吸收峰附近有干扰气体的吸收。

(2) MCS100E 的主要技术指标。

典型测量组分:NH_3,HCl,H_2O,SO_2,CO,NO,NO_2,N_2O,CO_2,O_2。

测量组分数量:最多 8 个 O_2。

检测限:$<2\%$特殊测量范围。

零点漂移:$<1\%$/月。

灵敏度漂移:$<\pm2\%$/月。

样气温度:100℃或 185℃,最高 200℃。

气体流量:$200{\sim}600L/h$。

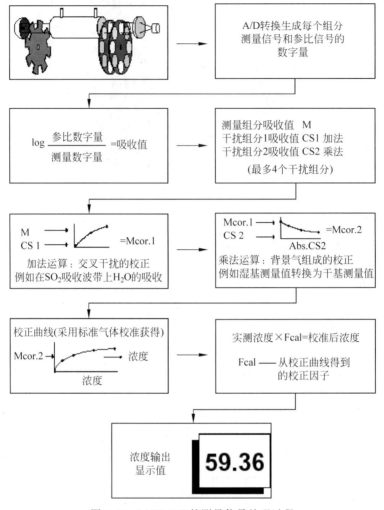

图 5-33　MCS100E 的测量信号处理过程

2. 高温取样系统

MCS100HW 高温型取样系统包括带加热过滤器的高温取样探头、高温条件下运行的测量/反吹/校准阀组和伴热取样管线,如图 5-34 所示。图中机箱内装有高温测量系统,包括高温型多组分红外分析器 MCS100E、高温取样泵、高温流量计和伴热样品管线。如果需要同时测量氧的浓度,可增加一个氧化锆探头(置于 750℃的旁路高温气室中)。

上述结构设计保证了所有与样气接触的部件温度均高于烟气的酸露点,不会被烟气腐蚀。取样过程中除将粉尘滤除外,样品组成保持不变,特别是没有水分损失。这样,不仅可在需要时进行气态水分的测量,同时避免了除湿脱水造成的测量误差和设备腐蚀。

图中的取样/反吹/校准电磁阀和加热过滤器一样处于高温状态,以防反吹气或校准气进入测量回路时引起降温,造成冷凝,带来误差。从使用经验知道,即使采用 PDFE 材料的气路,在样气流量较小时管壁对 HCl、HF、NH_3 仍有吸附,为了降低吸附效应造成的测量误差,可适当加大样气流量,对于吸附特别严重的 NH_3,系统中还增加了一个专门的校准入口,以减少校验的时间。

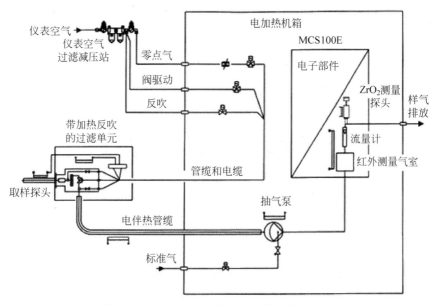

图 5-34　MCS100HW 高温型取样系统气路图

　　MCS100HW 系统具有各种自动控制功能：取样过滤器的自动反吹，多路样气和标准气的自动切换，加热温度和气体流量的自动控制，系统的自动保护等。MCS100HW 中采用具有流量控制功能的电子流量计，以保持进入测量气室的样气流量稳定，其流量设定为 10L/min，为保证流量控制精度，抽气泵选大流量的泵，空载流量为 27L/min。

思考题

5-1　简述光学式检测器的基本出发点。

5-2　简述朗伯定律和比尔定律。

5-3　简述光学检测系统主要元件。

5-4　简述红外线气体分析检测器原理。

5-5　简述红外线气体分析仪器的分类，每种仪器的特点。

5-6　简述红外线气体分析仪的应用。

5-7　简述分光光度计的工作原理及应用。

第 **6** 章

色谱和质谱检测系统

色谱法是一种多组分混合物分离的物理方法,它的最大特点是能快速地将一个复杂的混合物分离为各个相关的组分。在线气相色谱仪利用气相色谱法的先分离、再检测的原理进行工作,并通过自动进样实现仪器的在线分析。它是一种大型精密分析仪器,具有选择性好、灵敏度高、分析对象广、多组分分析等优点,广泛应用于石油、化工、冶金、环保、医药、食品、生化等行业科研和生产中。

色谱法种类较多,石化产品分析常用的主要是其中的气相色谱法、高效液相色谱法和薄层色谱法。气相色谱-质谱(GC-MS)、气相色谱-液相色谱(GC-LC)、液相色谱-质谱(LC-MS)等联用技术是对复杂化合物进行高效定性定量分析的工具,更适用于药物研究、蛋白质组学和代谢组学研究、食品安全、法医鉴定、毒理学和环境筛查等应用领域。

6.1 气相色谱检测系统

最初色谱是一种分离技术,它是 1906 年俄国植物学家茨维特(Tswett)首先提出的。他用一根菊粉柱和石油醚溶剂,把植物叶的抽提物分离成带色的带。试样流出时各种植物色素得到分离,形成不同颜色的谱带,称为色谱。这种分离技术就是因此而得名,称为色谱技术。这种管子叫色谱柱,管中填充的物质叫固定相,是由表面积大的微粒组成;在管中流动而被分离的物质叫流动相。后来,用色谱法分析的物质已极少为有色物质,但色谱一词仍沿用至今。

在 20 世纪 50 年代,色谱法有了很大的发展。1952 年,詹姆斯和马丁以气体作为流动相分析了脂肪酸同系物并提出了塔板理论,在推动生物学和药物学的研究上做出了卓越贡献,因此于 1952 年获得了诺贝尔奖。1956 年范第姆特总结了前人的经验,提出了反映载气流速和柱效关系的范第姆特方程,建立了初步的色谱理论。同年,高莱(Golay)发明了毛细管柱,以后又相继发明了各种检测器,使色谱技术更加完善。20 世纪 50 年代末,出现了气相色谱和质谱联用的仪器,克服了不适于定性分析的缺点。气相色谱法也有一定的局限性,诸如样品必须是可汽化而又不会分解的。70 年代,由于检测技术的提高和高压泵的出现,高效液相色谱迅速发展,使得色谱法的应用范围大大扩展。目前,由于高效能的色谱柱、高灵敏的检测器及微处理机的使用,使得色谱法已成为一种分析速度快、灵敏度高、应用范围广的分析仪器。根据这种原理制成的色谱仪在分析仪器中占有很大比重。

　　我国从1955年开始进行气相色谱的研究,首先进行气相色谱研究的是中科院大连石油研究所,之后,中科院在北京、上海和长春的一些研究所也参与进来,几年之后气相色谱的研究和应用便普及开来。

　　色谱法的分类如图6-1所示。

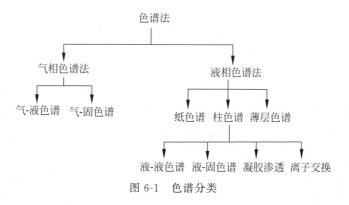

图6-1　色谱分类

　　色谱技术的实质是流动相和固定相做相对运动时,由于流动相中被分离的不同物质受到固定相的吸附、溶解等作用不同,从而得到分离。

　　按流动相不同,色谱分离技术分为气相色谱与液相色谱。每种中又按固定相不同分为两类。气相色谱中固定相为固体的叫气固色谱(GSC),固定相为液体的叫气液色谱(GLC)。同样,液相色谱也分为液固色谱(LSC)与液液色谱(LLC)。色谱技术按固定相的配置方式不同,又分为柱色谱、纸色谱与薄层色谱。其中柱色谱应用最广泛,按色谱分离原理又可分为吸附色谱、分配色谱、离子交换色谱等。本节仅研究气相色谱中的柱色谱。

　　色谱分离的过程,就是样品混合物通过色谱柱的迁移过程。因此,样品必须是液态的或气态的。固定相是固体吸附剂或液体分配剂。气体或液体的流动相,带着样品流过柱子。在此迁移过程中,固定相对样品中不同的组分起选择性阻滞作用。这种阻滞作用,是由样品的吸附性、溶解度、化学键、极性或分子的过滤作用所引起的。因此,混合物中各组分通过柱子的速率是不同的,于是就分离成不同的区带。色谱柱的流出物直接进入检测器,每个组分产生各自的信号,在记录纸上得到一系列的谱峰,称为色谱图。

6.1.1　气相色谱分离器的结构

　　图6-2为气相色谱分离器的结构示意图。进样和载气经过取样和预处理装置,进入色谱柱。气相色谱分离器的核心是色谱柱。色谱柱有填充柱和空心毛细管柱两种。色谱柱是色谱仪的心脏,在此完成样气分离。管里面填充固定相。当气体或气态样品注入柱子时,由于分子的扩散作用而分散成浓度分布。由于样品流过柱子要产生附加的扩展,但能保持一定的峰形,这就是色谱峰。峰形展宽的程度与时间和柱长有关,指标就是柱效。

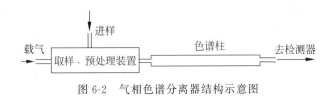

图 6-2　气相色谱分离器结构示意图

1. 填充柱

现以填充柱为例来说明色谱分离过程。填充柱就是装有能完成分离的物质的一根管子。色谱柱一般由玻璃管、不锈钢管或铜管制成。中等温度时,色谱柱也可采用聚氯乙烯管。色谱柱的内径,通常在 $4\sim8mm$,长度为 $1\sim50m$,最常用的是 $2m$ 柱长。在长于 $3m$ 时,填充均匀就不容易了。因此在要求长柱时,最好把几根短于 $3m$ 的柱子连接起来。分析型填充柱的样品量一般在 $0.1\sim10\mu L$。加大柱内径,样品量可增加;在制备时,样品量可到 $100\mu L\sim3mL$。此时,柱内径为 $6\sim25mm$,与此同时也要相应地改变柱填料,以提高负载能力。

一般情况,柱形为 U 形、螺旋形或直形。直形柱或 U 形柱易于填充,而螺旋形柱就较为困难。此时,最好采用铜柱,它可在直形填充之后,再弯曲成螺旋形。环形柱和螺旋形柱的主要优点是在柱箱内的接触面大,便于加热到柱箱温度。常用螺旋形柱的直径是 $50\sim250mm$,长度 $2m$。这样长的柱子要在弯曲前填充好,它的性能与直形柱相比没有明显的差别。在弯曲之后再填充,就困难多了。

U 形的玻璃柱,填充的性能较好。直径大于 $12.5mm$ 时,要用直形柱。如长度不够,可用内径小的连接管把它们连接起来。

2. 毛细管柱

毛细管柱的直径常采用 $0.25mm$,长度为 $30\sim300m$。毛细管柱的效率很高。由于内径小,所以样品分子的横向扩散很小。毛细管柱内的填料是直接涂在管壁上的。处理样品量一般不高于 $0.1\mu L$。样品量大时,要用分流器。在低温下,短时间内,毛细管柱就能完成很好的分离。

毛细管柱气相色谱仪,在环境分析、临床和生化医学领域的痕量分析、天然产物的分析以及其他复杂混合物的分析方面,得到了广泛应用。毛细管柱的效率和通用性比填充柱更为优异。

3. 固定相

通过样品组分在固定相和载气之间的分配作用,使之完成分离。固定相有液体和固体之分。因此,在气体作为流动相时,就分成气-液色谱法和气-固色谱法两种。

固体固定相都是一些固体吸附剂,这类色谱就是气固色谱。制作这类固定相的材料一般用分子筛、多孔微球、硅胶、氧化铝、活性炭等。它们都是经过筛分的细小颗粒,大小在一二百目到几千目。分离的原理是基于混合物诸组分在柱内吸附剂上吸附程度的不同。这种色谱法可用于分析无机气体和低分子量的烃类气体。

液体固定相,是在一些细小的固体颗粒上均匀地涂上一层液体膜而构成。这类色谱就是气液色谱。固体颗粒称为担体,液体膜称为固定液,液膜厚度为几微米。对担体的要求是:多孔、表面积大,有不与样品及固定液起化学反应的惰性,有一定机械强度和热稳定性等。担体一般有硅藻土与非硅藻土两大类。前者应用很广泛,它们的主要成分是硅、铝氧化物。后者有氟担体、洗涤剂、玻璃球、多孔玻璃、沙子等。固定液是一种高沸点的有机物。对固定液的要求是：试样中各组分能被其溶解，但它们的溶解性又有差别；在工作温度下基本上不挥发，它的蒸汽压要在 100Pa 以下，还应有化学惰性和热稳定性。

6.1.2 气相色谱分析

气相色谱不仅可以分析气体试样，也可分析在 400℃ 以下能够汽化的液体试样或固体试样。气体试样可直接用气体定量管送入；液体试样可用注射器先注入汽化室里，汽化后再送入。气体的试样量一般为 0.5～5.5mL，液体的试样量一般为 2～20L。送入的气体试样被具有一定流速的载气携带进入色谱柱。对载气的要求是：不和试样及固定相起化学反应，也不被固定相吸附或溶解。常用的载气有 H_2、N_2、He、CO_2 等。载气的流量约 100mL/min。

1. 塔板理论

塔板理论把色谱柱看成一个分馏塔，把连续色谱分离过程设想为许多独立的小段，在这些小段中被分析的样品在流动相和固定相之间进行分离并假设能达到完全平衡，平衡后的两相又能完全分开。样品经过这样多次的分配后，分配系数小的先流出色谱柱，分配系数大的后流出色谱柱、分配系数最大的最后流出色谱柱。这种假设称为塔板理论。色谱柱分离效率可以用塔板理论来描述。

理论塔板数越大，柱子分离效率就越高。但要说明的是，塔板理论是一个人为的概念，不同的计算方法其结果相差较大，因此它不是分离能力的直接度量，但是，它可作为比较相似柱子的分离效率或为填充技术建立一个标准。

分离效率高只能反映色谱柱的品质指标，却不能反映难分物质的分离效果。因此还要看相邻两组分分配系数，即保留时间差。

分离效率也可以用理论塔板数等效高度来表示，即

$$H = L/N \tag{6-1}$$

式中：L——色谱柱长度；

N——理论塔板数。

由于理论塔板高度是以产生一个理论塔板所需的色谱柱长度来表示的，可见 H 值越小，柱的分离效率就越高。一般填充柱的理论塔板数 $N = 500～2000$，理论塔板高度 $H = 0.2～2.0mm$。

2. 气相色谱分离过程

图 6-3 为气相色谱分离过程示意图。设被分离的气体混合物只有 a 与 b 两种组分。t_1 时它们刚被载气带入，这时它们混合在一起。以后样气在色谱柱中流通。

对固体固定相来说，样气在流通过程中各组分不断被吸附剂吸附、脱附，再吸附、再脱附，由于吸附剂对各组分的吸附性不同，如果对 a 组分吸附性比 b 组分弱，这样 a 组分就比 b 组分流得快。随着时间增长，a、b 两组分逐渐被分离，到 t_4 时 a 组分已流出色谱柱，柱内只剩下 b 组分。采用适当方法可以把 a、b 两组分气体分别收集起来，这样，就达到组分分离的目的。这种基于吸附作用而达到分离的色谱叫吸附色谱。

对液体固定相来说，样气中各组分的分离主要靠液体对各组分气体的溶解作用，即样气在流通过程中各组分不断被固定液溶解、析出、再溶解、再析出，由于固定液对各组分的溶解

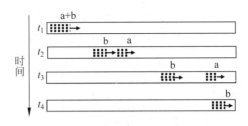

图 6-3　气相色谱分离过程示意图

性有差异,使得溶解性弱的组分比溶解性强的组分流得快,这样,经过一段时间各种组分就被分离。

　　为了定量地研究样气各组分在流动相的气体和固定相的液体中的分配情况,做如下定义:当样气中某组分在气相和液相中的分配达到平衡时,该组分在液相中的浓度 ρ_i 与在气相中的浓度 ρ_g 之比,叫分配系数,即

$$K = \frac{\rho_i}{\rho_g} \tag{6-2}$$

　　ρ_i 与 ρ_g 的单位为 g/mL。显然,分配系数愈大的组分溶解于液体的性能越强,因此在色谱柱中流动的速度就越小,越晚流出色谱柱。反之,分配系数越小的组分,在色谱柱中流动的速度越大,越早流出色谱柱。这样,只要样气各组分的分配系数有差异,通过色谱柱就可以被分离,这种色谱称为分配色谱。

6.1.3　气相色谱的色谱图及常用术语

　　图 6-4 为检测器响应(一般为毫伏)随时间(单位一般为分)的变化曲线,称为色谱图。

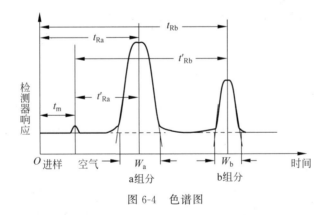

图 6-4　色谱图

　　与色谱图有关的一些常用术语包括色谱峰、基线、保留时间、基线宽度、分辨率等。

　　1. 色谱峰

　　色谱图中的尖峰叫色谱峰,它是检测器对某种组分含量随时间的响应曲线。图 6-4 中第一个小峰为空气峰,其次是 a 组分峰,再次是 b 组分峰。

　　色谱峰的面积是定量分析的依据。

　　2. 基线

　　去掉色谱峰,大致与时间轴平行的检测器响应曲线叫基线。易看出,基线是检测器对没

有样气的载气的响应。本应把它调为零,但为了观察基线是否稳定,常把它调得比零大一些。在理想情况下,基线应当是一条与时间轴重合或平行的直线,但事实上是不可能的。检测器本身的噪声、色谱柱里固定液的流失、温度的变化以及其他一些因素,都会影响基线的稳定。

3. 保留时间

从进样开始到某个组分的色谱峰达到最大值时经历的那段时间,叫某组分的保留时间,常用 t_R 表示,单位为 min。

保留时间是定性分析的依据。

4. 死时间

不被固定相吸附或溶解的气体的保留时间叫死时间,常用 t_M 表示。比如,空气在气液色谱柱中流通一般不被溶解,它的保留时间就是死时间。实际上,它也是载气的保留时间。

5. 校正保留时间

从保留时间里减掉死时间叫校正保留时间,常用 t'_R 表示,即

$$t'_R = t_R - t_M \tag{6-3}$$

6. 基线宽度

在色谱峰曲线两侧拐点处(约为峰高 60% 处)分别做两条切线,它们所割基线的长度,叫色谱峰的基线宽度,一般用 W 表示,单位与保留时间相同。

7. 分辨率

相邻两峰保留时间之差与两峰的平均基线宽度之比,叫分辨率,用 R 表示,即

$$R = \frac{2(t_{Rb} - t_{Ra})}{W_a + W_b} \tag{6-4}$$

从图 6-5 可以看出,$R=1$ 时两峰还未完全分离,一般认为当 $R \geqslant 1.5$ 时两峰可完全分离。从色谱图上易看出,色谱分离器性能优劣的标志可由两方面来看:一方面是两个峰的距离应当远些,即保留时间差应当大些;另一方面是峰应当窄些,即平均基线宽度$(W_a + W_b)/2$ 应当小些。分辨率 R 正是综合这两方面因素而定义的衡量色谱分离性能优劣的指标。显然,某个色谱分离器分辨率高低除了主要取决于分离器本身外,还与被分离的两组分的性质有关。因此,在对两台仪器进行比较时,应当用完全相同的两组分。

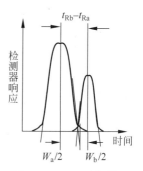

图 6-5　$R=1$ 时色谱图

6.1.4　气相色谱的定性与定量分析

定性分析:是利用保留时间定性,这是最常用的最简单的方法。理论分析和实验结果表明,对于一定的色谱仪和一定的操作条件,每一种物质都有一个确定的保留时间。这样,对于某一指定的气相色谱仪在一定的操作条件下测出各种已知物的保留时间,然后把被测组分的保留时间和已知物相比较。一般来说,保留时间相同的,就是相同的组分。当然,两种物质的保留时间相同的情形也是存在的,这就要靠分析者根据其他条件加以判断。如有时可采用其他方法判别。定性分析方法很多,可参考有关的仪器分析书籍。

定量分析：是在定性分析的基础上，利用色谱图上色谱峰的峰高或峰面积定量。气相色谱定量分析是根据检测器对溶质产生的响应信号与溶质的量成正比的原理，通过色谱图上的峰高或面积，计算样品中溶质的含量。显然，后者要比前者精确。对于过程气相色谱仪来说，这些计算都是由仪器自动进行的。

1. 峰面积测量方法

峰面积是色谱图提供的基本定量数据，峰面积测量的准确与否直接影响定量结果。对于不同峰形的色谱峰采用不同的测量方法。

(1) 对称形峰面积的测量——峰高乘半峰宽法。

理论上可以证明，对称峰的面积

$$A = 1.065 \times h \times W_{1/2} \tag{6-5}$$

(2) 不对称峰面积的测量——峰高乘平均峰宽法。

对于不对称峰的测量如仍用峰高乘半峰宽，误差就较大，因此采用峰高乘平均峰宽法。

$$A = 1/2h \cdot (W_{0.15} + W_{0.85}) \tag{6-6}$$

式中：$W_{0.15}$ 和 $W_{0.85}$——峰高 0.15 倍和 0.85 倍处的峰宽。

2. 定量校正因子

(1) 定义。

色谱定量分析是基于峰面积与组分的量成正比关系。但由于同一检测器对不同物质具有不同的响应值，即对不同物质，检测器的灵敏度不同，所以两个相等量的物质得不出相等峰面积。或者说，相同的峰面积并不意味着相等物质的量。因此，在计算时需将面积乘上一个换算系数，使组分的面积转换成相应物质的量，即

$$m_i = f_i' \times A_i \tag{6-7}$$

式中：m_i——组分 i 的量，可以是质量，也可以是摩尔或体积(对气体)；

A_i——峰面积；

f_i'——换算系数，称为定量校正因子。

$$f_i' = W_i / A_i \tag{6-8}$$

定量校正因子定义为：单位峰面积的组分的量。检测器灵敏度 S_i 与定量校正因子有以下关系式：

$$f_i' = 1/s_i \tag{6-9}$$

(2) 相对定量校正因子。

由于物质量 m_i 不易准确测量，要准确测定定量校正因子 f_i' 不易达到。在实际工作中，以相对定量校正因子 f_i 代替定量校正因子 f_i'。

相对定量校正因子定义为：样品中各组分的定量校正因子与标准物的定量校正因子之比。表示为

$$f_i = f_i' / f_s \tag{6-10}$$

(3) 相对校正因子的测量。

凡文献查得的校正因子都是指相对校正因子，可用 f_M, f_m 分别表示摩尔校正因子和质量校正因子(通常把相对二字略去)。

由于以体积计量的气体样品，1mol 任何气体在标准状态下其体积都是 22.4L，所以摩尔校正因子就是体积校正因子。

相对校正因子只与试样、标准物质和检测器类型有关,与操作条件、柱温、载气流速、固定液性质无关。

测定相对校正因子最好是用色谱纯试剂。若无纯品,也要确知该物质的百分含量。测定时首先准确称量标准物质和待测物,然后将它们混合均匀进样,分别测出其峰面积,再进行计算。

校正因子测定方法:准确称量被测组分和标准物质,混合后,在实验条件下进样分析(注意进样量应在线性范围之内),分别测量相应的峰面积,然后通过公式计算校正因子,如果数次测量数值接近,可取其平均值。

6.1.5　气相色谱分析用的检测器

试样经过载气携带流过色谱柱后,各种组分被分离,采用适当的方法把被分离的各种组分分别收集起来,就可得到被分离的各种组分物质。实现这种分离作用的仪器,一般叫制备色谱仪。但目前广泛应用的气相色谱仪的主要用途不是分离样气,而是用来分析样气中各种组分的含量。为此,要在色谱柱出口接上检测器,用以检测各组分的性质与含量。

检测器是一种将载气中被分离组分的量转变为测量的信号(一般电信号)的装置。

浓度型检测器测量的是载气中组分浓度的瞬间变化,即检测器的响应值正比于组分的浓度。如热导检测器(TCD)、电子捕获检测器(ECD)。

质量型检测器测量的是载气中所携带的样品进入检测器的速度变化,即检测器的响应信号正比于单位时间内组分进入检测器的质量。如氢焰离子化检测器(FID)和火焰光度检测器(FPD)。

色谱仪中应用最多的检测器是热导检测器,此外还有氢火焰电离检测器、电子捕获检测器、火焰光度检测器等。

1. 热导检测器

热导检测器(Thermal Conductivity Detector,TCD)是一种结构简单,性能稳定,线性范围宽,对无机、有机物质都有响应,灵敏度适中的检测器。

热导检测器是根据各种物质和载气的导热系数不同,采用热敏元件进行检测的。热导检测器由热导池池体和热敏元件组成,如图 6-6 所示。当热敏元件是由两根电阻值完全相同的金属丝(钨丝或白金丝)构成时,它们可以作为两个臂接入惠斯通电桥中,由恒定的电流加热。如果热导池只有载气通过,载气从两个热敏元件带走的热量相同,两个热敏元件的温度变化是相同的,其电阻值变化也相同,电桥处于平衡状态。如果样品混在载气中通过测量池,由于样品气和载气的热导系数不同,两边带走的热量不相等,热敏元件的温度和阻值也就不同,从而使得电桥失去平衡,记录器上就有信号产生。

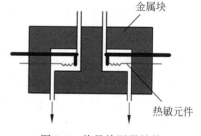

图 6-6　热导检测器结构

平衡,记录器上就有信号产生。这种检测器是一种通用型检测器。被测物质与载气的热导系数相差越大,灵敏度也就越高。此外,载气流量和热丝温度对灵敏度也有较大的影响。热丝工作电流增加一倍可使灵敏度提高 3~7 倍,但热丝电流过高会造成基线不稳和缩短热丝的寿命。

通常载气与样品的导热系数相差越大,灵敏度越高。常用载气的导热系数大小顺序为 $H_2 > He > N_2$。因此在使用热导池检测器时,为了提高灵敏度,一般选用 H_2 为载气。

2. 氢火焰离子化检测器

氢火焰离子化检测器(Flame Ionization Detector,FID)简称氢焰检测器,如图 6-7 所示。它具有结构简单,灵敏度高,死体积小,响应快,稳定性好的特点。它仅对含碳有机化合物有响应。

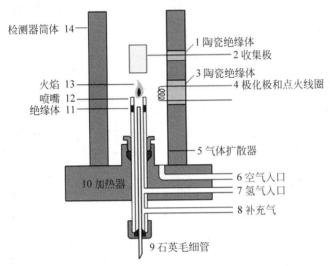

图 6-7　氢火焰离子化检测器结构示意图

氢焰检测器是以氢气和空气燃烧的火焰作为能源,利用含碳化合物在火焰中燃烧产生离子,在外加电场作用下,使离子形成离子流,根据离子流产生的电信号强度,检测被色谱柱分离出的组分。它的主要部件是一个用不锈钢制成的离子室。离子室由收集极、极化极(发射极)、气体入口及火焰喷嘴组成。在离子室下部,氢气与载气混合后通过喷嘴,再与空气混合点火燃烧,形成氢火焰。无样品时两极间离子很少,当有机物进入火焰时,发生离子化反应,生成许多离子。在火焰上方收集极和极化极所形成的静电场作用下,离子流向收集极形成离子流。离子流经放大、记录即得色谱峰。

有机物在氢火焰中离子化反应的过程如下:当氢和空气燃烧时,进入火焰的有机物发生高温裂解和氧化反应生成自由基,自由基又与氧作用产生离子。在外加电场作用下,这些离子形成离子流,经放大后被记录下来。所产生的离子数与单位时间内进入火焰的碳原子质量有关,因此,氢焰检测器是一种质量型检测器。

这种检测器对绝大多数有机物都有响应,其灵敏度比热导检测器要高几个数量级,易进行痕量有机物分析。其缺点是不能检测惰性气体、空气、水、CO、CO_2、NO、SO_2 及 H_2S 等。

3. 电子捕获检测器

电子捕获检测器(ECD)在应用上仅次于热导池和氢火焰检测器。它是一种选择性很强的检测器,只对具有电负性的物质,如含有卤素、硫、磷、氮的物质有响应。

在电子捕获检测器内一端有一个多放射源作为负极,另一端有一正极,如图 6-8 所示。两极间加适当电压。当载气(N_2)进入检测器时,受多射线的辐照发生电离,生成的正离子和电子分别向负极和正极移动,形成恒定的基流。合有电负性元素的样品进入检测器后,就会捕获电子而生成稳定的负离子,生成的负离子又与载气正离子复合。结果导致基流下降。因此,样品经过检测器,会产生一系列的倒峰。

电子捕获检测器是一个具有高灵敏度和高选择性的检测器,经常用来分析痕量的具有电负性元素的组分,如食品、农副产品的农药残留量,大气、水中的痕量污染物等。电子捕获检测器是浓度型检测器,其线性范围较窄。

4. 火焰光度检测器

火焰光度检测器(FPD)又叫硫磷检测器,如图 6-9 所示。它是一种对含硫、磷的有机化合物具有高选择性和高灵敏度的检测器。检测器主要由火焰喷嘴、滤光片、光电倍增管构成。根据硫、磷化合物在富氢火焰中燃烧时,生成化学发光物质,并能发射出特征频率的光,记录这些特征光谱,即可检测硫、磷化合物。

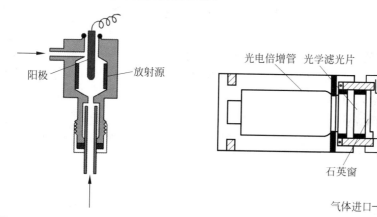

图 6-8 电子俘获检测器结构示意图　　图 6-9 火焰光度检测器结构示意图

6.1.6 气相色谱仪的组成

气相色谱仪的基本组成如图 6-10 所示。

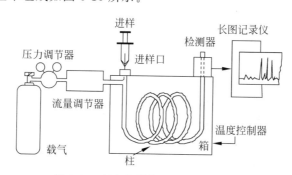

图 6-10 气相色谱仪组成结构示意图

气相色谱仪由 5 大系统组成:气路系统、进样系统、分离系统、控制温度系统以及检测和放大记录系统。

1. 气路系统

气相色谱仪具有一个让载气连续运行、管路密闭的气路系统。通过带有压力调节器和流量指示器的载气系统,可以获得纯净的、流速稳定的载气。它的气密性、载气流速的稳定性以及测量流量的准确性,对色谱结果均有很大的影响。

常用的载气有氮气和氢气,也有用氦气、氩气和空气。由高压气瓶出来的载气需经过装有活性炭或分子筛的净化器,以除去载气中的水、氧等有害杂质。由于载气流速的变化会引起保留值和检测灵敏度的变化,因此,一般采用稳压阀、稳流阀或自动流量控制装置,以确保流量恒定。载气气路有单柱单气路和双柱双气路两种。前者比较简单,后者可以补偿因固定液流失、温度波动所造成的影响,因而基线比较稳定。

对一种特定的检测器适当的载气,不一定对分离最好。多数情况下,是根据所用检测器来选择载气。例如,在用热导检测器时,最好选用氢气或氦气,因为它们的热导率要比通常被分离的组分的热导率大得多。在使用氩离子化检测器时,则要选用氩气。根据分离能力,氮气和氩气要比较轻的气体为好,因为重气体有助于加速轴向扩散。在要求分离能力比检测器的响应更重要时,要采用氮气。

实际分析中载气的流速取决于柱子的直径。常用的流速是 $10\sim400\text{mL/min}$,流速过低或过高都会影响效率。为了减少分析误差,流速波动应控制在 1% 以内。为了得到重复的保留时间,载气流速应该恒定。

为了加快分析速度,可以程序控制流量。它与程序控温一样,可使色谱图后面的峰更加紧凑。对于尺寸不同的柱子来说,载气的体积流量要随柱直径而变,从而维持一定的线流速。

2. 进样系统

进样系统包括进样装置和气化室。气体样品可以用注射进样,也可以用定量阀进样。液体样品用微量注射器进样。固体样品则要溶解后用微量注射器进样。进样系统的作用是将液体或固体试样,在进入色谱柱之前瞬间汽化,然后随载气进入色谱柱。根据分析样品的不同,汽化室温度可以在 $50\sim400℃$ 任意设定。通常,汽化室的温度要比使用的最高柱温高 $10\sim50℃$ 以保证样品全部汽化。进样的大小、进样时间的长短、试样的汽化速度等都会影响色谱的分离效果以及分析结果的准确性和重现性。进样量过大造成色谱柱超负荷,进样速度慢会使色谱峰加宽,影响分离效果。

(1) 进样器。

液体样品的进样一般采用微量注射器,如图 6-11 所示。气体样品的进样常用色谱仪本身配制定量进样。

(2) 汽化室。

为了让样品在汽化室中瞬间汽化而不分解,因此要求汽化室热容量大,无催化效应。

3. 分离系统

分离系统由色谱柱组成,如图 6-12 所示。有填充柱和毛细管柱两类。

(1) 填充柱由不锈钢或玻璃材料制成,内装固定相,一般内径为 $2\sim4\text{mm}$,长 $1\sim3\text{m}$。填充柱的形状有 U 形和螺旋形两种。

(2) 毛细管柱又叫空心柱,空心柱分涂壁空心柱、多孔层空心柱和涂载体空心柱。涂壁空心柱是将固定液均匀地涂在内径 $0.1\sim0.5\text{mm}$ 的毛细管内壁而成。毛细管的材料可以是不锈钢、玻璃或石英。这种色谱柱具有渗透性好、传质阻力小等特点,因此柱子可以做得很长(一般几十米,最长可到 300m)。

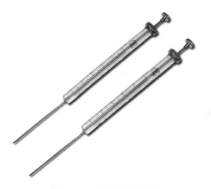

图 6-11　微量注射器

图 6-12　色谱柱

和填充柱相比,其分离效率高,分析速度快,样品用量小。其缺点是样品负荷量小,因此经常需要采用分流技术。柱的制备方法也比较复杂。多孔层空心柱是在毛细管内壁适当沉积上一层多孔性物质,然后涂上固定液。这种柱容量比较大,渗透性好,故有稳定、高效、快速等优点。

色谱柱的分离效果除与柱长、柱径和柱形有关外,还与所选用的固定相和柱填料的制备技术以及操作条件等许多因素有关。

4. 控制温度系统

温度直接影响色谱柱的选择分离、检测器的灵敏度和稳定性。控制温度主要针对色谱柱炉、汽化室、检测室的温度控制。色谱柱的温度控制方式有恒温和程序升温两种。

5. 检测和放大记录系统

(1) 检测系统。

浓度型检测器:测量的是载气中组分浓度的瞬间变化,即检测器的响应值正比于组分的浓度。如热导检测器(TCD)、电子捕获检测器(ECD)。

质量型检测器:测量的是载气中所携带的样品进入检测器的速度变化,即检测器的响应信号正比于单位时间内组分进入检测器的质量。如氢焰离子化检测器(FID)和火焰光度检测器(FPD)。

(2) 记录系统。

记录系统能自动记录由检测器输出的电信号并得到色谱图。过程色谱仪由取样系统从工艺装置中取出样品,经预处理系统处理后达到色谱单元要求的条件进入色谱分析单元(基本上同实验室仪器),由检测单元进行检测。取样系统的结构取决于工艺流程,预处理系统包括过滤器、调节器、阀门、转子流量计、压力表、干燥器、汽化器等,其复杂性取决于样品的特性。所有的过程均由程序控制单元提供指令,程序控制单元主要类型有凸轮式程序控制器、步进选择式程序控制器、数字式程序控制器。水平更高的过程色谱仪则采用专用计算机取代常规的程序控制器。

目前过程气相色谱仪大量应用于石油和化工工业部门,主要用来进行各种混合气体物质的分析,如氢、氧、二氧化硫等各种无机气体,各种烷、醇、醛、酮等有机物的测定。过程气相色谱仪也应用在冶金工业中,比如应用于平炉、退火炉和熔炼炉的控制以及高炉的炉气分析等。由于冶金工业中要分析的气体组分多数都是无机物,因此所用的气相色谱仪多数都是气固色谱,也就是吸附色谱。

6.1.7 气相色谱仪器的最新进展

1. 色谱仪

色谱仪自动化程度进一步提高,特别是 EPC(电子程序压力流量控制系统)技术已作为基本配置在许多厂家的气相色谱仪上安装(如 Agilent6890,ShimadzuGC-2014GC-2010,Varian3800,PEAutoXL,CEMega8000 等),从而为色谱条件的再现、优化和自动化提供了更可靠更完善的支持。

出现与应用结合更紧密的专用色谱仪,如天然气分析仪等。

色谱仪功能进一步得到开发和改进,如大体积进样技术,液体样品的进样量可达 $500\mu L$;检测器也不断改进,灵敏度进一步提高;与功能日益强大的工作站相配合,色谱采样速率显著提高,最高已达到 200Hz,这为快速色谱分析提供了保证。

色谱工作站功能不断增强,通信方式紧跟时代步伐,已实现网络化。从技术上讲,目前实现气相色谱仪的远程操作(样品已置于自动进样器中)是没有问题的。

新的选择性检测器已得到应用,如 AED、O-FID、SCD、PFPD 等。

2. 色谱柱

新的高选择性固定液不断得到应用,如手性固定液等。

细内径毛细管色谱柱应用越来越广泛,主要是快速分析,大大提高了分析速度。

耐高温毛细管色谱柱扩展了气相色谱的应用范围,管材使用合金或镀铝石英毛细管,用于高温模拟蒸馏分析到 C120;用于聚合物添加剂的分析,抗氧剂 1010 在 20min 内流出,可得到较好的峰形。

新的 PLOT 柱出现,得到了一些新的应用。

3. GC×GC(全二维气相色谱)

GC×GC 技术是近年出现并飞速发展的气相色谱新技术,样品在第一根色谱柱上按沸点进行分离,通过一个调制聚焦器,每一时间段的色谱流出物经聚焦后进入第二根细内径快速色谱柱上按极性进行二次分离,得到的色谱图经处理后应为三维图。据报道,使用这一技术分析航空煤油检出了上万个组分。

4. 今后气相色谱的发展方向

随着社会的不断进步,人们对环境的要求越来越高,环保标准日益严格,这就要求气相色谱与其他分析方法一样朝更高灵敏度、更高选择性、更方便快捷的方向发展,不断推出新的方法来解决遇到的新的分析问题。网络经济飞速发展也为气相色谱的发展提供了更加广阔的发展空间。

6.2 质谱检测系统

质谱是按照原子(分子)质量的顺序排列的谱图。利用光谱法、核感应法或微波吸收法都可以构成实验装置进行质谱研究,广泛应用于各个学科领域中通过制备、分离、检测气相离子来鉴定化合物。历史上把基于电磁学原理设计而成的仪器叫质谱仪。仪器中质量分析器只能对带电粒子起分离作用,仪器获取的信息是离子的质量 m 与所带电荷 e 之比(即 m/e)。

常见的质谱图横坐标表示 m/e，是定性分析的依据；纵坐标代表离子电流强度，是定量分析的依据。

质谱技术与色谱技术相似，首先是一种分离技术，按离子的质量与电荷之比即质荷比，对物质进行分离，然后利用离子探测器进行分析测量。早在 19 世纪末，Goldstein 在低压放电实验中观察到正电荷粒子，随后 Wein 发现正电荷粒子束在磁场中发生偏转，这些观察结果为质谱的诞生提供了准备。

世界上第一台质谱仪于 1912 年由英国物理学家 Joseph John Thomson（1906 年诺贝尔物理学奖获得者、英国剑桥大学教授）研制成功。质谱技术从 19 世纪末期开始发展，最初主要是用来测定原子质量。到 20 世纪 20 年代，质谱技术逐渐成为一种分析手段，被化学家采用；20 世纪以来石油化工与原子能事业的发展，更进一步促进了质谱技术的发展。从 40 年代开始，质谱技术广泛用于有机物质分析成功地分离了微量铀 ^{235}U。20 世纪 40 年代利用这种技术以后制成商品仪器，应用在工业生产中分离与分析物质的成分。20 世纪 70 年代初在我国研制成功过程质谱计。在线质谱计目前主要用于气体试样分析。质谱仪器虽然主要应用在实验室里，但近十几年来已开始应用于工业流程，进行过程分析。

1966 年，Munson 和 Field 报道了化学电离源（Chemical Ionization，CI），质谱技术第一次可以检测热不稳定的生物分子；到 20 世纪 80 年代，随着快原子轰击（FAB）、电喷雾（ESI）和基质辅助激光解析（MALDI）等新"软电离"技术的出现，质谱技术能用于分析高极性、难挥发和热不稳定样品后，生物质谱飞速发展，已成为现代科学前沿的热点之一。由于具有迅速、灵敏、准确的优点，并能进行蛋白质序列分析和翻译后修饰分析，生物质谱已经无可争议地成为蛋白质组学中分析与鉴定肽和蛋白质的最重要的手段。

质谱技术在一次分析中可提供丰富的结构信息，将分离技术与质谱技术相结合是分离科学方法中的一项突破性进展。如用质谱法作为气相色谱（GC）的检测器已成为一项标准化 GC 技术被广泛使用。由于 GC-MS 不能分离不稳定和不挥发性物质，所以发展了液相色谱（LC）与质谱法的联用技术。LC-MS 可以同时检测糖肽的位置并且提供结构信息。1987 年首次报道了毛细管电泳（CE）与质谱的联用技术。CE-MS 在一次分析中可以同时得到迁移时间、分子量和碎片信息，因此它是 LC-MS 的补充。

在众多的分析测试方法中，质谱技术被认为是一种同时具备高特异性和高灵敏度且得到广泛应用的普适性方法。质谱技术的发展对基础科学研究、国防、航天以及其他工业、民用等诸多领域均有重要意义。

6.2.1 磁场对运动电荷的作用

由电磁学中洛仑兹力公式知，带电荷 e 的运动离子在磁场中所受的作用力为

$$\boldsymbol{F}_M = e\boldsymbol{v} \times \boldsymbol{B} \tag{6-11}$$

当磁感应强度 $\boldsymbol{B}$ 的方向与离子的运动速度 $\boldsymbol{v}$ 方向垂直时，上式可表示为

$$F_M = evB \tag{6-12}$$

当离子从无磁场空间射入均匀磁场空间后，它做圆运动，如图 6-13 所示。这时磁场对离子的作用力为向心力，它和离心力相平衡。离心力为

$$F = m\frac{v^2}{r} \tag{6-13}$$

则

$$evB = m\frac{v^2}{r}$$

化简得

$$v = \frac{eBr}{m} \qquad (6\text{-}14)$$

或

$$\frac{m}{e} = \frac{Br}{v} \qquad (6\text{-}15)$$

　　离子以速度 v 射入后,它的速度仅改变方向而数值不变。从式(6-16)可看出,当磁感应强度 B 一定时,离子的质荷比越大,圆周的半径 r 越大。如果离子的电荷 e 也一定,则离子的质量越大,圆周的半径 r 越大。因此,可以利用磁场对运动离子的作用,对离子按质荷比或质量进行分离。

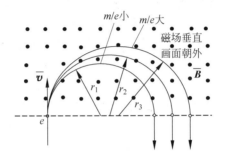

图 6-13　磁场对运动离子的作用

6.2.2　质谱检测系统组成

　　图 6-14 为质谱检测系统示意图,由进样系统、离子源、质量分析系统和检测器组成。进样系统的作用是将被分析物质(样品)送进离子源,离子源将样品中的原子、分子电离成离子。常见的离子源有电子轰击型离子源和表面电离型离子源。质量分析器使离子按质荷比的大小分开,常见的有单聚焦即方向聚焦系统、双聚焦系统、四极杆滤质器和飞行时间质谱系统。离子检测器测量、记录离子流强度,从而获得质谱图。常见的离子检测器有法拉第筒、电子倍增检测器和离子图像检测器等。另外,有真空系统保证样品中的原子(分子)在进样系统和离子源中正常运行。电子学系统保证原子(分子)的电离和离子的引出、聚焦、加速、分离的整个过程中的能量供应。系统按确定的电磁参量运行,离子流的检测、记录,继电保护,数据采集与处理等,均由电子学系统予以保证。

1. 离子源

　　利用气体放电、粒子轰击、场致电离、离子—分子反应等机理,可形成离子源,使样品中的原子(分子)电离成为离子(正离子、负离子、分子离子、碎片离子、单电荷离子、多电荷离子),并将离子加速、聚焦成为离子束,以便送进质量分析器。

　　图 6-14 中的离子源为电子轰击型。由于负压的抽吸作用,微量的气体分子流通过分子进入孔和反射极狭缝进入离子化区。在此区域内,分子或原子受到由阴极射向阳极的电子束的轰击而电离成正离子或负离子,一般都利用正离子。正离子在反射极与第一加速极之

间的微小电位差作用下,通过第一加速极狭缝进入加速区。产生电子束的阴极与阳极之间距离一般为 10～20mm,两极间电压为几十伏到上百伏。第二加速极一般接地,为零电位;第一加速极为高电位。它们之间的电压可调,从几十伏到几百或几千伏。两加速极之间的距离一般为十几毫米。为了减小离子束散角,在两加速极之间放上一个聚焦极。加速极与聚焦极的狭缝宽度为零点几毫米到 1mm,长度为十几毫米。

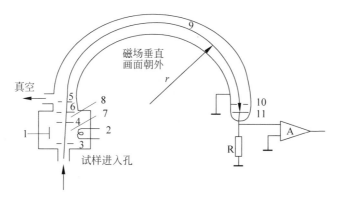

图 6-14 质谱检测系统示意图

1—阳极；2—阴极；3—反射极；4—第一加速极；5—入射狭缝及第二加速极；
6—聚焦极；7—离子化区；8—加速区；9—离子束；10—出射狭缝；11—收集极

当阴极发射电子流为零点几毫安时,由它轰击形成的离子束电流可达 10^{-8}A 数量级左右。在此应指出,上述尺寸数据系指一般质谱计用的离子源。

离子源除了上述电子轰击型的以外,还有离子轰击型、放电型等。离子轰击型离子源是用具有一定能量的离子轰击被测试样表面,使之产生二次离子,从而对表面成分进行分析。放电型离子源主要用于固体金属试样的成分分析,它使两根被分析的棒状金属电极之间产生火花或电弧放电,从而产生金属离子。

2. 质谱分析器(质谱计)

离子源提供的是包含有样品组分信息的碎片离子,把这些带电的粒子分离开来都需要电场和磁场的作用。一般可把质谱计分成 3 大类:磁质谱计、四极杆质谱计和飞行时间质谱计。

(1) 磁质谱计。

带电的离子在磁场里将受到洛仑兹力的作用,按质荷比值的大小分离开来。如果把磁场与设计合理的电场组合起来,就可形成高传输效率、高质量分辨率的双聚焦磁质谱计,很适用于微区微量分析甚至是离子分布图像的分析。但由于受到磁铁性能对磁场强度的限制,目前一般只能用于分析质荷比(m/e)为 1～250 的情况。对大分子团的有机物分析较困难,而且高质量的磁铁价格也比较昂贵,所以双聚焦磁质谱计是高性能质谱仪的首选。

① 单聚焦系统。

质谱分析器的任务是按质荷比对离子进行分离,并使相同质荷比的离子形成离子流供给离子探测器。质谱分析器是质谱检测系统的核心,由它决定质谱仪器的类型。常见的有单聚焦与双聚焦两大类。图 6-14 中所示的单聚焦系统为磁偏转单聚焦分离器,这种分离器的离子通路为半圆形。此外还有 90°与 60°的圆弧形,通常称为扇形。

射入离子分离器入射狭缝的离子的动能 E,取决于加速极间的电压 U,即

$$E = \frac{1}{2}mv^2 = eU \qquad (6\text{-}16)$$

式中: m——离子的质量;

e——离子的电荷;

v——离子的速度。

将式(6-17)代入上式,得

$$\frac{1}{2}m\left(\frac{eBr}{m}\right)^2 = eU$$

整理,可得

$$\frac{m}{e} = \frac{B^2 r^2}{2U} \qquad (6\text{-}17)$$

式(6-17)为质谱检测系统的基本方程式。

一般质谱检测系统的 B 与 r 都是固定的。这样为了使不同质荷比 m/e 的离子从质谱分析器的出射狭缝射出,可调节加速极间的电压 U。m/e 与 U 为反比关系。连续改变加速电压 U 可使不同质荷比的离子从出射狭缝射出,进入探测器而被探测。

由离子源产生的离子多数从入射狭缝垂直射入分离器。对这些射入方向相同的离子,当速度相同,质荷比也相同时,经过磁场偏转后可聚焦在分离器的出射狭缝的某一点上,因此称这种聚焦为方向聚焦。当然,射入分离器的离子也有些不和狭缝垂直,稍有些偏角。由于这些离子射入时方向有些差别,射出时不可能完全聚焦在狭缝的某一点上,而是有一定的宽度。这个宽度称为球面像差。单聚焦就是指仅有方向(角度)聚焦。

② 双聚焦系统。

电子轰击型离子源产生的离子速度分散性不大,可以采用单聚焦的分离器。但放电型离子源产生的离子的速度分散性较大,仅采用方向聚焦不行,还需同时采用速度聚焦。双聚焦是指同时采用方向与速度聚焦,如图 6-15 所示。

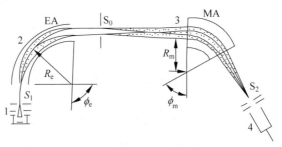

图 6-15 双聚焦质谱系统简图

1—离子源;2—静电分析器;3—磁分析器;4—检测器

采用磁偏转式质量分析系统 MA,只能改变离子的运动方向不能改变离子运动速度的大小,难以分离非单能离子束。静电分析器 EA 虽有方向聚焦和能量色散作用,但没有质量分散能力,因而无法实现质量分离。把静电分析器和磁偏转式质量分析系统串联,如图 6-15 所示,静电分析器(ϕ_e 与 R_e 分别为电场开角与离子束中央轨道半径)将来自离子源出口缝

S_1 的有一定角度分散和能量分散的离子束聚焦在 EA 的焦平面上,选择一定能量的离子使之通过狭缝 S_0 进入 MA(ϕ_m 与 R_m 分别为磁场开角与离子束中央轨道半径),最后在检测器入口缝 S_2 处实现方向(角度)与能量(速度)双聚焦。

将图 6-15 中的离子源与检测器的位置更换,使离子束先通过 MA 后通过 EA,亦可以组成双聚焦质谱仪,这种仪器便于进行离子能谱分析和亚稳离子检测。双聚焦仪器可以达到很高的分辨能力,但结构较复杂,价格较高。

双聚焦系统还有其他形式的,例如静电场与磁场同时作用,使离子路径成摆线形,称为摆线离子分离器。显然,采用同样的离子源,双聚焦分离器产生的离子束电流小,但它对微小质量差的分辨本领较高,可分辨只有零点几原子质量单位差别的两种离子。

(2)四极杆质谱计。

四极杆质谱计的工作原理由保罗等人于 1951 年提出。质谱计的核心是四极滤质器,由 4 根平行对称放置、具有双曲线截面的电极杆组成,见图 6-16。在两组相对的电极上供给极性相反的交流电压和射频电压,当离子由离子源射入时,依靠 4 个电极产生的组合电场达到分离。由交变射频场产生的振荡轨迹使较轻的离子撞在正电极上,较重的离子撞在负电极上,所以除选定质荷比的离子外其他离子全部被滤掉,改变电场参数可以使不同质荷比的离子通过四极滤质器。由于加工理想的双曲线截面电极杆比较困难,在仪器中往往用圆柱形电极棒替代,实际电场与理想双曲线型场的偏差小于 1%。

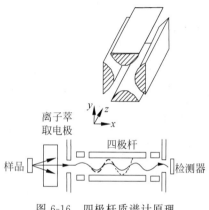

图 6-16 四极杆质谱计原理

四极杆质谱计具有很多优点:没有笨重的磁铁,结构简单体积小、成本低;对入射离子的初始能量要求不高,可采用有一定能量分散的离子源;用电子学方法很方便调节质量分辨率和检测灵敏度;改变高频电压的幅度,可以进行质谱扫描,不存在滞后等问道,扫描速度快;离子源离子进入质谱计的加速电压不高,样品表面几乎没有电荷现象;离子在质谱计内受连续聚焦力的作用下,不易受中性粒子散射的影响,因此对仪器的真空度要求不高,允许在 1.33×10^{-2} Pa 左右。

由于以上的优点,四极杆质谱计被广泛用于要求并不高的质谱仪中。与磁质谱计相比,四极杆质谱计的质量分辨率和检测灵敏度都比较低。

(3)飞行时间质谱计。

如果忽略由离子源提供的离子初始能量,在萃取电场的作用下这些离子得到的动能如式(6-18),则

$$E = \frac{1}{2}mv^2 = eU$$

获得了动能的离子以速度 v 飞越长度为 L 无电场作用的漂移空间,最后离开质谱计。很显然,如果萃取电场和电荷量相同,质量小的离子将比质量大的离子先离开质谱计到达离子探测器,因此达到了按飞行时间进行质量分离的目的,如图 6-17 所示。

飞行时间质谱计的最大优点是"快",例如汞的两个同位素 $^{200}Hg^-$ 和 $^{201}Hg^+$ 在 2.6kV 电

压的加速下,漂移通过长度为 100cm 空间距离的时间仅为 $20.76\mu s$ 和 $20.80\mu s$,二者相差 $0.04\mu s$。对一个样品进行全元素分析只需 $20\mu s$ 左右。

飞行时间质谱计的另一个特点是,只要漂移空间足够长,质量数很大的离子也能漂移到质谱计的终端,因此,可用于分析有机物的大分子离子。这类质谱计应处于脉冲工作状态,否则无法确定离子的起始与到达时间,无法区分到达检测器的不同离子的质量。

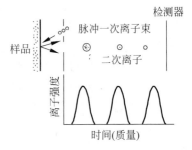

图 6-17 飞行时间质谱计原理

3. 离子信号检测系统

在离子质谱分析过程中,用于检测离子信号的检测器主要有离子感板、筒状接收器(法拉第杯,FC)、电子倍增器(EM)以及用于离子图像分析的数字化微通导板、电荷耦合照相机(CCD)和阳极电阻位置灵敏探测器(RAE)、离子图像检测器等。

(1) 离子感板。

最早应用于离子质谱分析的检测器是在玻璃上涂覆一层溴化银(AgBr)乳剂的离子感板。当入射离子撞击溴化银颗粒时,使晶体内溴化银分子链断裂,分解成 Ag^+ 和 Br^- 离子。从数量上看,一个入射离子可以影响一个微米量级线度范围内的晶粒,产生 10^{10} 个银离子,相当 10^{10} 左右的放大系数。若入射离子的能量足够大时,可以成对地释放电子和溴原子。这些电子和溴原子通过晶体自由移动,如果电子被溴原子重新俘获,它们便在曝光过程中消失。如果自由电子与自由银离子结合,使银离子中和以银原子的形式沉淀在溴化银晶体内部或表面,形成"潜像",再经过显影(显像)、定影处理就能把离子信号永久保存下来,在离子感光板上形成一组谱线。根据谱线的强度和位置可以确定样品的组分及浓度。

实际上感光板的结构及其曝光、潜像、显影等机理远没有这么简单。随着科学技术的日益发展,感光板正在被电子技术的检测系统所替代。

(2) 筒状接收器和电子倍增器。

筒状接收器(FC)和电子倍增器(EM)见图 6-18。筒状接收器的工作原理是待测离子射入筒状金属接收极,通过一个高欧姆输入电阻形成相应的电压信号,馈送到前置放大器进行放大输出。电子倍增器由一个离子-电子转换极、约 20 个倍增极和 1 个收集极组成。离子射入转换极转换成电子,再经过倍增,在收集极接收到一个增益达 $10^5 \sim 10^8$ 个的电脉冲信号。但如果入射离子流强度足够大,以至于两个入射离子所引起的两个电脉冲之间的时间间隔小于倍增器死时间时,将会发生漏计现象。

通常情况下采用适当的电子线路使法拉第杯和电子倍增器互补组合使用,分别检测入射离子流强的信号和弱的信号。一般情况下以入射离子流强度为 $10^5/s$ 为界限。

(3) 离子图像检测器。

随着科学技术的日益发展,需要离子质谱仪提供离子的二维甚至三维的分布图像,为此在 20 世纪 70 年代出现了一种新型的电子倍增器——微通导板,它由大量管直径为几微米、长度 1mm 的微通导管组成。每根通导管的增益可达 10^4,若需要更高的增益,可多块通导板串接使用。微通导板的直径为 $20 \sim 80mm$。如果入射到每个微通导管上的离子强度各不相同,那么经倍增后输出的电脉冲强度也各不相同。例如,在离子显微镜模式的质谱仪中,质谱计输出到达微通导板前端的是一幅离子分布图像,通过微通导板输出的电脉冲,经荧光

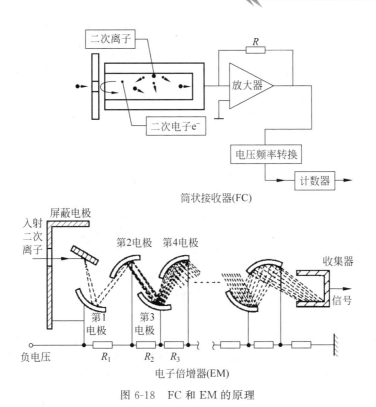

图 6-18 FC 和 EM 的原理

屏转换后获得一幅可见的离子分布图像。用电荷耦合照相机(CCD)替代荧光屏,还可以将离子图像数字化,实现元素在样品中分布的三维质谱分析,如图 6-19 所示。

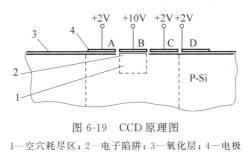

图 6-19 CCD 原理图

1—空穴耗尽区;2—电子陷阱;3—氧化层;4—电极

当电极 B 接上+10V 电位时,该电极下面 P-Si 衬底中的空穴被电场赶走,形成空穴耗尽区,而这一区域内的电子则在电场作用下移动到电极下面的电子储存区——电子陷阱。其他电极处于低电位,不能形成空穴耗尽区,所以没有储存电子的能力。

当有光入射到器件上时,在 P-Si 衬底中产生电子-空穴对。B 电极下的电子-空穴对被电场拆开。空穴被赶出耗尽区,电子则进入储存区。储存区内所储存的电子数正比于入射光的强度,从而把光信号变成电信号并存储下来。

如果把电极 B 的电位降到+2V,电极 C 的电位上升到+10V,那么在电位变化的过程中,电极 B 下面的空穴耗尽区将消失,并失去储存电子的能力,而电极 C 下面将形成新的空穴耗尽区和电子储存区,原先在 B 电极下的电子移到 C 电极下。因此,如果合理地设计各电极上的电位变化,可使存储的电信号有规律地依次移动,最终被模拟输出。

在质谱图像数字化处理系统中,除了人们所熟知的 CCD 外,还有阳极电阻编码器(Resistance Anode Encoder,RAE),其主体是位置灵敏探测器。微通导板和 RAE 的工作原理见图 6-20。当一个入射离子通过双微通导板增益后形成的一个电脉冲撞击电阻薄膜时,分布在周围的 4 个电极将接收到大小与撞击点位置密切相关的电信号。每一撞击点对应有一组 5 个信号,这 5 个信号决定了撞击点的位置和离子流的强度,把它们逐点模拟输出,数字化后存入计算机,通过软件就可以得到质谱计输出的三维离子像。

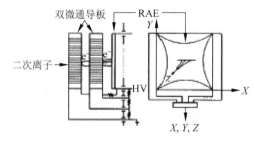

图 6-20 RAE 原理图

4. 质谱图

由式(6-16)可看出,当离子分离器的磁感应强度 B 与分离器的半径 r 一定时,连续改变加速电压 U,可使不同质荷比的离子先后聚焦于出射狭缝,然后射入离子探测器被探测、放大、显示和记录。很容易想到,当加速电压连续扫描时,在显示记录仪上可得到具有许多峰的图形,称为质谱图,如图 6-21 所示。

为了研究质谱仪器对质量的分辨本领,来看两个峰刚好分开的质谱图,如图 6-22 所示。当电荷 e 为一个单位时,质谱图横坐标可表为质量 m。

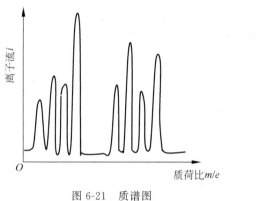

图 6-21 质谱图   图 6-22 两峰刚好分开的质谱图

定义:当两个峰刚好分开时,质量 m 与相邻两峰间的质量差 Δm 之比即 $m/\Delta m$ 为质谱仪器的分辨率。一般两峰间的谷不超过两峰平均高度的 10% ,就可认为两峰已分开。

6.2.3 质谱定量分析

1. 同位素测量

同位素离子的鉴定和定量分析是质谱技术发展的原始动力,至今稳定同位素测定依然十分重要,只不过不再是单纯的元素分析而已。分子的同位素标记对有机化学和生命化学领域中化学机理和动力学研究十分重要,而进行这一研究前必须测定标记同位素的量,质谱法是常用的方法之一。如确定氘代苯 C_6D_6 的纯度,通常可用 $C_6D_6^+$ 与 $C_6D_5H^+$、$C_6D_6H^{2+}$ 等分子离子峰的相对强度来进行。对其他涉及标记同位素探针、同位素稀释及同位素年代测定工作都可以用同位素离子峰来进行。后者是地质、考古等工作中经常进行的质谱分析,一般通过测定 $^{36}Ar/^{40}Ar$ 的离子峰相对强度之比求出 ^{40}Ar,从而推算出年代。

2. 无机痕量分析

火花源的发展使质谱技术可应用于无机固体分析,成为金属合金、矿物等分析的重要方法,它能分析周期表中几乎所有元素,灵敏度极高,可检出或半定量测定 10^{-9} 范围内浓度。由于其谱图简单且各元素谱线强度大致相当,应用十分方便。

电感耦合等离子光源引入质谱技术后(ICP-MS),有效地克服了火花源的不稳定、重现性差、离子流随时间变化等缺点,使其在无机痕量分析中得到了广泛的应用。

3. 混合物的定量分析

利用质谱峰可进行各种混合物组分分析,早期质谱的应用很多是对石油工业中挥发性烷烃的分析。

在进行分析的过程中,保持通过质谱仪的总离子流恒定,以使每张质谱或标样的量为固定值,记录样品和样品中所有组分的标样的质谱图,选择混合物中每个组分的一个共有峰,样品的峰高假设为各组分这个特定 m/z 峰峰高之和,从各组分标样中测得这个组分的峰高,求解数个联立方程,近似求得各组分浓度。

用上述方法进行多组分分析时费时费力且易引入计算及测量误差,故现在一般采用将复杂组分分离后再引入质谱仪中进行分析,常用的分离方法是色谱法。

6.2.4　在线质谱仪

质谱仪种类非常多,工作原理和应用范围也有很大的不同。

1. 质谱仪分类

从应用角度,质谱仪可以分为有机质谱仪与无机质谱仪。

有机质谱仪:根据应用特点不同又分为以下几种。

(1) 气相色谱-质谱联用仪(GC-MS)。

在这类仪器中,根据质谱仪工作原理不同,又有气相色谱-四极质谱仪、气相色谱-飞行时间质谱仪、气相色谱-离子阱质谱仪等。

(2) 液相色谱-质谱联用仪(LC-MS)。

同样,有液相色谱-四极质谱仪、液相色谱-离子阱质谱仪、液相色谱-飞行时间质谱仪,以及各种各样的液相色谱-质谱-质谱联用仪。

(3) 其他有机质谱仪。

有基质辅助激光解吸飞行时间质谱仪(MALDI-TOFMS)、傅里叶变换质谱仪(FT-MS)。

无机质谱仪,包括:

(1) 火花源双聚焦质谱仪。

(2) 感应耦合等离子体质谱仪(ICP-MS)。

2. 软电离技术

随着科学技术的进步,20 世纪 80 年代以来,有 4 种软电离质谱技术产生,分别为等离子体解吸(PD-MS)、快原子轰击(FAB)、电喷雾(ESI)和基质辅助激光解吸/电离(MALDI)。

(1) 等离子体解吸。

采用放射性同位素的核裂变碎片作为初级粒子轰击样品使其电离,样品以适当溶剂溶解后涂布于 0.5～1mm 厚的铝或镍箔上,核裂变碎片从背面穿过金属箔,把大量能量传递给样品分子,使其解吸电离。在制备样品时,采用硝化纤维素作为底物使得 PD-MS 可用以分析分子量高达 14 000 的多肽和蛋白质样品。

(2) 快原子轰击。

它的原理是,一束高能粒子,如氩、氙原子,射向存在于液态基质中的样品分子而得到样品离子,这样可以得到提供分子量信息的准分子离子峰和提供化合物结构信息的碎片峰。快原子轰击操作方便、灵敏度高,能在较长时间里获得稳定离子流。当用于绝大多数生物体中寡糖及其衍生物的分析时,可测分子量达 6000。而且在该质量范围内,其灵敏度远高于在 15 000 内新一代全加速仪器的灵敏度。此外,Camim 等采用 FAB-MS 分析从 Hafnia alvei 中得到的 4 个寡糖组分,检测到了 NMR 不能观测到的寡糖,并揭示了寡糖结构的非均一性。

(3) 电喷雾电离。

其原理是,喷雾器顶端施加一个电场给微滴提供净电荷;在高电场下,液滴表面产生高的电应力,使表面被破坏产生微滴;荷电微滴中溶剂的蒸发;微滴表面的离子"蒸发"到气相中,进入质谱仪。为了降低微滴的表面能,加热至 200～250℃,可使喷雾效率提高。FAB-MS 可以显示碎片离子,但只能产生单电荷离子,因此不适用于分析分子量超过分析器质量范围的分子。ESI 可以产生多电荷离子,每一个都有准确的小 m/z 值。此外还可以产生多电荷母离子的子离子,这样就可以产生比单电荷离子的子离子更多的结构信息。而且,ESI-MS 可以补充或增强由 FAB 获得的信息,即使是小分子也是如此。

(4) 基质辅助激光解吸/电离质谱。

基质辅助激光解吸/电离质谱(Matrix-Assisted Laser Desorption Ionization Mass Spectrometry,MALDI-MS)是 20 世纪 80 年代末问世并迅速发展起来的质谱分析技术。这种离子化方式产生的离子常用飞行时间(Time of Flight,TOF)检测器检测,因此 MALDI 常与 TOF 一起称为基质辅助激光解吸离子化飞行时间质谱(MALDI-TOF-MS)。MALDI-TOF-MS 技术,使传统的主要用于小分子物质研究的质谱技术发生了革命性的变革,从此迈入生物质谱技术发展新时代。该技术的特点是采用被称为"软电离"的方式,一般产生稳定分子离子,因而是测定生物大分子分子量的有效方法,广泛运用于生物化学,尤其对蛋白质、核酸的分析研究已经取得了突破性进展。MALDI-MS 在糖研究中的应用,也显示出一定的潜力和应用前景。另外,在高分子化学、有机化学、金属有机化学、药学等领域也显示出独特的潜力和应用前景,已经成为广大科技工作者研究与分析大分子分子质量、纯度、结构的理想工具。

3. 在线质谱仪

不同种类的离子源、质谱计和检测器的相互组合,形成各种不同的质谱仪。例如我国在 1969 年由上海电子光学技术研究所等单位研制成功的国内第一台火花源质谱仪(MST)采用的是火花离子源、双聚焦磁质谱计和感光板式检测器。英国 VG 公司生产的等离子体质谱仪(ICP-MS)由等离子体离子源、四极杆质谱计和电子倍增器检测系统组成。二次离子质谱仪(SI MS)则采用由一次离子束轰击样品溅射出来的包含有样品组分信息的二次离子作为离子源,其离子检测系统包括法拉第杯、电子倍增器、双通导板和 CCD 或 RAE 等器件,但质谱计不尽相同。例如,法国 CAMECA 公司生产的 IMS 系列 SIMS 采用的是双聚焦磁质谱计,而德国 ATOMECA 公司生产的 SIMS 则采用四极杆质谱计。选用不同的质谱计和离子源受质谱研究的需要和生产成本等因素的影响。但作为离子检测系统,感光板必将被电子检测系统完全替代。

在线质谱计从 20 世纪 70 年代末—80 年初开始在欧洲出现,80 年代中期,工业质谱计得到化工工程的认可,开始在工业过程成分分析中迅速发展和应用。它可对工业流程中的气体或蒸气进行定性、定量实时检测,可以对十多个气路,每路多达 9~16 种成分进行分析,通过自动气路切换、自动校准和自动数据采集处理,连续不断地给出各气路中各种成分的百分含量,分析范围达到 $100\% \sim 10 \times 10^{-6}\%$,可广泛用于石油化工、高纯气体生产、钢铁、食品加工、医药制造等行业。

在线质谱计应用于工业流程进行过程分析,一般都是定量分析,而且都是多道的。多道质谱计加速电压固定,在离子分离器离子出射端设多个出射狭缝,每个狭缝对应一个质荷比,用于检测气体试样中一种组分的含量。它可对工业流程中的气体或蒸气进行定性、定量、实时检测。它的特点是分析速度快,精度高,可同时进行多组分分析。但它的缺点是仪器价格高,维护量较大。

在线质谱计和实验室中用质谱仪的原理结构基本相同。世界科技先进国家已成功地将过程质谱仪投入生产过程使用,仅美国 PE 公司就分别为世界各地的钢铁冶炼厂、化工厂、发酵厂等安装测量多种气体的过程质谱仪千台以上。中国在 20 世纪 80 年代末已在化肥、钢铁、制药等工业部门使用,特别是 30 万吨乙烯成套工程上使用,取得良好效果。

在线质谱计分析速度特别快,只要几秒到 20 多秒时间就能对一种气流进行全面分析。如乙醇生产中可以用同一台仪器快速监测反应前后的多点多种组分,从而显著减少费用。一家著名的药厂在 96 条气体生产线上共用一台质谱仪。如在对高炉废气的回收系统中,应用过程质谱仪一般是测定 H_2、H_2O、CH_4、CO、N_2、O_2、CO_2、Ar 等多种组分。由于高炉炉膛外用水冷却,当监测人员发现 H_2 或 H_2O 含量升高时,是高炉外壳损坏的预兆,提醒操作人员对高炉及时进行检修,以避免不必要的损失。又如在乙二醇生产中以乙烯和氧气为原料,在一定压力和温度下通过催化剂生成环氧乙烷,而后与水合成乙二醇。乙烯本身是易燃、易爆的可燃气体,将乙烯与一定浓度的氧气和其他烃类进行氧化又是放热反应,更增加了生产的危险性。要求工艺人员及时正确地计算允许乙烯、氧气和其他烃类或惰性物质的混合物的可燃性极限,以及允许最大氧浓度,这种计算的主要依据是应用在线质谱计对反应进行实时的全组分分析测量的数据。

6.2.5 常用质谱仪优缺点比较

质谱分析技术已广泛地应用于化学、化工、材料、环境、地质、能源、药物、刑侦、生命科学、运动医学等各个领域。

1. 飞行时间质谱仪

飞行时间质谱仪(TOFMS)是速度最快的质谱仪,适用于 LC-MS 方面的应用。

优点:分辨能力好,有助于定性分析和 m/z 近似离子的区别,能够很好地检测 ESI 电喷雾离子源产生多电荷离子。速度快,每秒 2～100 张高分辨全扫描(如 50～2000u)谱图,适合于快速 LC 系统(如 UPLC),质量上限高(6000～10 000u)。

缺点:无串极功能,限制了进一步的定性能力,售价高于四极杆质谱仪 QMS;由于较精密,需要认真维护。

2. 离子阱质谱仪

离子阱质谱仪(ITMS)是最简单的串联质谱。

优点:价格比三重四极杆质谱仪 QQQ 低廉,体积小巧,具备多级串极能力,适用于分子结构方面的定性研究,能够给出分子局部的结构信息,有局部高分辨模式(Zoom Scan),分辨力比四极杆质谱高数倍(达到 6000～9000),适用于确定离子质量数。

缺点:定量分析能力不如 QMS 和 QQQ,所以大多数 GCMS 不采用离子阱质谱,不能像 QQQ 一样做母离子扫描和中性丢失,在筛选特征结构分子时能力不足。

3. 四极杆飞行时间串联质谱仪

四极杆飞行时间串联质谱仪(QTOF)以 QMS 作为质量过滤器,以 TOFMS 作为质量分析器。

优点:能够提供高分辨谱图,定性能力好于 QQQ,速度快,适用于生命科学的大分子量复杂样品分析。

缺点:价格高,需要仔细维护。

4. 四极杆质谱仪

四极杆质谱仪(QMS)是最常见的质谱仪器,定量能力突出,在 GC-MS 中 QMS 占大多数。

优点:结构简单、价格低,维护简单,定量能力强,是多数检测标准中采用的仪器设备。

缺点:无串极能力,定性能力不足,分辨力较低(单位分辨),存在同位素和其他 m/z 近似的离子干扰,速度慢,质量上限低(小于 1200u)。

6.3　色谱-质谱联用技术

色谱法是有机物的有效分离分析方法,特别适用于进行有机物的定量分析,但定性分析比较困难。质谱法擅长定性分析,但对复杂的有机混合物分析则无能为力,而且在进行有机物定量分析时要经过一系列分离纯化操作,十分麻烦。如果把二者结合起来,则能发挥两种仪器各自的优点。因此,二者的有效结合必将为化学家及生物化学家提供一个进行复杂化合物高效定性、定量分析的工具。目前所有的质谱仪都与气相色谱相连,组成气相色谱-质谱联用(GC-MS)系统。

色谱-质谱联用仪主要由色谱仪、接口、质谱仪、电子系统、记录系统和计算机六部分组成。混合样品进入色谱仪后,经色谱柱得到分离。从色谱仪流出的被分离组分依次通过接口进入质谱仪,在质谱仪中首先于离子源处被离子化,然后离子在加速电压作用下进入质量分析器进行质量分离。分离后的离子按质量大小,先后由收集极收集,并记录质谱图。根据质谱峰的位置和强度可对样品的成分和结构进行分析。所采用的质谱仪和色谱仪在基本结构和工作原理上与普通色谱仪和质谱仪无大区别,只是在某些方面有特殊要求。

该技术是在 20 世纪 50 年代后期开始研究的。到 20 世纪 60 年代后期已经成熟并出现了商用仪器。这种将两种或多种方法结合起来的技术称为联用技术(Hyphenated Method),利用联用技术的有气相色谱-质谱(G-MS)、液相色谱-质谱(LC-MS)、毛细管电泳-质谱(CZE-MS)及串联质谱(MS-MS)等,其主要问题是如何解决与质谱相连的接口及相关信息的高速获取与存储等问题。

色谱仪是在常压下工作,而质谱仪是在高真空下工作,因此,必须有一个连接装置,将色谱流出的载气去掉,使压强降低,样品气进入离子源。这个连接装置叫分子分离器。目前一般使用喷射式分子分离器,样品气和载气(He)一起由色谱柱流出进入分子分离器。由于载气分子量小,扩散快,经过喷嘴后,很快扩散开并被抽走。样品气分子量大,扩散慢,依靠惯性进入质谱仪。这样,经过分子分离器后,压强由常压降到 10^{-2} Pa,载气被抽除,实现了载气和样品气的分离。如果色谱仪使用毛细管柱,由于毛细管柱流量很小,可以不必经过分子分离器而直接进入离子源。这样,混合物样品由色谱仪一个个分开,由质谱仪一个个鉴定,并且根据需要由数据系统进行数据处理,快速地得到各种信息。因此,GC-MS 系统已成为有机物分析的重要工具。

6.3.1　气相色谱-质谱联用

用于与 GC 联用的质谱仪有磁式、双聚焦、四极杆式、离子阱式等质谱仪,其中四极滤质器及离子阱式质谱仪由于具有较快的扫描速度(≈ 10 次/s),应用较多,其中离子阱式由于结构简单,价格较低,近些年发展更快。

气相色谱-质谱(GC-MS)联用的应用十分广泛,适于易挥发、半挥发性有机小分子化合物的分析,从环境污染分析、食品香味分析鉴定到医疗诊断、药物代谢研究等。而且 GC-MS 是国际奥林匹克委员会进行药检的有力工具之一。

质谱仪种类繁多,不同仪器应用特点也不同,一般来说,在 300℃ 左右能汽化的样品,可以优先考虑用 GC-MS 进行分析,因为 GC-MS 使用 EI 源,得到的质谱信息多,可以进行库检索,毛细管柱的分离效果也好。如果在 300℃ 左右不能汽化,则需要用 LC-MS 分析,此时主要得到分子量信息,如果是串联质谱,还可以得到一些结构信息。如果是生物大分子,主要利用 LC-MS 和 MALDI-TOF 分析,主要得到分子量信息。对于蛋白质样品,还可以测定氨基酸序列。质谱仪的分辨率是一项重要技术指标,高分辨质谱仪可以提供化合物组成式,这对于结构测定是非常重要的。双聚焦质谱仪、傅里叶变换质谱仪、带反射器的飞行时间质谱仪等都具有高分辨功能。

质谱分析法对样品有一定的要求。进行 GC-MS 分析的样品应是有机溶液,水溶液中的有机物一般不能测定,需进行萃取分离变为有机溶液,或采用顶空进样技术。有些化合物极性太强,在加热过程中易分解,例如有机酸类化合物,此时可以进行酯化处理,将酸变为酯再进行 GC-MS 分析,由分析结果可以推测酸的结构。如果样品既不能汽化也不能酯化,那就只能进行 LC-MS 分析了。

6.3.2　液相色谱-质谱联用

对于热稳定性差或不易汽化的样品,使用 GC-MS 有一定的困难。因此,20 世纪 80 年代以后,液相色谱-质谱(LC-MS)联用技术进入实用阶段。与气相色谱-质谱已取得的成功相比,液相色谱-质谱的联用还有些技术问题有待解决,主要是色谱系统各种难挥发溶剂的排除问题。进行 LC-MS 分析的样品最好是水溶液或甲醇溶液,LC 流动相中不应含不挥发盐。对于极性样品,一般采用 ESI 源;对于非极性样品,则采用 APCI 源。

目前应用较多的接口装置有传送带式和热喷雾式两种。传送带接口是依靠不锈钢或高聚物制成的传送带将样品送入离子源。在传送过程中,溶剂被加热汽化并用泵抽走,样品在离子源汽化并电离,这种接口适用于非极性溶剂。

对于极性溶剂,由于汽化慢,需要分流,因而样品利用率低,影响整个系统的灵敏度。

热喷雾接口是 20 世纪 80 年代发展起来的新型接口装置,包括汽化器、电离室和抽气系统三部分。汽化器是一根金属毛细管,内径约 0.15mm,毛细管采用直接电加热法加热。电离室有发射电子的灯丝和放电电离装置。抽气系统主要是一个机械泵,有的加冷阱,目的是捕集溶剂。

热喷雾接口的电离方式有三种:直接热喷雾电离、放电电离和电子束电离。热喷雾电离是在流动相中加入电解质(如醋酸铵),当流动相通过加热的汽化器后,以接近汽化(或部分汽化)的状态从毛细管喷出,形成含有细微雾滴的气流,因为溶液中含有电解质,溶液中就含有一定量的离子,微小雾滴因而带电。随着雾滴的不断蒸发变小,形成局部强电场,发生场解吸电离。场解吸电离生成的溶剂离子和样品离子还可以通过离子分子反应生成新的离子。

此外,还可以利用放电电离和电子束使热喷雾气流产生化学电离。先使溶剂分子电离,然后与样品分子反应生成样品离子。电离生成的离子进入分析器,溶剂气体由抽气系统抽出。

热喷雾方式的特点如下:

(1) 直接热喷雾电离产生的样品离子一般为质子化的离子或所加阳离子与样品分子的合成离子,如 $(M+H)^+$,$(M+NH_4)^+$ 等。这种电离方式比化学电离温和,谱图往往有较强的准分子离子,因而更适用于难汽化和热不稳定样品的分子。

(2) 能满足一般液相色谱流量要求,100% 的水也能分析。

(3) 有良好的色谱分辨率,灵敏度等于或优于传送带方式。

(4) 需加入电解质,操作麻烦,结构信息少,适合四极杆质谱而不适于磁质谱。

以上两种连接装置,虽然使液相色谱和质谱的联用成为可能,但都有不足之处。目前正在发展中的超临界流体色谱(SFC)和质谱(MS)联用,可能是对难挥发、易分解物质进行联用分析最有前途的方法。

6.4　在线色谱仪与质谱仪

6.4.1　在线气相色谱仪

过程气相色谱仪主要分析气态混合物的组分含量。液态混合物也可以分析,不过它的沸点一般应在 400℃ 以下,在进入色谱柱前,要先进行汽化。

在线气相色谱仪 Clarus 600 GC 原产地为美国珀金埃尔默仪器(上海)有限公司(PerkinElmer)。

1955 年 PerkinElmer 公司推出世界上第一台商品化气相色谱仪。1958 年世界上第一根商品化毛细管气相色谱柱在 PerkinElmer 公司诞生。Clarus 600 气相色谱仪在传统柱箱上实现了快速升温降温。使分析周期大大缩短,工作效率大幅提升。Clarus 600 气相色谱仪建立在 PerkinElmer 公司多项发明创造基础上,包括独特的预排切割压力平衡系统、性能优异的程序控制气路系统、功能强大的 Totalchrom 色谱工作站和创新的触摸化彩屏,如图 6-23 所示。

1. 主要特点

柱箱从 450℃ 降到 50℃ 所需时间不超过 2min,高效柱箱缩短了每次的分析周期,提高了分析效率。设计更加灵活的自动进样器。可编程的进样器在复杂分析中最大限度体现性能及灵活性的优势。性能优异的电子气路控制提高了分析的自动化程度。

图 6-23　Clarus 600 气相色谱仪

2. 主要参数

柱箱最大升温速率:140℃/min(设定 160℃/min)。

柱箱温度操作范围(带冷却剂):-90～450℃。

柱箱降温功能设定:具有软冷却设定功能。

升温程序:9 阶 10 平台。

填充柱进样器(PKD)工作温度:50～450℃。

毛细管柱分流/不分流进样器(CAP)工作温度:50～450℃。

程序升温控制毛细管柱分流/不分流进样器(PSS)工作温度:50～500℃。

氢火焰离子化检测器(FID)工作温度:100～450℃。

最低检出限:<$3\times10\sim12$gC/s 壬烷,信噪比:2∶1。

电子捕获检测器(ECD)工作温度:100～450℃。

保护温度:470℃软件保护。

离子源:15mCi63 Ni。

最低检出限:<5×10^{-14} 全氯乙烯,氮气/甲烷和氩气。

热导检测器(TCD)工作温度:100～-350℃。

最低检出限:<1 ppm 壬烷;≥0.32mm 毛细管柱不加尾吹气。

氮磷检测器(NPD)工作温度:100～450℃。

最低检出限:5×10^{-13}gN/s;5×10^{-14}gP/s。

火焰光度检测器(FPD)工作温度:250～450℃。

最低检出限:1×10^{-11}gS/s;1×10^{-12}gP/s。

毛细管柱不加尾吹气。

Totalchrom 是多任务、多窗口、多仪器、功能强大的色谱数据处理系统,已连续多年被美国《科学计算及自动化》杂志评选为最受用户欢迎的色谱处理软件。其独特的谱图编辑功能,极大地简化了色谱数据处理参数和条件的设置。

专业的工业检测气相色谱仪,可满足石油、化工、电力、环保等各个领域的要求。

在线气相色谱仪也应用在冶金工业中,应用于平炉、退火炉和熔炼炉的控制以及高炉的炉气分析等。

6.4.2　在线质谱仪

安捷伦 6550 iFunnel Q-TOF LC/MS 系统引入了划时代的安捷伦 iFunnel 技术,与喷射流离子聚焦技术和六孔取样毛细管相结合,使仪器灵敏度相对于已有仪器提高一个数量级,能达到其他任何高分辨 LC/MS 所无法达到的最低检测限。将垂直电喷雾与加热离轴漏斗相结合,阻止中性物质的传输,提供了行业中无可比拟的耐用性。安捷伦 6550 iFunnel Q-TOF 具有高分离度和精确质量,灵敏度达到了前所未有的飞克级,因而更适用于药物研究、代谢物鉴定、蛋白质组学和代谢组学研究、食品安全、法医鉴定、毒理学和环境筛查等应用领域。

安捷伦的离子束压缩和成型(IBCS)技术在保持 40k 质量分辨率和亚 1 ppm 质量精度的同时,提供了最高灵敏度。用增强的电子系统和软件算法达到了高达每秒 50 张图谱的超高数据采集速率,适用于用 Agilent 1290 Infinity LC 进行的超快速 UHPLC 分离,以及数据依赖型 MS/MS 实验的最大采样速率,如图 6-24 所示。

图 6-24　Agilent 6500(QTOF)

6.4.3　气相色谱-质谱联用仪

GCMS-TQ8040 三重四极杆型气相色谱-质谱联用仪结合两种革新技术,在超过 400 种化合物同时分析时也可以获得高灵敏度、高准确度的分析结果。第一种革新技术是采用全新固件,提高数据采集效率,在单次分析中支持高达 32 768 个 MRM 通道。第二种革新技术是在 GCMS-TQ8040 软件中嵌入 Smart MRM 方法创建功能,自动优化每个组分的采集时间。对于目标组分,仅在其出峰的一段时间内进行数据采集,单位时间内采集效率显著提升,进行多组分同时分析时获得高灵敏度是 GCMS-TQ8040 的特长。以往,超过 400 种农药组分的同时分析需要设置两种或者三种不同的方法,而 GCMS-TQ8040 却可以在一个方法中应对此类多组分的同时分析,减少分析循环次数,提高分析效率。高辉度离子源和高效率碰撞池是实现高灵敏度分析的基础。高速扫描控制技术(ASSP)和 Scan/MRM 同时扫描功能保证在单次分析中获得高匹配度谱库检索结果及痕量组分的高精度定量结果,如图 6-25 所示。

图 6-25　GCMS-TQ8040 气相色谱-质谱联用仪

主要参数：

（1）单次运行最多设置 32 768 个 MRM 通道,支持单次运行同时分析成百上千个化合物。

（2）支持多种监测模式的同时扫描,例如 Scan/MRM 同时扫描、Scan/Product Ion Scan 同时扫描等,获得高灵敏度定量数据的同时不丢失化合物的质谱信息。

（3）高真空系统采用双入口差动式涡轮分子泵排气系统（200L/s＋200L/s）,重新启动或恢复真空速度快。

（4）软件嵌入保留指数计算功能,支持利用保留指数自动预测保留时间（AART 保留时间自动调整）,并自动创建仪器分析方法。

（5）支持中/英文,一套软件既可安装成中文,亦可安装成英文。支持全中文的样品名、文件名、序列名等输入。

（6）最大扫描速度高达 20 000 u/s,并配备专利 ASSP 功能,最大程度地减小高速扫描时数据灵敏度下降和质谱图正确性下降的问题。

综上所述,在线气相色谱仪和在线质谱仪都可用于对气体进行定量分析和定性分析,在工业上都是定量分析的应用。色谱技术和质谱技术的结合,充分发挥了色谱技术的分离作用和质谱技术的定性分析作用,为复杂化合物的高效分析提供了可靠的保障,拓宽了两者的使用范围,更好地满足了石油、化工、电力、环保、冶金、制药等各个领域的要求。

6.5 在线色谱仪在天然气能量计量中的应用

6.5.1 天然气计量

天然气是优质的燃料和化工原料,作为燃料,它燃烧完全,单位发热量大,燃烧后产物对环境影响小；作为化工原料,它洁净,质优,成本低,可用它生产多种精细化工产品和高附加值产品,因此天然气在我国能源结构中所占比例不断上升。随着天然气工业的不断发展和大型天然气贸易交接计量口的不断增加,我国对天然气贸易计量的准确性要求越来越高。天然气能量计量与计价已成为目前国际上最流行的天然气贸易和消费的计量与结算方式。发达国家早在 20 世纪 90 年代已建立了较为完善的天然气贸易计量法规、标准和检测方法,随着天然气在线分析技术的日渐成熟,发达国家在大型贸易计量站,特别是按能量方式计量的大、中型计量站,天然气色谱仪已成为必不可少的计量设备。国际上天然气交接能量主要通过测量天然气体积流量和体积发热量的方式获取,测量天然气发热量的方法主要采取间接法,尤其西欧地区。国际标准化组织（ISO）为能量计量的顺利实施已制定或草拟了指导性原则,实行天然气能量计量的国家也颁布了相关的标准和规范。

与发达国家相比,我国采用的天然气贸易计量方式仍以体积计量为主,但由于不同天然气的组分存在差异,同体积的天然气所产生的能量不同,例如我国管输商品天然气的高位热值最小为 $36.1MJ/m^3$,最大为 $44.35MJ/m^3$,二者相差 30.8%。作为燃料天然气的商品价值是其所含有的发热量,而不是体积。在我国实行天然气能量计量,不仅是与国际惯例接轨和引进国外天然气资源的必然要求,同时也利于保护天然气生产商和消费者的利益,提升天然气的市场价值及与其他能源的竞争力。

6.5.2　天然气计量系统

天然气能量计量是指测量天然气的发热量并以其为计价单位来进行结算,其建立在体积计量基础上的,涉及流量测量、组成分析和物性参数测定等方面。天然气贸易计量涉及的器具与设备有流量测量和天然气物性参数测定两大类,在天然气流量计量中,孔板流量计是使用最多的流量计,其次为涡轮流量计和超声波流量计。在天然气组成分析和物性参数测定方面,多数计量站配备在线气相色谱仪。

根据 GB/T 22723—2008,天然气能量采用间接能量测量的方法,即一定量气体所含能量(E)是气体量(Q)与对应单位发热量(H)的乘积,即

$$E = H_s \times Q \tag{6-18}$$

式中：H_s——一段时间内的平均单位发热量或赋值发热量;

Q——气体流量,通常为体积流量。

因此,能量通过测量天然气发热量和体积流量而得到。天然气发热量的测定方法有两种,一种为使用热量计直接燃烧测定天然气的发热量(简称"直接法"),另一种为利用气相色谱仪分析得到的天然气组成数据计算其发热量(简称"间接法")。目前在管道现场使用的发热量测定技术仍然为由在线气相色谱仪测定天然气组成后,由状态方程计算,而发热量直接测定方法只是作为对计算方法的一种验证方法。

由于发热量和体积与温度压力有关,为便于能量比较与计量,我国天然气行业的燃烧和计量标准参比条件均采用参比压力 101.325kPa,标准参比温度为 20℃,湿度一般采用两种极端,即干基(干气)和湿基(饱和水)。

图 6-26 为天然气能量计量原理图,流量计测得的天然气体积需要通过温度、压力和压缩因子参数修正,天然气单位体积发热量由气体组成浓度计算得到,同时压缩因子参数也是通过温度、压力和气体组成计算得到,所以要实现能量计量,除了体积计量所需要的气体体积流量、工况温度、压力三组参数外,还必须配置在线气相色谱仪连续获取现场气体组成浓度数据。

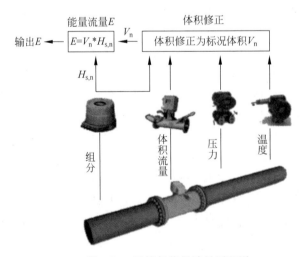

图 6-26　天然气能量计量原理图

6.5.3 在线气相色谱仪

在线气相色谱仪的结构示意图如图 6-27 所示,主要包括电子压力控制模块、色谱模块、数据处理模块、接口电路以及显示模块,此外还包括防爆模块等辅助单元。采用电子压力控制模块调节载气和样气的压力,稳压后的载气携带样气进入色谱模块。色谱模块由进样器、色谱柱和检测器组成,进样器获取一定量的样气后,送入色谱柱分离,最终由检测器输出检测信号。数据处理模块用于分析仪的工作流程控制,获取色谱模块的检测器信号,经处理得到气体分析结果。接口电路实现分析仪和外部设备之间的数据和状态信息的通信,并进行反馈控制。显示模块提供完善的人机交互界面,可实时显示分析仪数据,并可通过磁按键直接操作分析仪。防爆模块等辅助单元保证了分析仪的正常高效运行,并可应用于对安全有较高要求的场合。

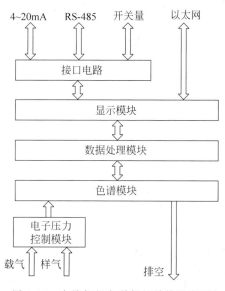

图 6-27 在线气相色谱仪的结构示意图

其中,色谱模块作为最为核心部件,采用的是微型色谱技术,基于微电子机械系统技术(MEMS)在硅片上制造高质量、高精度微细进样系统和高灵敏度的微细热导检测器。由于所有微细器件在硅片上完成,故这些器件的化学性能很稳定,惰性好,工艺上重复性好,制造精度高。进样系统通过双面刻蚀的硅片和键合技术形成微通道和微阀,将这些微通道和微阀组合起来形成不同类型的进样器。微型热导检测器以硅片为基材,采用增强化学气相淀积工艺,在硅片上生成高质量下层钝化层薄膜,然后用溅射工艺在薄膜上生成镍薄层,在此基础上再用增强化学气相淀积工艺生成上层钝化层薄膜,最后用反应离子刻蚀工艺刻蚀出需要的灯丝、参考气通道及样品气通道。同时,用阳极键合工艺将一片玻璃片和硅片键合在一起,形成微型热导检测器部件。采用 MEMS 技术的色谱模块具有分析速度快、系统体积小、耗气量少、检测器灵敏度高等特点,非常适用于石化工业,如天然气、炼厂气、石油和天然气勘探中的气体分析。

6.5.4 现场应用

ProGC-2000 在线气相色谱仪用于西气东输长输管网分输站,气源地为新疆塔里木盆地,气源较为稳定。图 6-28 为在线色谱仪检测结果趋势图,图 6-28(a)为长输管网分输站在线色谱运行 3 个月的甲烷浓度数据,图 6-28(b)为长输管网分输站在线色谱运行 3 个月的天然气热值数据。结果显示,ProGC-2000 在线色谱仪分析结果稳定可靠。

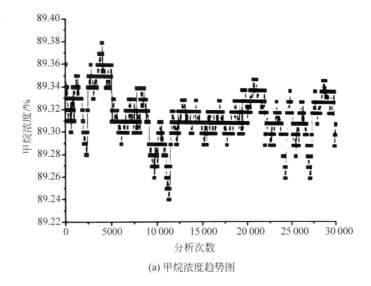

(a) 甲烷浓度趋势图

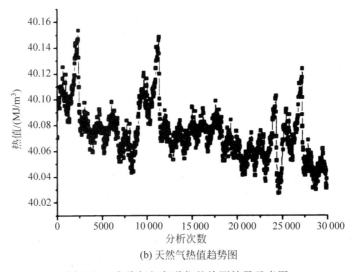

(b) 天然气热值趋势图

图 6-28　在线气相色谱仪的检测结果示意图

所研制的在线气相色谱仪具有分析速度快、测量精度高、载气和标气消耗量小、使用维护方便和维护成本低等优点,较好地满足了天然气能量计量中组分分析的迫切需要,它的推广将可以较大地提高我国天然气行业的在线监测和能量计量水平,有助于降低生产成本、提高经济效益和社会效益。

思考题

6-1　简述气相色谱技术的关键。

6-2　简述色谱法分类。

6-3　简述色谱图上定性定量分析方法。

6-4　简述单道质谱检测系统与多道质谱检测系统的异同。

6-5　简述气相色谱仪常用的检测器原理。

6-6　简述各种质谱仪检测原理。

6-7　简述色谱仪的应用。

6-8　简述质谱仪的应用。

6-9　简述色谱仪与质谱仪联用的益处。

第 **7** 章

在线物性分析仪器

物性分析仪器主要包括以下几种：湿度计、水分计、黏度计、密度计、浓度计、酸度计等。物性分析仪器在在线分析仪器中占有相当的比例。

湿度计可用于测量气体中的水分含量，目前除了普遍使用的毛发湿度计、干湿球湿度计以外，还有价格昂贵的光谱湿度计、微波湿度计等。

水分计可用于测量固体和液体中的水分含量。经典的方法是加热烘干称重法，精度较高，但测量时间长。有代表性的新型水分计是电导式水分计、电容式水分计、红外式水分计、微波式水分计等，响应速度快，测量时间短，但是水分与电量不是单值函数。

黏度计可用于测量液体的黏性系数，常用的测量方法有毛细管法、旋转法、落球法、振动法等，它们常用于牛顿流体、非牛顿流体的黏度测量。近年来，人们更关注特殊条件下（高温、高压）的黏度测量。

密度计可用于测量单位体积物质的质量，常用的测量方法有射线法、振动法等。近年来，由于计算机的引入，又发展了各种智能式密度计。

浓度计可用于测量溶液中溶质的含量，工业上常用的有电导法、电磁法等。

酸度计可用于测量溶液中 H^+ 的含量，工业上常用 pH 计实现。

物性分析仪器应用范围很广，可在生产过程中直接监测和控制生产工艺和产品质量，因此，在石油、化工、轻工、食品、环境监测等许多部门都有其用武之地。

作为七大环境公害之一，恶臭会刺激人的嗅觉器官，严重时会引起中毒。近年来，一些工业园区恶臭污染频发，而其具有来源多、排放不确定高、易扩散等特点，因此迫切需要建立有效的动态实时监控系统，对恶臭的产生、扩散和影响进行综合监测。恶臭在线监控系统通过恶臭气体在线监测设备，可同时监测复合恶臭强度及 H_2S、NH_3 等典型气体，实现其污染源（恶臭防治设施前后端）、厂界及敏感点（信访地区）恶臭气体动态实时监测，结合大气扩散模型，可实现恶臭气体的监测、分析和溯源。

本章在前几章的基础上，重点介绍快速烘干失重法水分测量和微波湿度计、天然气水露点测量及恶臭气的监测分析。

7.1 快速失重式水分在线检测系统

7.1.1 水分测量

水分计是用于测量液体和固体中含水量的仪器。水分广泛存在于自然界的物质中。矿物、卷烟、茶叶、粮食、制药、食品工业等在加工过程中都要求水分保持在一定的范围内。随着对产品质量要求的提高,水分的精确快速测量与控制显得更为重要和迫切。水分的在线测量是工业生产工艺优化和生产过程自动化控制的基础。

传统的水分测量方法是采用烘干失重法,在规定时间、温度及烘干条件下进行烘干,测量物料的失重量和原湿物料的重量的比值,作为物料的含水率(通常称为水分值)。这种方法是直接测出水分的蒸发量,属于直接法。直接法准确可靠,但是测量时间长,通常需要 1~2h,难以满足生产过程中快速测定的需要。但是,由于准确性好,计量部门一直应用此方法作为测定水分的标准,故又称为经典法。它的精度主要取决于天平精度和烘箱控温精度以及操作人员的熟练程度。

进入 20 世纪 70 年代后,由于电子技术的发展,新的水分测量方法与仪器不断出现。在工业领域中,最有代表性的是电导式、电容式、红外式、微波式等测量方法。这些方法均属于间接法。因为是对电或光的测量,所以响应快,很好地解决了经典法测量时间长的问题,很适于水分的在线测量。但其共同缺点是:水分与电量(或能量吸收)不是单值函数,而是多变量关系,错综复杂。因此研制这类仪器的技术关键是如何排除干扰因素。到 20 世纪 90年代初,又有回到经典法的趋势。由于采用计算机、红外等新技术,将电阻式烘箱改为红外对流小的烘箱,而且与电子天平组成一个整体。它既保留了经典法测量准确的优点,又解决了测量时间长的缺点,是一种快速烘干失重法。这类仪器中比较有代表性的是美国 Denver公司的 IR-100 型等。

水分的计算通常用重量的百分值来表示,它代表试样的全部重量中水分重量所占的百分比。其中以干试样的重量为基准的称为干基法,以湿试样的重量为基准的称湿基法。

干基法

$$M_R = \frac{W_1 - W_2}{W_2} \times 100\% \tag{7-1}$$

湿基法

$$M_C = \frac{W_1 - W_2}{W_1} \times 100\% \tag{7-2}$$

式中:W_1——湿试样的重量;

$\quad W_2$——干试样的重量;

$\quad M_R$——干基法水分;

$\quad M_C$——湿基法水分。

在工业测量中,采用湿基法较多,如造纸、食品、冶金、建材等行业。干基法常用于木材和纺织等部门。

7.1.2 快速失重法

失重法是经典的实验室分析方法,主要用来分析固体的水分含量,如粉粒物料水分的测量。也常用于分析煤的挥发分和灰分。使物料失重的条件主要是提高物料温度。对于经典的失重法,由于采用的失重温度较低,分析时间较长,常需 1～2h。

快速失重法的基本原理是创造条件使被测物质迅速挥发掉,然后测量失重量。前面所述采用红外或微波加热,结合电子天平进行水分快速测量,适合实验室使用。本节介绍一种可用于工业流程的快速失重法在线水分仪,它由自动取样和预处理装置、电阻加热炉、电子天平、计算机、温度控制电路等组成。本节仅讨论采用升温方式使被测物质失重。

快速失重法是在经典的失重法基础上发展起来的,它的失重速度很快,可用于在线分析,制成各种专用的在线分析仪器。

7.1.3 极限失重温度的确定

快速失重法与经典失重法的主要区别在于失重温度的选择。快速失重法是在物料的极限失重温度下进行分析。它的失重速度很快,一般仅需一二分钟。

物料的极限失重温度是个新概念。它是指物料所能允许的最高失重温度,在该温度下失重仅除去所要分析的组分;如果其他组分也被除去,它必须是非常少,不影响测量精度。物料的极限失重温度取决于物料各组分的性质,由实验确定。

快速失重式水分测量装置结构如图 7-1 所示。该装置采用电阻加热法在极限失重温度下,对被测物料试样进行加热烘干,并采用高精度电子天平对被测物料的失重和干重进行测量,由计算机对数据进行处理,得出被测物料试样的水分值。整个装置由电阻加热炉、重量称量部分、温度控制部分和计算机组成。

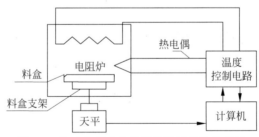

图 7-1　快速失重式水分测量装置结构示意图

电阻炉的炉温由微型计算机经过炉温控制电路进行控制。电阻炉底部开个小的圆孔,料盒支架的杆经过圆孔穿过,支架上端放置料盒,支架下端放置在天平的料盘上。测量时将 100g 左右的粉粒物料放在料盒里。当被测物料被加热时,其中的水分不断蒸发,电子天平实时检测物料重量的变化,并把重量数据通过其 RS-232 口送给微型计算机。计算机完成数据采集、计算与显示、温度控制等功能,并可打印输出数据或曲线。

极限失重温度的确定,以测量物料水分含量为例。它由下列三个实验确定。

1. 干物料升温失重曲线

将 100g 湿物料放入极限失重温度测量装置中,将炉温控制在 105℃,使物料彻底烘干。如果湿物料含水量为 10%,这时物料重量为 90g。然后在计算机控制下使炉温随时间匀速升高,例如每分钟升高5℃,此时计算机开始计时、自动绘制失重曲线,如图7-2所示。如有需要还可同时打印。

开始时物料失重很缓慢,曲线比较平缓;随着温度的升高,失重逐渐加快。当物料急剧失重时,曲线急剧下降,实验即可结束。图7-2中,t为零时物料的温度为105℃。1点物料温度为T_1时,失重0.1%,相当0.09g;2点物料温度为T_2时,失重0.2%,相当0.18g;以此类推。一般矿物料达到4点失重0.4%,相当0.36g,需要几十分钟或1~2h。

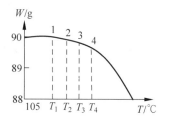

图7-2 干物料升温-失重曲线

当被测物料含水量为10%时,物料到达1点,由于非水分物质的挥发,造成水分测量误差为0.9%。显然,到达4点时将造成3.6%的误差。

根据经验,可将急剧失重开始点3点或4点的温度T_3或T_4确定为该物料的极限失重温度。

2. 含水量最大的湿物料在极限失重温度下的失重曲线

含水量最大是指生产工艺流程上被测物料的最大可能的含水量,一般在10%左右。

将极限失重温度测量装置的温度调整到该物料的极限失重温度。然后将100g的湿物料直接放入该测量装置中进行烘干,在计算机控制下由打印机自动绘制失重曲线,如图7-3所示。从该失重曲线可求出物料被烘干所需的时间,例如为t_1值一般为1~2min。

3. 干物料在极限失重温度下的失重曲线

将快速失重式水分测量装置的温度保持在该物料的极限失重温度下。将已烘干的物料100g放入该测量装置中进行失重,在计算机控制下由打印机自动绘制失重曲线,如图7-4所示。

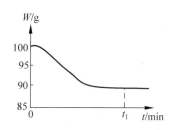

图7-3 含水量最大的湿物料在极限
失重温度下的失重曲线

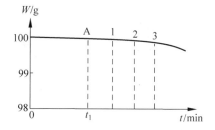

图7-4 干物料在极限失重温度
下的失重曲线

此实验一般仅需十几分钟。图7-4中1点物料失重0.1%,2点失重0.2%,以此类推。

根据前边实验求出的烘干时间t_1,可在图7-4中的曲线上求出在极限失重温度下烘干,由于非水分物质挥发造成的最大可能误差。在一般情况下不会达到1点的误差,即经过t_1时间物料失重达不到1点。假设t_1时间对应的失重为A点,此点物料失重为$\Delta m\%$;被测物料的含水量为W,由快速失重法的方法本身造成的最大可能相对误差为δ,可表示为

$$\delta = \frac{\Delta m\%(100\% - W)}{W} \tag{7-3}$$

例如,$\Delta m = 0.06$,$W = 10\%$,由式(7-3)可算出最大可能相对误差$\delta = 0.54\%$。显然,这

样估计的方法误差偏大。因为物料被烘干时开始阶段物料本身的温度并未上升到极限失重温度。物料含水量越大,物料上升到极限失重温度的时间就越迟,由于非水分物质挥发造成的误差就越小。从上述分析可见,物料的极限失重温度可以在一个范围内选择。测量精度要求低时,极限失重温度可选择高些,测量时间可短些;反之,当测量精度要求高时,可选择极限失重温度低些,测量时间长些。因此极限失重温度的选择与测量精度和测量时间有关。在生产流程上在线自动检测物料含水量,常要求测量时间短,而测量精度适当即可。表 7-1 给出几种粉粒状矿物的极限失重温度。

表 7-1　几种粉粒状矿物的极限失重温度

粉粒状矿物	极限失重温度/℃	含水量 10% 所需的烘干时间/min	相对误差/%
铜精矿 No.1	315	4.03	0.81
铜精矿 No.2	310	4.53	0.54
锌精矿 No.1	410	2.83	0.45
锌精矿 No.1	410	2.50	0.54
烧结混合料	500	1.50	0.54

7.1.4　快速失重法水分检测系统

图 7-5 为快速失重法水分检测系统示意图。该系统由失重装置(烘干炉)、称量装置(电子天平)、试样预处理器件(布料斗、料盒、刮板、振料器、冷却风机)、机械传动与电气驱动器件(导轨、链条、连接片、链轮、天平升降机构、顶尖、步进电动机)等组成。

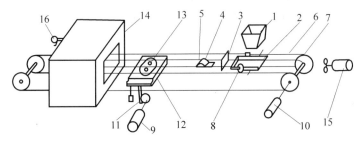

图 7-5　快速失重检测系统示意图

1—布料斗;2—料盒;3—刮板;4—振料器;5—导轨;6—链条;7—链轮;8—连接片;9,10—步进电动机;
11—天平升降机构;12—天平;13—顶尖;14—烘干炉;15—冷却风机;16—热电偶

由自动取样装置将几百克粉粒物料试样从皮带输送机上取来,然后经过布料斗落入试样料盒里。由步进电动机驱动链条带动料盒向电子天平方向运动,经过刮板,料盒中的物料被刮平,多余的物料被刮落。此时料盒中的物料量为 100g 左右。

然后料盒经过振料器,它是一个凸形架。料盒爬上振料器时链条拉紧,而滑下时链条突然放松,料盒抖动一下,将料盒四壁上端的物料抖落到料盒内或料盒外,使以后料盒运动时物料不会再从料盒向外散失。料盒移动到电子天平上端时停下,步进电动机驱动升降机构带动电子天平升起。电子天平上的三个顶尖将料盒顶起,料盒与链条脱离。这时电子天平对含水的湿物料称重,重量数据送入微型计算机。湿物料被称重后,电子天平升降机构下降,下降位置由电气限位开关确定,此时料盒也随着下落,并与链条又重新连接。然后步进电动机驱动链条带着料盒进入烘干炉。烘干炉为电阻炉,采用热电偶测温,由温度控制电路控制它恒定在物料的极限失重温度下。湿物料经过与该物料极限失重温度相对应的烘干温度烘干后,湿物料的水分已完全除去,成为不含水的干物料。步进电动机驱动链条带着料盒离开烘干炉,再回到电子天平上方,对干物料进行称重,称重数据也送入微型计算机。微型计算机根据湿、干物料两次称重数据,计算出物料的含水量,即

$$m = \frac{W_1 - W_2}{W_1} \times 100\%$$

式中:M——物料的含水量,用质量分数即质量百分含量表示;

W_1——湿物料的重量,g;

W_2——干物料的重量,g。

由显示器显示出被测物料含有水分的质量百分含量。称重后的干物料变成废料,由步进电动机驱动链条带着料盒运动到导轨的右端,料盒向下倾斜,将废料倒掉。同时冷却风机起动,吹扫和冷却料盒。料盒倒料时压下电气限位开关,后者用来检测料盒的位置。此位置作为下一次料盒移动时的参考点,以保证料盒每次都能准确地停在应停的位置上。料盒冷却后,由步进电动机驱动链条带动它到电子天平处称空料盒重量,使电子天平清零去皮重;然后料盒离开电子天平,此时电子天平显示料盒重量的负值。最后料盒又回到布料斗下方接料位置,准备下一次接料测量。

7.1.5 在线粉粒物料水分仪

图 7-6 为在线粉粒物料水分仪结构框图。它由自动取样装置、快速失重水分检测系统、电气线路以及微机等组成。采用快速失重法对粉粒物料水分进行测量,自动取样装置应针对被测粉粒物料的输送方式和取样点专门设计和制造。目前被测的粉粒物料多数是采用皮带输送机输送,并在皮带输送机的皮带上取样。

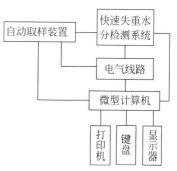

图 7-6 粉粒物料水分仪结构框图

快速失重式粉粒物料水分仪的测量误差除了前边所述的方法误差外,主要误差是电子天平的称量误差。后者可根据所用的电子天平的感量计算出来。因此,该类水分仪的测量精度可根据方法误差、称量误差等计算出来,而不需要用标准试样或其他仪器进行标定。

该类水分仪用来在线测量炼铁的烧结混合料,选用电子天平的感量为 10mg,得到的仪器的测量精度为 ±0.1% 含水量(绝对误差),测量滞后时间 140s。对于在线测量粉粒物料水分,此精度已相当高,是其他类仪器很难达到的。因此,可用它在线标定其他类型的粉粒物料水分仪。去掉快速失重式粉粒物料水分仪的自动取样装置,采用人工取样也可在实验室里进行粉粒物料水分含量的快速分析。

快速失重法是经典失重法的发展,这种发展的物质基础是高精度的电子天平和计算机的出现,没有它们就无法制成能实用的仪器。快速失重法不仅可制成测量粉粒物料水分的仪器,还可制成测量其他挥发性物质的仪器。

7.2 微波水分测量系统

微波是电磁波中介于普通无线电波(长波、中波、短波、超短波)与红外线之间的波段,它属于无线电波中波长最短即频率最高的波段。微波与普通的无线电波、可见的和不可见的光波、X射线、γ射线一样,本质上都是随时间和空间变化的呈波动状态的电磁波。尽管它们的表现不同,例如可见光可以被人眼所感觉到而其他波段则不能;X射线和γ射线具有穿透导体的能力而其他波段的则不具备这种能力;无线电波可以穿透浓厚的云雾而光波则不能,等等,但它们都是电磁波,之所以有这么多不同的表现,归根到底是因为它们的能量不同。

微波波段区别于其他波段的主要特点是:其波长可同电路或元件的尺寸比拟,因此电磁波在电路内甚至元件内的传播时间(相位滞后)不再是微不足道的,在无线电电子技术中的集总参数的概念就不再有效。在较低频率的电路中往往可以区分出电路的某一部分是电容(即电场集中的地方),另一部分是电感(磁场集中的地方)或电阻(损耗集中的地方),而连接它们的导线则既没有电感和电容也没有电阻,这就构成集总参数电路。但到了微波波段,元件中的电场和磁场已经构成一个整体即交变的电磁场或电磁波,使用的元件成为传输线、波导、谐振腔等,因此集总参数的方法失效,代之而起的是分布参数电路和场的概念。在微波领域中以麦克斯韦方程为基础的宏观电磁理论得到充分的应用,当进一步过渡到亚毫米波、红外线以至可见光或频率更高的电磁波时,由于波长逐渐同分子或原子的尺寸相比拟,宏观电磁场理论就不再那么有效和完善了,这时就必须运用量子理论的方法。总之,微波波段的范围是由所应用的独特元件、技术和研究方法所决定的,通常把波长为 1mm~1m,即频率为 300MHz~300GHz 的波段称为微波。

自20世纪初无线电技术开始发展以来,使用的波段不断地扩展,从最初使用的长波和中波波段,一方面扩展到超长波段,另一方面尤为迅速地向短波方向发展,经过短波、超短波,在20世纪四五十年代扩展到分米波和厘米波,在20世纪60—70年代又扩展到毫米波和亚毫米波。现在,在无线电波和光波之间已不存在空白。20世纪80年代以来,微波在通信领域取得了飞速发展,也使人们对微波的认识进一步加深。下面介绍微波的基本特点和在现代生产中的应用。

7.2.1 微波的特点

微波与普通的无线电波相比,仅是波长或频率不同而已。但正是这一区别,才使微波除了与普通无线电波具有共同点之外,还有其本身的一些特点。

(1)微波在其传播过程中,若所遇物体的几何尺寸大于或者可与波长相比拟时,就会产生反射,波长越短,传播特性越几何光学与相似(或近于直线传播的特性)。

(2)普通无线电波会被高空电离层吸收或者被反射回来,而微波则能够穿过电离层至外层空间。电视广播、卫星通信、宇宙航行、射电天文学等都是利用微波的这一特性才得以实现。

(3)微波的频率很高,因此可以利用的频带较宽、信息容量大,从而使微波通信得到了广泛的应用和发展。

（4）微波频率高、振荡周期短，因此，低频范围（普通无线电波段）内使用的元（器）件对于微波已经不再适用，必须研制适用于微波的元（器）件。

（5）某些物质吸收微波后会产生热效应，因此可以利用微波作为加热或者烘干的手段，其特点是穿透性强，可以深入物质内部，加热速度快而且均匀，所以微波加热和微波烘干正日益广泛地应用于粮食、烟草、木材、纺织等生产部门。微波代替原来所用的煤、蒸汽进行加热或烘烤可以节约能源，提高产品质量，改善劳动条件，便于实现生产过程的自动化。此外，微波热效应在生物学、医学等领域的应用前景也十分广阔。

国际上从事微波研究的国家很多，有美国、俄罗斯、德国、英国、瑞典等，涉及的领域很广，包括农产品、建材、土壤、食品、木材、造纸、烟丝、化肥、煤炭、纺织等行业。

7.2.2　微波测湿的理论基础

微波非接触测量技术属于低功率微波能的应用范畴，其基本原理是以微波作为信息传递的媒介，根据被测物料对微波有辐射、反射、透射、散射、干涉、衍射、谐振和多普勒效应等物理特性，利用对非电量有敏感响应的微波传感器将待测物件的非电量转换成微波电参量的变化进行测量。微波最大的优点就是可以通过空间辐射的方式穿过介质的内部，测量过程中传感器可以不与被测物质接触，非常适合工业生产的在线检测。

不同的外加电场频率，使物质分子消耗能量的原因不尽相同。从低频（包括直流）到超短波频段，主要为正负电荷迁移所引起的导电损耗；在微波频段，主要为偶极子的取向极化损耗，波长为 1cm 时，这种损耗最大；红外频段主要为离子间的共振吸收损耗；光波频段内，主要是电子与原子核间的共振吸收。

如果物质的分子是极性分子，当电场作用在这物质上时，分子取向极化，使介质上出现极化电荷，从而显示了物质的电性能，将这种物质称为电介质。通常用 ε_r 表示物质的相对介电常数，ε_r 可以表示成复数形式 $\varepsilon_r = \varepsilon_r' - j\varepsilon_r''$，$\varepsilon_r'$ 表示物质的储能特性，ε_r'' 表示物质的耗能特性，两者的比值称为损耗角正切。

水是强极性分子，在外加电场作用下将产生强的取向极化，同时还将产生位移极化，极化的结果是将从外电场获得的能量储存起来，可以用 ε_r' 表示。由于分子运动的惰性，转向极化运动相对于外加电场有一定滞后，滞后的宏观效果是使水分子产生损耗，可以用 ε_r'' 表示。水的静介电常数即加直流电场时约为 80，微波频率为 10GHz 和 25℃时，水的 ε_r' 为 64，ε_r'' 为 29。对于一些干固体的介电常数主要是原子极化和电子极化，通常 $\varepsilon_r' < 10$，$\varepsilon_r'' < 1$。由于水和干的固体的介电常数相差悬殊，所以材料的含水量将显著影响其介电常数，因此测量通过物料的微波的功率衰减、相位变化、谐振频率等相关介电常数的物理量，就能得到物料的含水率。这就是利用微波测量材料的介电常数进行测湿的理论基础。

微波在介质中传播应朗伯-比尔定律

$$p_2 = p_1 e^{-\alpha x} \tag{7-4}$$

式中：P_2——衰减后的微波功率；

P_1——输入微波功率；

α——衰减常数；

x——被测介质的厚度。

当介质是一定厚度的粉粒物料时,微波通过介质后,其功率随衰减常数呈指数衰减,衰减量为

$$A = 10\ln\left[\frac{P_1}{P_2}\right] = 10\ln\left[\frac{P_1}{P_1 \cdot e^{-ax}}\right] = kax \tag{7-5}$$

可通过对微波衰减量精确测量,来反映被测物料的水分信息。经过定标和线性化处理后,完全可以满足工业生产在线检测的需要。

7.2.3 微波测湿方法

微波非接触测量的精度高,可靠性好,抗干扰能力强,容易实现无损耗、实时、在线快速测量,又无辐射危险,即使全部辐射出来,也不至于形成微波污染;且微波照射待测物料不会使之产生性质的变化,操作和使用非常安全,因此微波非接触测量技术有着极其广阔的应用前景。

微波测湿方法按照作为传感器的微波器件的不同可以分为空间波法、传输线法和谐振腔法。若按测量的微波分量分类,分为衰减法和相移法。

1. 空间波法

电磁波由波导或同轴线引至天线发射,形成空间波,在空间波传播途中放置被测物质,电磁波穿过物体后再由接收天线接收进入波导或同轴线,这种方法叫作空间透射法;如果电磁波碰到物料后返回,再由原天线返回波导或同轴线,这种方法叫作空间反射法,统称空间波法。

空间波法一直沿用至今,它的主要优点是可以不和被测物料接触,在一些不便于接近物料的情况下常用这种方法,如图 7-7 所示。

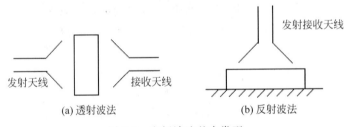

图 7-7　空间波法基本类型

图 7-7(a)是一种常用的透射波法,图中以喇叭天线作为收发天线。想象中的空间波应该是一个平面波,能像光一样直线传播,然而在实际测量湿度的场合下,两个天线间的空间距离不允许太远。因为两个天线间的电磁场分布不是理想的平面波,再加上被测物料本身的不均匀性,微波通过物料箱时会发生绕射和反射,导致测量的不准确。为了减小微波绕射引起的误差,被测物料应该足够大,而且要尽量离天线近一些,尽可能靠近接收天线放置或在物料周围放一些吸收材料,以保证只有穿经物料的微波能量才能进入接收天线。

图 7-7(b)表示的是空间反射波法,只使用一个天线,既作发射又作接收用,所接收的是含有物料水分信息在内的反射波。装置简单,易于安装,便于应用在生产线上。

2. 传输线法

传输线的形式很多,凡是用传输线作传感器的测量方法都叫传输线法。一般来说,传输线法适合用于接触式测量,而空间波法则多用于非接触式测量。传输线法与空间波法的区别在于被测物料放置在传输线中,而不是搁置在空间中。由于传输线内的电磁场是规则的,例如在矩形波导管中,宽边中央电场最大,在此处开槽插入被测物料,分辨率高。

常用的传输线传感器分为波导式、同轴式、带状线式和微带式等。根据传输线的特点可以制成其他形式的传感器,适应各种物料水分的测量,所以传输线法较空间波法应用更广泛。

3. 谐振腔法

谐振腔法是将调频微波信号经分功器分为两路进入矩形测试腔和基准腔,经检波后送入电子开关 S 和示波器。测量时首先在两个腔体内同时注入基准样品,调节腔体频率微调以及衰减器,使得两个腔的谐振峰在示波器的屏幕上重合,然后在测试腔中注入测量的试样。由于样品含有水分,介电常数发生变化,腔的谐振频率发生偏移。通过测量谐振频率的偏移量来实现对水分含量的测量,这种方法称为谐振腔法。谐振腔法测湿框图如图 7-8 所示。

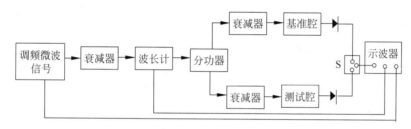

图 7-8　谐振腔法测湿框图

在微波测湿的过程中,能够表现物料介电常数的微波参量有微波的衰减或相移、或微波谐振频率,所以基于被测量的微波分量进行分类的微波测湿法有衰减法和相移法。

4. 衰减法

信号源发送的微波经过物料时,功率被衰减,以至于进入检波器的能量减小,故检波后的电平变小,这种以测量微波功率变化的大小来反映待测物料含水量的方法称为衰减法。

微波衰减法检测可以用替代法和双 T 平衡桥法。替代法是测量微波衰减的一种比较重要而且常用的方法。它是利用标准的衰减器的衰减量替代被测物料的衰减量进行测量的。图 7-9 是用替代法测量物料含水量的框图。

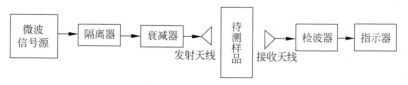

图 7-9　替代法测湿框图

桥路法是以精密衰减器作为比较标准,利用微波电桥电路进行测量的一种方法。桥路法的测试系统如图 7-10 所示。微波信号从双 T 的 H 臂输入分为两路:一路经过可变衰减器、相移器到第二个双 T 的 2 臂;另一路经过待测样品到达第二个双 T 的 3 臂,两路信号在第二个双 T 汇合后经检波指示。桥路法的优点是测量结果与晶体检波率无关,能克服微波信号源幅度不稳定造成的误差,降低了对微波信号源的稳幅要求。这种方法精度高、量程大,适合于低水分或高分辨率的测量。缺点是需要微波元件较多,系统复杂,因为在任何一个双 T 的 2、3 臂后面都必须接有隔离器以防止微波反射到双 T 中形成驻波影响测量,而且调整系统匹配也复杂。桥路法的误差主要决定于精密衰减器的精度和系统的匹配情况。

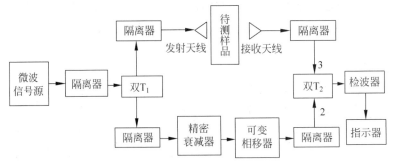

图 7-10   双 T 桥路法测试系统框图

5. 相移法

介电常数的变化不但体现在微波功率的衰减上,还体现在微波相位的移动上。微波相移测湿多用于造纸工业。因为纸张对微波的吸收衰减不仅取决于纸张的含水量,而且与纸张的电导率有关,而纸张的电导率在整个造纸过程中并不是一个严格受控的参量,所以就要通过对微波的相移的测量来实现对纸张含水量的测量。图 7-11 为相移法测湿框图。它使用矢量电压表,以一路为基准,通过测量样品支路的相移的变化量来确定湿度。

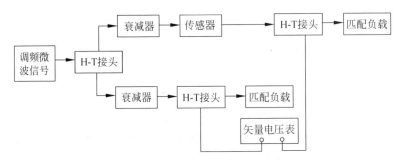

图 7-11   微波相移法测湿方框图

7.2.4   微波测湿系统组成

结合各种微波器件的功能,根据微波衰减法测湿的原理,可将它们组成一个完整的微波测湿系统,如图 7-12 所示。

为了提高系统的抗干扰能力,对微波信号源供电的直流电压调制了 1kHz 的方波信号。隔离器起单向传输微波作用,防止由于负载的变化对微波信号源输出的影响。微波喇叭形发射天线起定向发射微波信号的作用,微波接收天线起接收微波的作用。可变衰减器调节微波功率用于定标输出电压为零和电流 4mA。通过微波肖特基二极管检波后输出 1kHz 方波信号,该信号随物料湿度而变化。从微波检波器输出的是经过调制的信号,调制的载波

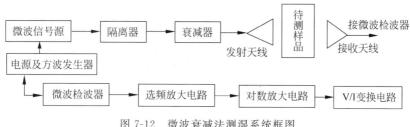

图 7-12　微波衰减法测湿系统框图

信号为 1kHz,所以选择中心频率为 1kHz 的带通滤波器对信号进行滤波。经选频放大器处理后,建立与物料湿度的对应关系。根据微波测湿原理,透过物料的微波信号随衰减常数作指数衰减;同时考虑到微波检波器检波率的影响,必须对信号进行线性处理。因此将接收的微波信号再进行对数放大运算,得到微波衰减量。

该微波测湿系统可用于棉花、石灰石、沙子等物料水分的在线检测。

微波水分测量仪表代表产品水分测量技术的新发展。采用微波测量技术,可在 1s 内确定绝对含水量,测量结果的准确性高,不受产品中所含颗粒、颜色及任何矿物质的影响。它是利用微波通过物质时被吸收而产生微波能量衰减的原理制成的,可以用来在线测量煤粉、石油或各种农作物的水分,检查粮库的湿度,测量土壤、织物等的含水量等。对于生产线传送带控制型的,可以安装连续型非接触在线微波水分测量仪器。

7.2.5　微波在线水分检测系统

在许多生产过程中,产品的水分含量是衡量产品质量的一个重要参数。因此,要实现生产过程优化、进行产品质量控制、节约能源和原材料,首先必须测量产品水分。微波水分测量仪 LB 465,可对多种产品进行水分在线测量,测量结果稳定可靠。另外,测量可实现无接触、免维护(即使在恶劣的运行环境下),仪表稳定、精度高。

1. 测量原理

Micro-Moist LB 456 基于微波技术对水分进行测量。当微波穿过待测物时,待测物中的自由水分子会影响微波的强度、传播速度。微波强度减弱(吸收)的程度和速度的减小(相移)的多少与待测物中水分的含量直接相关。Micro-Moist LB 456 可实现多频点测量。在每个测量频率点的每个测量周期内同时对吸收和相移进行测量,以保证测量结果可靠无误后,该数据才用于水分含量的计算。原则上,待测物必须是非导电体。

2. 微波法测量水分的优势

对自由水分子具有选择性高灵敏度;可对待测物进行全截面测量,即使待测物中水分含量不均匀时,也可保证测量结果具有代表性。

3. 微波法与其他测量水分方法相比具有的优势

无接触透射式测量:可测量待测物的整个截面,与被测物无接触;测量相移和(或)吸收。待测物粒径、温度、组分的变化对只测量微波的吸收是不利的。通过测量相位或同时测量相位、吸收,可减小这些波动因素对测量结果的影响;多个频率点测量;单一微波频率测量时,会经常产生干扰反射波和共振波,利用多频率测量,可减少反射和共振引起的测量误差。

4. LB 456 的各种应用

Micro-Moist LB 456 可用于在线测量各种皮带上的散装物料水分,如图 7-13 所示。可做到完全无接触测量。虽然该仪表最初的设计是用于测量硬煤中的水分,但经过多年的实践,发现 Micro-Moist LB456 还可以用于多种物料的水分测量。例如,已经成功应用的领域有食品、木屑、饲料、沙子、土壤等水分的测量,而这些领域也仅仅是众多可应用领域的一部分而已。

图 7-13　Micro-Moist LB 456 现场应用

LB 456 在传送带上进行水分测量系统组成:发射、接收天线;高频天线电缆;LB 456 主机单元;单位面积质量组件,由闪烁探测器和带屏蔽的放射源组成。

微波测湿系统都可以实现无接触测量,因此无须取样系统,直接用于生产现场,但一般需要采取防护措施。

7.3　湿度测量

工农业生产、气象、环保、国防、科研、航天等部门,经常需要对环境湿度进行测量及控制。对环境温、湿度的控制以及对工业材料水分值的监测与分析都已成为比较普遍的技术条件之一,但在常规的环境参数中,湿度是最难准确测量的一个参数。这是因为测量湿度要比测量温度复杂得多,温度是一个独立的被测量,而湿度却受其他因素(大气压强、温度)的影响。此外,湿度的校准也是一个难题。国外生产的湿度标定设备价格十分昂贵。

7.3.1　概述

湿度是指气体中的水汽含量,而水分则是以湿存水、结晶水等形式存在于固体和液体中的水。

湿度的表示方法繁多,但其定义都是基于混合气体的概念引出的。这里所采用的定义和单位以及所用的符号绝大部分源于世界气象组织的规定。对湿度的表示方法有绝对湿度、相对湿度、露点、湿气与干气的比值(重量或体积)等。

重量法是一种绝对测量方法,而且在目前所有湿度测量方法中它的准确度最高,所以国际上普遍使用该方法作为湿度基准,其量值以混合比表示。因此,混合比可以认为是湿度的最基本的表示方法,而最经常使用的是直接测量得到的露点温度、干湿球温度和相对湿度等湿度表示方法,根据它们的物理意义可以互相转换。

1. 湿度定义

（1）混合比：湿空气的混合比是湿空气中所含的水汽质量与和它共存的干空气质量比，其定义为

$$r = \frac{m_v}{m_a} \tag{7-6}$$

式中：m_v——给定的湿空气样品中所含的水汽质量，g；

m_a——与质量为 m_v 的水汽共存的干空气质量，g。

（2）绝对湿度：单位体积（1m³）的气体中含有水蒸气的质量（g）。定义为湿空气中的水汽质量与湿空气的总体积之比。即

$$\rho_v = \frac{m_v}{V} \tag{7-7}$$

式中：V——湿空气的总体积，m³；

ρ_v——绝对湿度，g/m³。

但是，即使水蒸气量相同，由于温度和压力的变化气体体积也要发生变化，即绝对湿度发生变化。

（3）露点温度：在给定的压力下，湿空气被水饱和时的温度。在此温度下，湿空气的饱和混合比等于给定的混合比。

（4）相对湿度：在计量法中规定，湿度定义为"物象状态的量"。日常生活中所指的湿度为相对湿度，用％RH 表示。总而言之，即气体中（通常为空气中）所含水蒸气量（水蒸气压）与其空气相同情况下饱和水蒸气量（饱和水蒸气压）的百分比（在同一压力和温度下）。

$$U_W = \left(\frac{e}{e_W}\right)_{p,T} \tag{7-8}$$

式中：U_W——相对湿度；

e_W——饱和水蒸气压。

2. 湿度测量方法

湿度测量从原理上划分有二三十种之多。但湿度测量始终是世界计量领域中著名的难题之一。一个看似简单的量值，深究起来，涉及相当复杂的物理-化学理论分析和计算。

常见的湿度测量方法有动态法（双压法、双温法、分流法）、静态法（饱和盐法、硫酸法）、露点法、干湿球法和电子式传感器法等。

（1）双压法、双温法是基于热力学压力、体积、温度（p,V,T）平衡原理，平衡时间较长，分流法是基于绝对湿气和绝对干空气的精确混合。由于采用了现代测控手段，这些设备可以做得相当精密，因设备复杂、昂贵、运作费时费工，主要作为标准计量之用，其测量精度可达±2％RH 以上。

（2）静态法中的饱和盐法是湿度测量中最常见的方法，简单易行。但饱和盐法对液、气两相的平衡要求很严，对环境温度的稳定要求较高。用起来要求等很长时间去平衡，低湿点要求更长。特别在室内湿度和瓶内湿度差值较大时，每次开启都需要平衡 6～8h。

（3）露点法是测量湿空气达到饱和时的温度，是热力学的直接结果，准确度高，测量范围宽。计量用的精密露点仪准确度可达±0.2℃甚至更高。用现代光电原理的冷镜式露点仪价格昂贵，常与标准湿度发生器配套使用。

（4）干湿球法，这是 18 世纪就发明的测湿方法。历史悠久，使用最普遍。干湿球法是一种间接方法，它用干湿球方程换算出湿度值，而此方程是有条件的，即在湿球附近的风速必须达到 2.5m/s 以上。普通用的干湿球湿度计将此条件简化了，所以其准确度只有 5%～7%RH。干湿球也不属于静态法，不能简单地认为只要提高两支温度计的测量精度就等于提高了湿度计的测量精度。

（5）电子式湿度传感器产品及湿度测量是 20 世纪 90 年代兴起的行业，近年来，国内外在湿度传感器研发领域取得了长足进步。湿敏传感器正从简单的湿敏元件向集成化、智能化、多参数检测的方向迅速发展，为开发新一代湿度测控系统创造了有利条件，也将湿度测量技术提高到新的水平。

3. 湿度测量方案的选择

现代湿度测量方案最主要的有两种：干湿球测湿法，电子式湿度传感器测湿法。

（1）干湿球湿度计的特点。

早在 18 世纪人类就发明了干湿球湿度计，干湿球湿度计的准确度还取决于干球、湿球两支温度计本身的精度；湿度计必须处于通风状态，只有纱布水套、水质、风速都满足一定要求时，才能达到规定的准确度。干湿球湿度计的准确度只有(5%～7%)RH。

干湿球测湿法采用间接测量方法，通过测量干球、湿球的温度经过计算得到湿度值，因此对使用温度没有严格限制，在高温环境下测湿不会对传感器造成损坏。

干湿球测湿法的维护相当简单，在实际使用中，只需定期给湿球加水及更换湿球纱布即可。与电子式湿度传感器相比，干湿球测湿法不会产生老化、精度下降等问题。所以干湿球测湿方法更适合在高温及恶劣环境的场合使用。

（2）电子式湿度传感器的特点。

电子式湿度传感器是近几十年，特别是近 20 年才迅速发展起来的。湿度传感器产品出厂前都要采用标准湿度发生器来逐支标定，电子式湿度传感器的准确度可以达到(2%～3%)RH。

在实际使用中，由于尘土、油污及有害气体的影响，使用时间一长，就会产生老化，精度下降，湿度传感器年漂移量一般都在±2%，甚至更高。一般情况下，生产厂商会标明 1 次标定的有效使用时间为 1 年或 2 年，到期需重新标定。

电子式湿度传感器的精度水平要结合其长期稳定性去判断。一般来说，电子式湿度传感器的长期稳定性和使用寿命不如干湿球湿度传感器。

湿度传感器采用半导体技术，因此对使用的环境温度有要求，超过其规定的使用温度将对传感器造成损坏。所以电子式湿度传感器测湿方法更适合在洁净及常温的场合使用。

7.3.2　湿度传感器分析

常用的电子湿度传感器主要是电阻式、电容式。电阻式、电容式产品的基本形式都为在基片涂覆感湿材料形成感湿膜。空气中的水蒸气吸附于感湿材料后，元件的阻抗、介质常数发生很大的变化，从而可以制成湿敏元件。

除电阻式、电容式湿敏元件之外，还有电解质离子型湿敏元件、重量型湿敏元件（利用感湿膜重量的变化来改变振荡频率）、光强型湿敏元件、声表面波湿敏元件等。湿敏元件的线性度及抗污染性差，在检测环境湿度时，湿敏元件要长期暴露在待测环境中，很容易被污染而影响其测量精度及长期稳定性。

1. 电阻式湿度传感器

(1) 湿敏电阻型。

电阻式湿度传感器的敏感元件为湿敏电阻,其主要材料一般为电解质、半导体多孔陶瓷、有机物及高分子聚合物。这些材料一般对水的吸附较强,其吸附水分多少随湿度而变化。而材料的电阻率(或电导率)也随吸附水分的多少而变化。这样,湿度变化可导致湿敏电阻阻值变化,电阻值的变化就可转变为需要的电信号。如氯化锂湿敏电阻,它是在绝缘基板上制作一对电极,涂上潮解性盐——氯化锂的水溶液而制成的。氯化锂水溶液在基板上形成薄膜。随着空气中水蒸气含量增减,薄膜吸湿、脱湿,溶液中盐的浓度(离子浓度)减小、增大,电阻率随之增大、减小,两极间电阻也就增大、减小。又如 $MgCr_2O_4-TiO_2$ 多孔陶瓷湿敏电阻,它是由 TiO_2 和 $MgCr_2O_4$ 在高温下烧结而成的多孔陶瓷,陶瓷本身是由许多小晶粒构成的。其中的气孔多与外界相通,相当于毛细管。通过气孔可以吸附水分子。在晶界处水分子被化学吸附时,有羟基和氢离子形成,羟基又可对水分子进行物理吸附,从而形成水的多分子层,此时形成极高的氢离子浓度。环境湿度的变化会引起离子浓度变化,从而导致两极间电阻的变化。

(2) 铂电阻型。

铂电阻湿度传感器是利用不同湿度气相的热导系数的差异来检测湿度的。其制作方法是加工 4 个参数相等的铂电阻,组成一个平衡电桥。将其中 2 支暴露在湿空气中,2 支密封在干燥空气内。在一定的外加电压下,铂电阻被加热。暴露在空气中的桥臂,由于对流散热和水分的蒸发等热耗散而被冷却,电桥失去平衡。实践证明失衡与气相中的含水量成函数关系。

只要测定了该铂热电阻的阻值,即可确定环境空气中的相对湿度值。该方法的主要优点是能在高湿、高压下测量相对湿度。不过,制品成本也会更高一些。

2. 电容式湿度传感器

在国内外湿度传感器产品中,电容式湿敏元件较为多见。

电容式湿度传感器的敏感元件为湿敏电容,主要材料一般为高分子聚合物、金属氧化物。湿敏电容一般是用高分子薄膜电容制成的,常用的高分子材料有聚苯乙烯、聚酰亚胺等。这些材料对水分子有较强的吸附能力,吸收水分的多少随环境湿度而变化。由于水分子有较大的电偶极矩,吸水后材料的介电常数发生变化。当环境湿度发生改变时,湿敏电容的介电常数发生变化,使其电容量也发生变化,电容器的电容变化量与相对湿度成正比。把电容值的变化转变为电信号,就可对湿度进行监测。例如,聚苯乙烯薄膜湿敏电容,通过等离子体法聚合的聚苯乙烯具有亲水性极性基团,随着环境湿度的增减,薄膜吸湿脱湿,电容值也就随之增减。

湿敏电容的主要优点是灵敏度高、产品互换性好、响应速度快、湿度的滞后量小、便于制造、容易实现小型化和集成化,其精度一般比湿敏电阻要低一些。国外生产湿敏电容的主要厂家有 Humirel 公司、Philips 公司、Siemens 公司等。以 Humirel 公司生产的 SH1100 型湿敏电容为例,其测量范围是(1%～99%)RH,在 55%RH 时的电容量为 180pF(典型值)。当相对湿度从 0 变化到 100%时,电容量的变化范围是 163～202pF。温度系数为 0.04pF/℃,湿度滞后量为±1.5%,响应时间为 5s。

国外有些产品还具备高温工作性能。但是达到上述性能的产品多为国外名牌,价格都较昂贵。一些电容式湿敏元件低价产品往往达不到上述水平,线性度、一致性和重复性都不甚理想,30%RH以下、80%RH以上感湿段变形严重。无论高档次或低档次的电容式湿敏元件,长期稳定性都不理想,多数长期使用漂移严重,湿敏电容容值变化为pF级,1%RH的变化不足0.5pF,容值的漂移改变往往引起几十%RH的误差,大多数电容式湿敏元件不具备40℃以上温度下工作的性能。

电容式湿敏元件抗腐蚀能力也比较欠缺,往往对环境的洁净度要求较高,有的产品还存在光照失效、静电失效等现象,金属氧化物为陶瓷湿敏电阻,具有与湿敏电容相同的优点,但尘埃环境下,陶瓷细孔被封堵元件就会失效,往往采用通电除尘的方法来处理,但效果不够理想,且在易燃易爆环境下不能使用,氧化铝感湿材料无法克服其表面结构天然老化的弱点,阻抗不稳定,金属氧化物陶瓷湿敏电阻也同样存在长期稳定性差的弱点。

氯化锂湿敏电阻最突出的优点是长期稳定性极强,因此通过严格的工艺制作,制成的仪表和传感器产品可以达到较高的精度,稳定性强是产品具备良好的线性度、精密度、一致性以及长期使用寿命的可靠保证。氯化锂湿敏元件的长期稳定性是其他感湿材料无法取代的。

3. 复合式脉冲数字湿度传感器

鉴于氯化锂、陶瓷、高分子三种功能材料用于测量湿度时各有其自身的优缺点,改进的方法之一是将三者组合起来,例如以陶瓷为基片、以氯化锂为感湿膜、以高分子为保护,从而达到不怕高湿、不怕污染、不怕老化的目的,又有高的测量精度和好的稳定性。再结合脉冲数字化技术,使输出脉冲的重复频率数恰与被测湿度成相对应的数字关系,从而制成复合式脉冲数字湿度传感器。该传感器的测湿范围为(10%~99%)RH,误差为±2%RH,它具有强的抗干扰能力,有利于远距离传输,而且无须模/数转换器(ADC)能直接与计算机接口配合工作,因而成本低廉、性能可靠,使用方便。

4. 电解式湿度计

电解式湿度计又称库仑湿度计,其敏感元件是电解池。被测气体穿过电解池时,其中的水汽全部被涂在电极上的P_2O_5膜所吸收。当在电极两端加上直流电压时,吸收的水被电解为氢和氧。电解电流的值是水分含量的函数,也是流速、压力和温度的函数,工作时要恒温。

5. 湿度传感器选择

(1) 测量范围。

和测量重量、温度一样,选择湿度传感器首先要确定测量范围。除了气象、科研部门外,温、湿度测控一般不需要全湿程(0~100%RH)测量。

(2) 测量精度。

测量精度是湿度传感器最重要的指标,每提高一个百分点,对湿度传感器来说就是上一个台阶,甚至是上一个档次。因为要达到不同的精度,其制造成本相差很大,售价也相差甚远。所以使用者一定要量体裁衣,不宜盲目追求"高、精、尖"。

湿度传感器的精度应达到±(2%~5%)RH,达不到这个水平很难作为计量器具使用,湿度传感器要达到±(2%~3%)RH的精度是比较困难的,通常产品资料中给出的特性是在常温(20±10℃)和洁净的气体中测量的。在实际使用中,由于尘土、油污及有害气体的影响,使用时间一长,会产生老化,精度下降,湿度传感器的精度水平要结合其长期稳定性去判断。一般来说,长期稳定性和使用寿命是影响湿度传感器质量的头等问题,年漂移量控制在1%RH 水平的产品很少,一般都在±2%RH 左右,甚至更高。

如在不同温度下使用湿度传感器,其示值还要考虑温度漂移的影响。众所周知,相对湿度是温度的函数,温度严重地影响着指定空间内的相对湿度。温度每变化 0.1℃。将产生0.5%RH 的湿度变化(误差)。使用场合如果难以做到恒温,则提出过高的测湿精度是不合适的。

多数情况下,如果没有精确的控温手段,或者被测空间是非密封的,±5%RH 的精度就足够了。对于要求精确控制恒温、恒湿的局部空间,或者需要随时跟踪记录湿度变化的场合,再选用±3%RH 以上精度的湿度传感器。

(3)考虑时漂和温漂。

湿敏元件除对环境湿度敏感外,对温度亦十分敏感,其温度系数一般在(0.2%~0.8%)RH/℃范围内,而且有的湿敏元件在不同的相对湿度下,其温度系数又有差别。温漂非线性需要在电路上加温度补偿。采用单片机软件补偿,或无温度补偿的湿度传感器保证不了全温范围的精度,湿度传感器温漂曲线的线性化直接影响到补偿的效果,非线性的温漂往往补偿效果不好,只有采用硬件温度跟随性补偿才会获得真实的补偿效果。湿度传感器工作的温度范围也是重要参数。一般情况下,生产厂商会标明 1 次标定的有效使用时间为 1 年或 2 年,到期需重新标定。

(4)电源。

金属氧化物陶瓷、高分子聚合物和氯化锂等湿敏材料施加直流电压时,会导致性能变化,甚至失效,所以这类湿度传感器不能用直流电压或有直流成分的交流电压供电,必须是交流电供电。

(5)湿度校正。

校正湿度要比校正温度困难得多。温度标定往往用一根标准温度计作标准即可,而湿度的标定标准较难实现,干湿球温度计和一些常见的指针式湿度计是不能用来作标定的,精度无法保证,因其要求环境条件非常严格,一般情况(最好在湿度环境适合的条件下)在缺乏完善的检定设备时,通常用简单的饱和盐溶液检定法,并测量其温度。

(6)其他注意事项。

湿度传感器是非密封性的,为保护测量的准确度和稳定性,应尽量避免在酸性、碱性及含有机溶剂的气氛中使用,也要避免在粉尘较大的环境中使用。为正确反应欲测空间的湿度,还应避免将传感器安放在离墙壁太近或空气不流通的死角处。如果被测的房间太大,就应放置多个传感器。

传感器需要进行远距离信号传输时,要注意信号的衰减问题。

7.3.3 湿度计

电子式湿度计是利用一些物质的电特性与周围气体湿度之间的关系来确定气体的湿度的。电子式湿度计通常采用电阻式、电容式湿度传感器,构成各种湿度计。电子式湿度计近年来发展极为迅速,应用范围广泛,便于远传,特别适合自动控制系统中湿度的控制和监测。

除了电子式湿度计外,近年来利用电磁波高频特性的压电晶体振荡式湿度计(重量型湿敏元件)、微波湿度计以及光谱式湿度计等也获得迅猛发展。这些湿度计检测范围宽、灵敏度高,同时具有高频化、智能化的特点,易于和计算机结合实现在线自动监测的目的。

1. 压电吸附检测器

这种检测器主要用来分析微量气体,目前已试验用它分析过 SO_2、NH_3、H_2S、HCl、Hg 蒸汽、芳香族碳氢化合物等气体,最小检测量大致在 10^{-6} 数量级。另外,还可用作气相色谱和液相色谱的检测器。

(1)压电效应。

由电磁学知,电介质在电场作用下会产生极化现象,这时在电介质表面出现正负束缚电荷。某些电解质晶体如果受到压力而产生微小的形变时,也会产生类似的极化现象。当对晶体无外力作用时,晶体内部质点间正负电荷的重心是重合的,对外不显电性。当对晶体施加压力产生形变后,晶体内部质点间正、负电荷的重心不重合,对外显示出电性,在晶体两个表面分别出现正、负电荷。这种现象称为压电效应。这种效应最早是于 1880 年在石英晶体上发现的。显然,如对晶体进行拉伸也会在晶体表面产生正、负电荷,不过这时电荷的极性恰好和压缩时的相反。反之,把晶体放在电场中,由于晶体被极化,使晶体内部质点间正、负电荷重心位移,从而引起晶体形变,这种现象称为逆压电效应。

晶体并不都具有压电性,这是由晶体本身的结构决定的。除了晶体外,还有一些陶瓷也有压电性。目前制造压电吸附检测器都是用石英压电晶体。

(2)压电吸附检测器的基本结构。

采用具有压电效应的晶体制成的压电晶体振子,因物理、化学性能稳定而被广泛应用。这种压电晶体振子的振荡频率的衰减率与重量成正比,其形状如图 7-14 所示。在约 10MHz AT 切割型压电晶体振子的两面蒸镀上金电极,再在上面形成对湿度敏感而牢固的薄膜,膜上吸附的水分质量(ΔM)与湿度 c 之间存在一定的函数关系,即

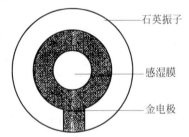

石英振子

感湿膜

金电极

图 7-14　压电晶体振荡式湿度检测器

$$\Delta M = f(c) \tag{7-9}$$

对湿度分析仪来说是线性关系。

而石英晶片的微小质量增量与压电晶体振子的频率变化(Δf)之间存在比例关系

$$\Delta f = -2.3 \times 10^6 \times f^2 \times \Delta M / A \tag{7-10}$$

式中:f——晶片谐振频率,Hz;

Δf——晶片谐振频率变化量,Hz;

A——薄膜的面积,cm^2;

ΔM——薄膜上吸附的水分质量,g。

则压电晶片谐振频率的改变量 Δf 与被分析组分气体湿度 c 之间有函数关系,即

$$\Delta f = \varphi(c) \tag{7-11}$$

显然,对湿度分析仪来说仍是线性关系。这样,被分析组分的湿度 c 就被转换为电的频率信息 Δf,检测出压电晶体振子的频率变化量,就可求出湿度值。上述检测器就实现了湿度检测功能。

（3）吸附膜。

从上面叙述可看出，压电吸附晶片是压电吸附检测器的核心元件，而压电吸附晶片作为分析元件又主要靠吸附膜。因此吸附膜是这种检测器的关键材料。

对吸附膜最基本的要求是选择性，即仅对某一种气体组分吸附。当然，它还应有化学惰性、热稳定性和一定的机械强度。湿度分析仪的吸附膜是以吸水聚合物为基底材料，适当添加吸水性强的材料制成的。国外已研究过十来种吸附膜可用于微量 SO_2 的分析。另外，对 NH_3、H_2S、HCl、Hg 蒸汽、芳香族碳氢化合物等气体的吸附膜也有许多研究。水分的吸附膜得到了成功应用。

用于测定相对湿度的涂覆压电石英晶体传感器，通过光刻和化学蚀刻技术制成小型石英压电晶体，在 AT 切割的 10MHz 石英晶体上涂有 4 种物质，对湿度具有较高的质量敏感性。该晶体是振荡电路中的共振器，其频率随质量变化，选择适当涂层，该传感器可用于测定不同气体的相对湿度。该传感器的灵敏度、响应线性、响应时间、选择性、滞后现象和使用寿命等取决于涂层化学物质的性质。

2. 湿度计

采用压电晶体振荡式湿度检测器的湿度计，结构如图 7-15 所示。

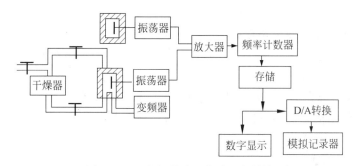

图 7-15 压电振荡式湿度计基本结构

进入湿度计的样气被分成两路：一路测量气体；另一路通过干燥器，成为干燥气体。当测量气体被导入测量池时，其中的水分被薄膜吸附，使压电晶体振子的质量增加，从而使振荡频率减小；再将干燥气体导入测量池，因薄膜吸附的水分已被除去，故其频率还原。将测量气体与干燥气体以固定周期交替导入测量池，测出各自的振荡频率，即可以从其频率差求出湿度。此外，由于测量池置于恒温槽内，故不易受到环境温度的影响。

这种湿度计能高灵敏度地检测微量气体水分，响应速度快，共存气体产生的干扰影响小，可进行稳定的湿度测量，因此很适合发展为环境污染分析仪器。目前国外也正是向这方面努力。这种检测器如能恰当地解决自动取样问题，可以制成体积很小的仪器，因为晶片尺寸可以很小，振荡电路和信息处理电路都可做得很小，今后将会有进一步发展。

7.3.4 天然气水露点在线监测方法

天然气水露点的在线监测就是检测天然气中的微量水分，然后再把微量水分转换为水露点。天然气工业在线分析常用的微量水在线分析仪主要有以下几种类型：电解式微量水分仪、电容式微量水分仪、晶体振荡式微量水分仪、半导体激光式微量水分仪和光纤式近红外微量水分仪。电容式和光纤式既可用于气体,也可用于液体,其他只能用于气体。

1. 电解式微量水分仪

1) 测量原理

电解式微量水分仪又名库仑法电解湿度计,它建立在法拉第电解定律基础之上,广泛应用于气体中微量水分的测量,测量范围通常为 $1 \sim 1000 \mu L/L (1 \sim 1000 ppmV)$。这种湿度计不仅能达到很低的测量下限,更重要的是它是一种采用绝对测量方法的仪器。

电解式微量水分仪的主要部分是一个特殊的电解池,池壁上绕有两根并行的螺旋形铂丝作为电解电极。铂丝间涂有水化的五氧化二磷(P_2O_5)薄层。P_2O_5 具有很强的吸水性,当被测气体经过电解池时,其中的水分被完全吸收,产生偏磷酸溶液,并被两铂丝间的直流电压电解,生成的 H_2 和 O_2 随样气排出,同时使 P_2O_5 复原。反应过程如下:

$$吸湿 \quad P_2O_5 + H_2O \rightarrow 2HPO_3$$

$$电解 \quad 4HPO_3 \rightarrow 2H_2 \uparrow + O_2 \uparrow + 2P_2O_5$$

在电解过程中,产生电解电流。根据法拉第电解定律和气体状态方程可导出,在一定温度、压力和流量条件下,产生的电解电流正比于气体中的水含量。测出电解电流的大小,即可测得水分含量。

2) 特点

电解式微量水分仪有以下特点:

(1) 电解式微量水分仪的测量方法属于绝对测量法,电解电量与水分含量一一对应,微安级的电流很容易由电路精确测出,所以其测量精度高,绝对误差小。由于采用绝对测量法,测量探头一般不需要用其他方法进行校准,也不需要现场标定。

(2) 电解池的结构简单,使用寿命长,并可以反复再生使用。

(3) 测量对象较广泛,凡在电解条件下不与五氧化二磷起反应的气体均可测量。

3) 测量对象及有关问题

(1) 测量对象和不宜测量的气体。

电解式微量水分仪的测量对象为空气、氮、氢、氧、一氧化碳、二氧化碳、天然气、惰性气体、烷烃、芳烃等,混合气体及其他在电解条件下不与 P_2O_5 起反应的气体也可分析。

下述气体不宜用电解式微量水分仪进行测量:

① 不饱和烃(芳烃除外)。会在电解池内发生聚合反应,缩短电解池使用寿命。

② 胺和铵。会与 P_2O_5 涂层发生反应,不宜测量。

③ 乙醇。会被 P_2O_5 分解产生 H_2O 分子,引起仪表读数偏高。

④ F_2、HF、Cl_2、HCl。会与接触材料发生反应,造成腐蚀(可选用耐相应介质腐蚀的专用型湿度仪)。

⑤ 含碱性组分的气体。

(2) "氢效应"及其应对措施。

用电解法测定氢气中的微量水分时,氢气和电解出来的部分氧会在一定条件下重新化合成水,产生二次甚至多次电解,使电解电流增大,这种现象称为"氢效应"。

由于铂的催化作用,用铂丝作电极的电解池氢效应特别严重,所以,测量氢气、含有大量氢气的气体或者同时含有氢和氧的气体时,不能使用铂丝电解池,而应使用铑丝电解池,并对读数加以修正。

用铑丝电解池测量氢气中水分,含水量小于 200ppmV 时,应从仪表读数中减去 8 ppmV;含水量大于 200 ppmV 时,氢效应误差可忽略不计。

4)影响测量精度的主要因素

影响电解式微量水分仪测量精度的因素主要有 3 个:样气流量、系统压力和电解池温度。

(1)样气流量。

由电解式微量水分仪测量原理的讨论可知,当通入的样气流量不变时,电解电流与水分的绝对含量有精确的线性关系,当流量发生波动时,必然会影响到测量精度。因此,在电解式微量水分仪气路系统的设计中,应确保样气压力的稳定和流量的恒定。

(2)系统压力。

电解式微量水分仪的测量结果,是根据法拉第电解定律和理想气体状态方程导出的,若大气压力为 760mmHg,流量为 100mL/min,仪表读数为 C_0,则当大气压力为 P、样气流量为 Q 时,仪表读数 C 可按下式进行修正:

$$C = C_0 \times \frac{760}{P} \times \frac{100}{Q} (\text{ppmV}) \tag{7-12}$$

如需扩大仪表量程,按照上式只需减小流量 Q 即可。设所在地区 $P = 760\text{mmHg}$,流量减小为 50mL/min,则 $C = 2C_0$,即将量程扩大 2 倍,当 $C_0 = 1000\text{ppmV}$ 时,$C = 2000\text{ppmV}$。其他情况可以此类推。但工业在线测量情况下,流量不可太小,以免引起响应时间滞后和流量控制不稳定等现象。

如需进一步扩大测量范围,可在仪表前设干、湿气体配比混合装置,即将样品视为湿气,另配一路干气,两者按一定比例混合后,其水分含量按相应的比例降低。如干、湿气体配比为 2:1,则水含量降至原来的 1/3,所以测量结果应为仪表读数乘以 3。

(3)样气温度。

因为温度变化会影响样气的密度、P_2O_5 的比电阻和电解池的导电系数,从而造成不可忽视的测量误差,所以电解池应当恒温。

5)安装配管和使用维护

电解式微量水分仪安装配管时应注意以下问题:

(1)首先应确保气路系统严格密封,这是微量水分测量中至关重要的一个问题。配管系统中某个环节哪怕出现微小泄漏,大气环境中的水蒸气也会扩散进来,从而对测量结果造成很大影响。虽然样品气体的压力高于环境大气压力,但样气中微量水分的分压远低于大气中水蒸气的分压,当出现泄漏时,大气中的水分便会从泄漏部位迅速扩散进来,实验表明,其扩散速率与管路系统的泄漏速率成正比,所造成的污染与样品气体的体积流量成反比。

(2)为了避免样品系统对微量水分的吸附和解吸效应,配管内壁应光滑洁净,必要时可做抛光处理,所选接头、阀门死体积应尽可能小。当气路发生堵塞或受到污染需要清洗时,清洗方法和清洗剂参照电解池清洗要求,但管子的内壁需要用线绳拉洗,管件用洗耳球冲洗,以防损伤其表面,最后应作烘干处理。

(3)为防止样气中的微量水分在管壁上冷凝凝结,应根据环境条件对取样管线采取绝热保温或伴热保温措施。

（4）微量水分仪的检测探头应安装在样品取出点近旁的保温箱内,不宜安装在距取样点较远的分析小屋内,以免管线加长可能带来的泄漏、吸附隐患以及由此造成的测量滞后。如果微量水分仪安装位置距取样点较远或取样管线较细,则应加大旁通放空流量,一般测量流量与放空流量的比例为 1∶5 以上。

（5）如果被测气体中含有杂质或油雾量太多,将会直接影响测量探头的使用寿命。此时应配备预处理装置对样品进行处理,以提高仪表的测量精度和使用寿命。

（6）电解式微量水分仪开机前,要对电解池进行干燥脱水处理,使吸湿剂中存在的水分完全回到 P_2O_5。

2. 电容式微量水分仪

1）测量原理

图 7-16 所示是由含水介质构成的平行板电容器。R 是随水分含量而变化的电阻,水分含量越大,R 值越小,反之则越大；C 为与水分含量有关的电容,其值随水分含量的增大而增大。

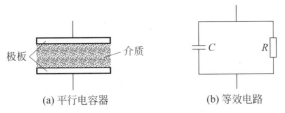

极板 介质

(a) 平行电容器　　　　(b) 等效电路

图 7-16　平行板电容式水分传感器及其等效电路

2）特点

电容式微量水分仪有以下优点:

（1）体积小、灵敏度高(露点测量下限达 −110℃)、响应速度快(一般在 0.3～3s)。

（2）样品流量波动和温度变化对测量的准确度影响不大(样品压力变化对测量有一定影响,需进行压力补偿修正)。

电容式微量水分仪有以下缺点:

（1）探头存在"老化"现象,需要经常校准。传感器探头的湿敏性能会随着时间的推移逐渐下降,这种现象称为"老化"。其原因有多种解释,为解决老化问题,各国的研究人员做过各种各样的尝试,但都未能从根本上解决老化问题。目前的唯一办法是定期校准,一般是一年左右校准一次,有时需半年甚至三个月校准一次(由于水分含量和电容量之间并不呈线性关系,校准曲线并非是一条直线,校准时一般需要校 5 个点)。

（2）零点漂移会给应用带来一些困难和问题。传感器由于储存条件或环境条件不同会引起校正曲线位移,也就是说,传感器的校正曲线随条件(主要是湿度)而变。在实际测量中表现为对于同一湿度,若传感器储存条件不固定,则测量结果重复性差；使用时的条件与校正时的条件不同将会产生相当大的误差。

（3）对极性气体比较敏感,在测量中应注意极性物质的干扰,这是方法本身固有的缺点。此外,氧化铝湿敏传感器对油脂的污染也比较敏感。

3）电容式微量水分仪的选用

工业在线微量水分分析中,电解式和电容式微量水分仪是常用的两种仪器,二者的主要技术性能比较列于表 7-2 中,可供选型时参考。

表 7-2 电解式和电容式微量水分仪主要技术性能比较

比 较 项 目	电解式微量水分仪	电容式微量水分仪
测量对象相态	只能测气态	气态、液态均可
不饱和烃(芳烃除外)	不能测量	可以测量
腐蚀性气体	采用耐腐蚀材质可以测量	不能测量,铝电极不耐腐蚀
标准测量范围	0～1000ppmV	−80～+20℃露点 (0.5～23 080ppmV)
测量精度	±5%R(0～100ppmV) ±2.5%R(100～1000ppmV) 绝对测量法,精度较高,±%R 为仪表读数的相对误差	±3℃露点(−80～−66℃) ±2℃露点(−65～+20℃) 相对测量法,含水量低时精度较高,含水量高时精度较低
测量下限	1ppmV	0.1ppmV
绝对误差下限	±1ppmV	±0.5ppmV
绝对误差变化范围(在 0～1000ppmV 范围内)	±(1～25)ppmV	±(0.5～200)ppmV
测量灵敏度	1～0.1ppmV	0.1～0.01ppmV
响应时间 T_{63}	30～60s	5～10s
标定要求	一般无须标定	每年至少需标定一次
价格	较低	较高

在电容式微量水分仪选用时,除应注意其对被测介质的适用性、测量范围等性能指标外,特别值得注意的是其绝对误差和测量精度是否能满足使用要求。一般来说,电容式微量水分仪用在测量低含水量时较为有利,其灵敏度高,测量精度也较高;测量较高含水量时,要注意其测量误差是否符合使用要求。当然,对于−20℃(1000ppmV)以上场合的湿度测量来说,±2℃的误差是可以接受的。

4) 安装配管和使用维护

电容式微量水分仪安装配管要求和电解式微量水分仪相同,不再重述。需要注意的是,电容式微量水分仪对现场探头和显示器之间连接电缆的长度、线芯截面、屏蔽、绝缘性能等都有一定要求。许多因素(特别是电缆长度)会对电缆的分布电容产生影响,从而对测量结果造成影响。

一般情况下,应选用仪表厂家配套提供的电缆。如需自行采购,则应严格符合仪表安装使用说明书的要求。在安装和使用过程中,应注意以下问题:

(1) 电缆长度应严格符合仪表厂家的要求,不可根据现场需要将所带电缆加长或截短,加长或截短电缆相当于增加或减少了电缆的分布电容。

(2) 电缆的插接头应注意保护,不可损伤。自配电缆要特别注意电缆端部插接头的适配性、坚固性和密封性能。

(3) 连接电缆要一根到底,不允许有中间接头,切不可将几根短电缆连接起来使用。

(4) 在标定探头时应将所配电缆同探头连在一起进行标定。

3. 晶体振荡式微量水分仪

1) 测量原理

晶体振荡式微量水分仪的敏感元件是水感性石英晶体,它是在石英晶体表面涂覆了一层对水敏感(容易吸湿也容易脱湿)的物质。当湿性样品气通过石英晶体时,石英表面的涂层吸收样品气中的水分,使晶体的质量增加,从而使石英晶体的振荡频率降低。然后通入干性样品气,干性样品气萃取石英涂层中的水分,使晶体的质量减少,从而使石英晶体的振动频率增高。在湿气、干气两种状态下振荡频率的差值,与被测气体中水分含量成比例。

石英晶体的吸湿涂层可以采用分子筛、氧化铝、硅胶、磺化聚苯乙烯和甲基纤维素等吸湿性聚合物,还可采用各种吸湿性盐类。在上述吸湿剂中,磺化聚苯乙烯和吸湿性盐都是制作湿度检测器的良好的湿敏物质(美国杜邦公司晶体振荡式微量水分仪就是采用磺化聚苯乙烯作为湿敏涂层的)。

2) 特点

(1) 石英晶体传感器性能稳定可靠,灵敏度高,可达 0.1ppmV。测量范围 0.1~2500ppmV,在此范围内可自定义量程。精度较高,在 0~20ppmV 测量误差为 ±1ppmV,大于 20ppmV 时为仪表读数的 ±10%。重复性误差为仪表读数的 5%。

(2) 反应速度快,水分含量变化后,能在几秒内做出反应。

(3) 抗干扰性能较强。当样气中含有乙二醇、压缩机油、高沸点烃等污染物时,仪器采用检测器保护定时模式,即通样品气 30s,通干燥气 3min,可在一定程度上降低污染,减少"死机"现象(根据我国使用经验,仍需配置完善的过滤除雾系统,并加强维护)。

3) 安装和使用

晶体振荡式微量水分仪安装和使用时应注意以下问题:

(1) 分析仪系统的安装位置应尽可能靠近取样点,样品管线应选用内壁光滑的不锈钢管并采取伴热保温措施。如果管壁粗糙或环境温度变化较大,样气中的水分会吸附在管壁上或从管壁上解吸出来,这些都会造成动态测量误差。

(2) 分析仪应避免直接暴露在阳光和大气中。为避免电磁干扰使仪器性能变差或损坏内部电路,直流电源线和输入、输出信号线应采用金属网状屏蔽的电缆。

(3) 分析仪投用前,应先用样气通过旁路吹扫管线至少 3h,将管线中的水分吹净。

(4) 干燥器必须定期更换,正常使用时对于 50ppmV 样气,干燥器一年需更换一次。

(5) 标准水分发生器是由制造厂严格标定过的专用部件,工作到后期,标定时将会发出报警信号,此时应更换备件。

4. 半导体激光式微量水分仪

半导体激光气体分析仪是根据气体组分在近红外波段的吸收特性,采用半导体激光光谱吸收技术(Diode Laser Absorption Spectroscopy,DLAS)进行测量的一种光学分析仪器。其技术特点和优势在于:

(1) 不受背景气体的影响。红外分析仪使用的红外光束谱带宽度大于 $0.1\mu m$,而半导体激光分析仪中使用的激光谱宽小于 0.001nm,远小于被测气体一条吸收谱线的谱宽,如图 7-17 所示。因而激光分析仪具有"单线吸收光谱"优势,不受背景气体组分的交叉干扰,测量精度较高。

注意:测天然气时,CH_4 对 H_2O 吸收谱线有重叠干扰,仪器出厂时对其进行了补偿修正,测量时要求 CH_4 浓度大于 75%,如果 CH_4 含量低于 75%,需要重新设定零点值。

(2) 非接触测量。光源和检测器件不与被测气体接触,只要测量气室采用耐腐蚀材料,即可对腐蚀性气体进行测量。天然气中含有的粉尘、气雾、重烃及其对光学视窗的污染对于

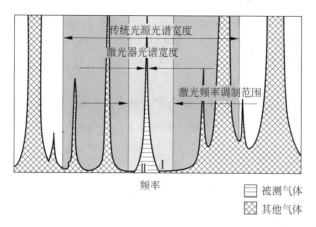

图 7-17 激光气体分析仪单线吸收光谱测量原理

仪器的测量结果影响很小。

当采用激光分析仪测量微量 H_2O 或 H_2S 时,应选择测量气室为海洛特腔或怀特腔的激光分析仪,这种气室通过光线的多次反射来实现长达 10m 左右的测量光程,从而使气室的长度和体积大为缩减,可以减轻采用单光程长气室时对 H_2O 或 H_2S 的吸附现象,同时也便于实现气室的恒温、恒压控制,防止样气温、压波动造成的测量误差。

5. 光纤式近红外微量水分仪

1) 测量原理

以 BARTEK BENKE 公司的 HYGROPHIL F5673 型光纤式近红外微量水分仪为例,该水分仪的分析光路如图 7-18 所示。

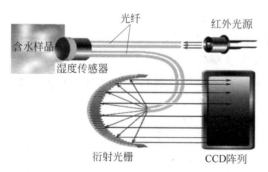

图 7-18 光纤式近红外微量水分仪原理示意图

其中湿度传感器的表面为具有不同反射系数的氧化硅和氧化锆构成的层叠结构,通过特殊的热固化技术,使传感器表面的孔径控制在 0.3nm。这样分子直径为 0.28nm 的水分子可以渗入传感器内部。仪器工作时控制器发射出一束 790~820nm 的近红外光,通过光纤传送给传感器,进入传感器内部的水分子浓度不同,对不同波长的光反射系数就不一样,从而 CCD 检测器检测到的特征波长就不同。

2) 特点

光纤式近红外微量水分仪有以下特点:

(1) 测量信号无干扰,测量数据可靠性、重复性高。

由于传感器表面为 0.3nm 孔径的多微孔结构,只有直径小于 0.3nm 的分子如水分子

(0.28nm)能够渗入,并且仪器所用的790~820nm 的近红外光只对水分子敏感,因而露点测定不受样品中其他组分的干扰。

(2) 无漂移,不需要定期标定。由于传感器的特殊结构,使得粉尘、油污无法进入传感器内部,不存在漂移的问题。

(3) 不需取样系统,探头可直接安装于主管道中,避免了取样部件对水分子的吸附,可以更真实地测得管输天然气在压力状态下的水露点,同时也避免了样品排放造成的资源浪费和环境污染。

(4) 维护方便,可方便地将探头拔出来清洗。清洗剂可用酒精或异丙醇,探头抗腐蚀,不老化,清洗完的探头可重新插入使用,不需要再次标定。

(5) 分析仪具有多种安装方式可以选择,可以满足用户的不同需求,传感器可以应用于0 区防爆场所,主机可以安装在现场,也可以安装在仪表控制室。传感器与主机的距离可长达 800m。

(6) 既可以测量气体中的微量水分,也可以测量液体中的微量水分。

(7) 一台水分仪可以带多个传感器,可以实现多点测量。典型露点范围为-80~+20℃。

3) 微量水在线分仪的校准

天然气工业中,微量水分仪需要定期进行校准,常用的校准方法有渗透管配气法、硫酸鼓泡配气法和冷凝露点湿度计法。其中,硫酸鼓泡法的优点及与其他方法的比较如下:

(1) 硫酸鼓泡器制作简单,操作方便,使用可靠,硫酸鼓泡法是一种科学、简便的微量水标气制备方法。

(2) 根据气体分压定律,通过鼓泡器的气体中的水分含量仅是硫酸浓度和温度的函数,不受气体种类的限制,也不受气体中含有微量水分的影响。这是由于浓硫酸是强干燥剂,当气体通过硫酸溶液时,所含水分已被硫酸吸收。

(3) 渗透管配气法操作步骤较为复杂,配气条件要求严格,配气精度易受多种因素影响,例如,载气中含有微量水分就会追加到所配标气中从而造成附加误差。

(4) 采用硫酸鼓泡法校准微量水分仪时,可以根据硫酸浓度和温度对应的微量水分值直接校准被校表。而渗透管配气法仍需采用高精度标准表与被校表对照的方法进行校准。简而言之,硫酸鼓泡法可进行直接校准,渗透管配气法只能进行间接校准。

(5) 采用冷凝露点湿度计校准微量水分仪,是国家计量测试机构检验仪器和仪表生产厂家标定仪器的常用方法,但这种冷镜仪价格昂贵,且只能在实验室条件下使用,无法用于现场校准。硫酸鼓泡器结构简单,使用方便,可做成便携式仪器用于现场校准。

7.3.5 湿度测量发展

任何行业或部门的工作均离不开空气,而空气的湿度又与工作、生产有直接关系,因而湿度的监测与控制越来越显得重要。随着湿度传感器的发展,智能型湿度计、虚拟湿度测量系统也应运而生。

虚拟仪器体现的是"软件就是仪器",它是分析仪器现代化发展的一个方向。

现代化工业生产中,需要进行温湿度测量和监控的场合越来越多,目前广泛使用的温湿度测量方法,主要是依靠传统仪器进行测量,其测量温湿度精度低,观测不便,即时性差,给现场实时测量与分析带来了诸多的不便。利用虚拟仪器及软件方便简捷的特点,可在一台计算机上准确地实现温湿度测量,使得庞杂的测量系统大大简化。以 LabWindows/CVI 为开发平台,设计了一种基于虚拟仪器技术的温湿度测量系统,可以有效地解决上述问题。

虚拟温湿度测量系统利用 LabWindows/CVI 为语言开发平台,进行软件设计,并利用数据采集卡这一纽带将硬件电路和软件程序有机地结合起来,完成温湿度测量。对于虚拟仪器而言,软件是整个系统的核心,它主要实现对采集得到的信号进行分析、处理、标度变换,从而将电压、温度、湿度以图形的形式更形象更直观地表示出来,并且系统设有报警装置,当温度或湿度超过用户所需的标准时,系统给予报警提示。

1. 系统硬件结构设计

外界温湿度信号的变化通过温湿度传感器转换为电压信号的变化,由传感器输出的电压信号通过信号调理电路的放大、整形后得到标准的电压信号,通过数据采集卡将采集到的电压信号送到计算机内存中,最后通过软件的设计达到对温湿度测量的目的。系统框图如图 7-19 所示。

图 7-19　温湿度虚拟测量系统硬件框图

系统中使用的是 PCI-6024E 数据采集卡;它有 16 个模拟量输入通道(对差分输入是 8 对模拟输入通道),2 个模拟量输出通道,8 个数字量 I/O 口,2 个 24 位的计数器(用于定时/计数功能),选择差动输入方式,放大器增益 1 倍,量程为±5V。

2. 系统软件设计

软件部分是整个系统设计的核心,因为虚拟仪器正是通过软件的设计,使用户通过计算机屏幕实现数据的采集、显示、分析处理和存储。本系统的软件部分主要包括标度变换、数据的采集与显示、数据的保存与调用、超限报警等。

(1) 标度变换。

实际应用中,被测模拟信号被检测出来并转换成数字量后,常需要转换成工程量。因为被测对象的各种数据的量纲与 A/D 转换后的输入值是不一样的。例如,温度的单位是℃,相对湿度的单位是%RH。这些参数经传感器和 A/D 转换后得到的一系列数码值并不等于原来带有量纲的参数值,它仅仅对应子参数的大小,故必须把它转换成带有量纲的数值后才能运算、显示等。这种转换就是标度变换。

要做标度变换,必须要有变换系数,通过多项式拟合软件的设计,利用最小二乘法原理,最终得到电压—温湿度之间的标度变换的拟合系数,实现多项式的拟合。

(2) 数据的采集与显示。

温湿度测量系统的核心是数据的采集与显示,该部分主要包含在主面板的设计中。主面板中主要包括数字控件部分、温湿度的量值(包括最大、最小值)、采集到的电压值以及转换后的温湿度值、采集数据的曲线以及报警模块等。其中数字控件部分主要包括采集开始控件、采集卡配置控件、采集中止控件、存储图形的读取控件以及程序的退出控件等。

(3) 温湿度采集数据的保存与调用。

传统仪器的缺点之一就是不能实现对数据的保存、记录等。利用虚拟仪器可以随时将用户需要的温湿度值保存下来,供以后查阅或进一步使用。通过存储子面板的设计,用户可以随时调用自己需要的温湿度的数据文件。

(4) 温湿度的超限报警。

用户可以根据自己的需要设定温湿度的安全阈值(上下限),一旦出现温湿度值超标,系统给以报警提示,方便用户采取相应的措施。

基于虚拟仪器技术的温湿度测量系统实现了将虚拟仪器技术与数据采集卡相结合,通过数据采集与处理模块、图形显示模块,多项式拟合模块、报警模块、文件保存模块、文件调用模块的软件设计,最终实现了功能强大的虚拟仪器温湿度测试系统。

3. 展望

随着湿度传感器的发展,集成湿度传感器将越来越多的功能集成于一体。现在国外生产的集成湿度传感器主要有以下几种类型。

(1) 线性电压输出式集成湿度传感器。

典型产品有 HIH3605/3610、HM1500/1520。其主要特点是采用恒压供电,内置放大电路,能输出与相对湿度呈比例关系的伏特级电压信号,响应速度快,重复性好,抗污染能力强。

(2) 线性频率输出集成湿度传感器。

典型产品为 HF3223 型。它采用模块式结构,属于频率输出式集成湿度传感器,在 55%RH 时的输出频率为 8750Hz(型值),当相对湿度从 10%RH 变化到 95%RH 时,输出频率就从 9560Hz 减小到 8030Hz。这种传感器具有线性度好、抗干扰能力强、便于配数字电路或单片机、价格低等优点。

(3) 频率/温度输出式集成湿度传感器。

典型产品为 HTF3223 型。它除具有 HF3223 的功能以外,还增加了温度信号输出端,利用负温度系数(NTC)热敏电阻作为温度传感器。当环境温度变化时,其电阻值也相应改变并且从 NTC 端引出,配上二次仪表即可测量出温度值。

(4) 智能化湿度/温度传感器。

2002 年 Sensiron 公司在世界上率先研制成功 SHT11、SHT15 型智能化湿度/温度传感器,其外形尺寸仅为 7.6mm×5mm×2.5mm,体积与火柴头相近。框图如图 7-20 所示,SHT71 温度、湿度复合传感器实物图如图 7-21 所示。

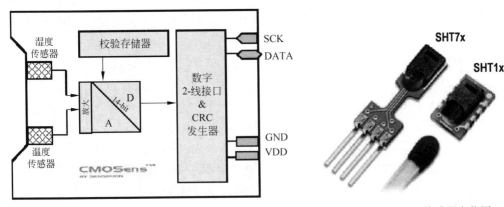

图 7-20 SHT1X 框图　　　　图 7-21 SHT71 传感器实物图

　　每只传感器都在温度室中做过精密校准,校准系数被编成相应的程序存入校准存储器中,在测量过程中可对相对湿度进行自动校准。它们不仅能准确测量相对湿度,还能测量温度和露点。芯片内部包含相对湿度传感器、温度传感器、放大器、14 位 A/D 转换器、校准存储器(E^2PROM)、易失存储器(RAM)、状态寄存器、循环冗余校验码(CRC)寄存器、二线串行接口、控制单元、加热器及低电压检测电路。其测量原理是首先利用两只传感器分别产生相对湿度、温度的信号,然后经过放大,分别送至 A/D 转换器进行模/数转换、校准和纠错,最后通过二线串行接口将相对湿度及温度的数据送至微机。鉴于 SHT11/15 输出的相对湿度读数值与被测相对湿度呈非线性关系,为获得相对湿度的准确数据,必须利用微机对读数值进行非线性补偿。此外当环境温度 $T_A \neq +25℃$ 时,还需要对相对湿度传感器进行温度补偿。设计＋3.3V 低压供电的湿度/温度测试系统时,可选用 SHT11、SHT15 传感器,它们特别适合低功耗系统。

　　集成湿度传感器的测量范围一般可达到 0~100％RH。但有的厂家为保证精度指标而将测量范围限制为 10％RH~95％RH。

　　湿度传感器的发展,使得用户有了更多的选择。如果采用具有串口输出功能的集成湿度传感器,虚拟仪器温湿度检测系统可以省掉数据采集卡,这样系统结构更为简单。

7.4　恶臭气体在线监测

　　恶臭是各种气味(异味)的总称,可以通过人们的感知系统进行分析和判断。根据国内外有关论述,可以将恶臭定义为:凡是能产生令人不愉快感觉的气体通称为恶臭气体,简称恶臭。恶臭物质是指能够刺激人的嗅觉器官,引起人们厌恶感或不愉快的物质,即产生恶臭的物质。当环境中的异味达到一定程度时,会使人感觉不愉快,甚至会对人产生心理影响和生理危害,称为恶臭污染。表 7-3 为典型的恶臭物质列表。

表 7-3　典型的恶臭物质

序号	分　　类	编号	物质名称	臭气性质
1	含硫化合物	S1	硫化氢	腐蛋臭
2		S2	甲硫醇	烂洋葱臭
3		S3	乙硫醇	烂洋葱臭
4		S4	甲硫醚	蒜臭
5		S5	二硫化碳	刺激臭
6		S6	乙硫醚	蒜臭
7		S7	二甲基二硫	烂甘蓝臭
8	苯系物	F2	甲苯	刺激臭
9		F3	乙苯	刺激臭
10		F4	间二甲苯	刺激臭
11		F5	对二甲苯	刺激臭
12		F6	苯乙烯	刺激臭
13		F7	邻二甲苯	刺激臭
14		F8	丙苯	刺激臭

续表

序号	分　类	编号	物质名称	臭气性质
15		Y1	乙醇	刺激臭
16		Y2	丙酮	汗臭
17	含氧化合物	Y3	异丙醇	刺激臭
18		Y5	丁酮	刺激臭
19		Y6	乙酸乙酯	刺激臭
20	含氮化合物	D1	三甲胺	烂鱼臭

随着经济持续快速发展和城市化水平的不断提高,作为世界七大环境公害之一的恶臭污染事件在社会上引起的纠纷和上访案件日益增多,在环境投诉中已经位居第二,由此造成了大量经济损失以及社会不良影响。我国《国民经济和社会发展"十二五"规划纲要》明确提出要"加强恶臭污染物治理"。环境保护部门因为恶臭污染的特殊性及其监测方法的烦琐性而备受困扰,究其原因,环境管理执法过程缺乏完善并且高效的监测手段是其症结所在。在环境管理部门无法及时解决现场监测分析的问题之下,更加无法准确辨别恶臭污染物来源。

因此研究环境恶臭实时在线监测、预警技术,并开发在线监测预警仪器是国家环境监管中亟待解决的问题。通过构建系统、高效、稳定、通畅的恶臭监控预警系统平台,可为环境监管、环境评价与预警、执法与决策提供有力支持,使环保部门实现污染物排放"说得清、管得住、行得通"的排放管理新模式。依据《国家"十二五"科学和技术发展规划纲要》中"蓝天"工程的要求,大力推进并加快大气监测先进技术与仪器研发,适应资源环境领域的优先发展方向新型环保功能材料与环境监测仪器设备领域的需求,开展恶臭连续自动在线监测仪器集成及产业化准备研究有其必要性。该恶臭污染具有瞬时性、阵发性的特点,污染事件一旦发生,环境管理部门和监测人员赶到现场,往往不易捕捉到真实的恶臭污染样品。此外,大多数恶臭物质在非常低的浓度时即可发出很强的气味,造成恶臭污染物质的定量分析存在很大困难。

7.4.1　恶臭污染评价方法

因为恶臭污染问题是个非常复杂的问题,找到一个合适的恶臭污染控制技术也很不容易,但无论如何首先面对的都是恶臭污染评价的问题。许多情况下,排放的有臭味气体包含几百种化合物,其中只有几种是有臭味的。而主要的臭味物质的浓度和嗅阈值极低,因此需要特别的、灵敏的分析检测方法。直到最近一段时间以前,评价臭味对人们干扰的检测方法仍是嗅觉测定法和化学法,现在又有更为先进的检测方法,如感觉分析仪/电子鼻。

1. 嗅觉测定法

嗅觉测定法是对于一组适合的特定的人群选择不同浓度的臭气混合物,臭气浓度用每单位体积的臭气含量表示,单位是 OU/m^3。这种方法的重现性可以达到公众可接受的水平,但它的功能性极差,特别不适于低浓度和有毒物质的检测,从而限制了它的应用。而且这种测定方法由于取样后立即需要大量的测臭人员,所以与其他的测定方法相比更加昂贵。

2. 化学法

化学法是用某种分析方法对臭味分子进行检测,会受到一些化合物检测限值的限制,如嗅阈值极低的硫醇。另外,通过化学方法检测混合物质中潜在的臭味物质是不可能的,因为混合后是否有协同、掩蔽或放大作用是未知的。对于高挥发性气体,化学分析法色质联机(GCMS)与嗅觉检测法相结合(GC-MS/O)是一个很好的可供选择的方法。但是,由于这种方法的样品需要富集,所以为了保证测定的准确性,取样和样品富集的步骤需要格外注意。气相微萃取技术(SPME)已经被证明是一个可行的替代传统取样方法的选择性和灵敏度高的分析方法,该法是将取样和被分析物的富集结合成一个步骤,允许被分析物质在 GC 中的直接迁移转换,这个装置是在注射器中加一个改良的带有涂层的纤维,这个纤维暴露于样品中,使被分析物质在涂层和样品中迁移转换,直到达到平衡为止。萃取的被分析物在注射器中遇热从涂层中脱附出来。Kleeberg 等评价了 SPME 技术对于臭味气体的分析测定,使用GC-MS 和气相色谱法、火焰离子检测法与嗅觉测量法相结合(GC-FID/O),探讨了其影响因素,如光纤种类、吸附时间、脱附温度和时间等。

3. 电子鼻

电子分析仪目前不能通过仪器读数直接提供臭气浓度形式的结果,而许多国家的臭气标准都是臭气浓度的形式。嗅觉测定方法和感觉分析技术的结合可以发挥二者的优点,这就是最近在评价臭味影响时广泛使用的工具,即所谓的感觉分析仪/电子鼻。现代的电子鼻是由对应于不同臭味分级的传感器矩阵组成,最初是由 Persand 等在 1982 年研制而成的,现在市场上的电子鼻相对于最初的原型而言更为复杂,但仍秉承了最初的设计理念。电子鼻的工作原理基本上模仿了人类嗅觉系统的作用机制,通常由一个化学传感器阵列和一个信息识别系统组成,通常是以神经网络的形式。化学传感器阵列仿效构成鼻子接收器的蛋白质,将电子鼻与嗅觉测定法相结合可以对环境样品中的臭味浓度有一个定量的估计,从而可以和臭味的环境标准进行对比。感觉分析仪/电子鼻的诞生既具有化学方法快速、明确的优点,又避免了目前化学方法无法检测到的混合臭味物质的协同效应的难题,而且不需要将具有臭味的物质从吸附物中分离出来。除了费用低外,还具有快速、重现性高的优点,并且可以用于分析低浓度的臭气,甚至是对人体健康有毒有害的臭气。一旦臭气源的臭味被记忆,现代的电子鼻便能够预测未知样品的臭气浓度等级。

7.4.2 在线电子鼻

近年来,国内外也相继开发出了各自的恶臭气体检测产品。例如在国内,北京东西分析仪器有限公司研制开发成功 EW-4400 型便携式光离子化气体检测仪是一种集光谱学、电真空技术、精密机械、新材料、新工艺、电子学、集成电路、计算机、色谱分析等多种学科交叉为一体的产品。在国外,如韩国和德国也有各自的检测方法。在韩国,采用三点比较式臭袋法与仪器分析法,根据一般排放标准和严格排放标准制约和管理着工业地区和其他地区的恶臭排放源。三点比较式臭袋法和仪器分析法都存在一定的局限性,无法满足连续实时监测恶臭的要求。

在线电子鼻是一个全自动的在线监测系统,数据的保存、处理、计算都自动进行,同时还具有风速风向检测装置,通过风向和风速来判断恶臭的来源、扩散范围及趋势。可实现对恶臭浓度 24 小时不间断监控,提供与人工嗅辨完全吻合的恶臭数值,并实现恶臭扩散预测达到城市级大范围恶臭监控的完整解决方案。

1. 主要作用

(1) 实时掌握监控地点的恶臭排放。在线恶臭电子鼻可以实时监控臭气的排放浓度和速率,拥有监测点附近的动态气体扩散资料,及时掌握恶臭危害是否扩散到附近居民区,并分析恶臭危害程度,为环境保护提供及时可靠的数据,为当地居民关于恶臭排放投诉做好数据准备。

(2) 了解监控地点恶臭排放的规律。针对某一监控区域,通过数年的监控,可以了解到该地区臭气排放的历史规律和臭气浓度的高低,可以研究恶臭污染随季节、时间、空间、风向和地形地貌等特征的变化规律,为以后某一时段臭气浓度排放超标做好预警和准备,保证当地居民的生产和生活不受影响。

(3) 监控地点实时报警功能。当某一时段在线恶臭电子鼻检测到臭气浓度超出恶臭污染物排放标准(GB 14554—93)时,会自动报警,为环境监测部门提供臭气排放超标数据,实时监控企业的恶臭污染排放达标情况,同时可以监控企业经过处理后的排放废气臭气浓度情况,可以利用实施报警功能清楚地知道该废气处理系统(活性炭或者微生物等)是否可靠有效以及该生产工艺流程是否环保,为企业节省成本,同时保证废气达标排放。

(4) 节约恶臭处理系统的成本。在线恶臭电子鼻监控系统具有激活恶臭处理系统的功能,当发现某时段臭气浓度超出恶臭污染物排放标准(GB 14554—93)时,监控系统激活并启动恶臭处理系统,通过不同的处理方法对恶臭排放进行处理,另外还可以通过实时监控臭气浓度的含量随时调节恶臭处理时的用水量、添加剂以及能源,为企业或者垃圾处理场节省成本。

2. 在线电子鼻组成

在线恶臭电子鼻主要由小型气象工作站、臭气采样泵、水分灰尘过滤装置、传感器和数据处理与传输系统几部分组成,如图 7-22 所示。恶臭电子鼻内置的采样泵把经过除水和灰尘的样品气体带入到传感器舱,恒温恒湿传感器舱内的传感器会对恶臭气体产生响应,数据处理系统会把响应值转换为臭气浓度,臭气浓度值经过数据传输系统到达用户的控制中心,在控制中心的操作软件平台上会有臭气浓度、H_2S、NH_3 或者 SO_2 等气体成分的浓度,可以非常方便地了解和监控到现场的恶臭排放情况。

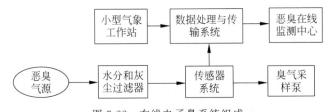

图 7-22　在线电子鼻系统组成

小型气象工作站可以实时监测现场的气象指标,为监测单位提供臭气浓度监测时段的风向、风速、气温、湿度,对监测点位的情况更加了解,同时可以节省人工成本和时间,另外通过风向和风速来判断恶臭的来源和扩散范围及趋势。

过采样泵把臭气样品抽入传感器舱进行检测和分析,进样口可以和采样点连接,空气的流速通过内部的精度流量计进行调控,不同厂家的采样泵材质和空气流速都不同,有的厂家还配有空气输出泵的消音阀。

水分灰尘过滤系统装在恶臭样品进入到传感器舱之前,主要负责把臭气源排放出的臭气中的水分和灰尘过滤掉,起到保护传感器的作用,同时也能保证降低臭气的本底噪声。主要由滤膜和除水原件两部分组成,滤膜一般 3～4 个月更换一次,晴朗天气除水部件一般半年需更换一次,如遇潮湿或者阴雨天气要经常更换除水部件。

传感器系统装有不同类型和数量的传感器,是臭气浓度分析系统的关键部分,主要负责对臭气样品中不同气味成分的响应分析。不同厂家配有的传感器数量和类型都不相同,主要有金属氧化物传感器、电化学传感器、光离子化检测器、温度和湿度传感器等。最常用的是金属氧化物传感器,因为它是一种气敏型的传感器,具有灵敏度高、重复性好、使用寿命长等特点;另外,该类型传感器具有对所有气味都有响应,对特殊气味有偏好的特点,适应臭气组成复杂的特点。电化学传感器主要用来测定某一种气体成分的含量,例如 H_2S、NH_3 或 SO_2 等,光离子化传感器主要用来测定空气中挥发性有机物的含量。另外,为了保证传感器的长期稳定性和灵敏度,其传感器舱必须恒温恒湿,因此配有控制温度和湿度的传感器。

数据处理系统把恶臭污染物在传感器上的响应值转化为臭气浓度值,数据传输一般分两种模式进行,一种是通过网线进行连接传输,另一种是通过 GPRS 进行传输。位于现场的电子鼻还具有存储卡,可以存储实时监控的臭气浓度数据。另外,数据传输到用户监控系统后,一般都有数据处理或者操作系统,可以用来显示实时监控的数据。也可以提供专门的数据发布网站,根据需求对网页进行安全性设计,授权用户可以在其他地方采用预设的用户名、密码登录网站,实时查询当前和历史恶臭记录。

思考题

7-1 简述快速失重法与经典失重法的区别。

7-2 简述物料极限失重温度的确定。

7-3 简述湿度测量的方法。

7-4 简述微波法测湿原理。

7-5 简述天然气露点测量方法。

7-6 简述恶臭监测方法。

第**8**章

在线分析系统工程技术应用

21世纪在线分析仪器的发展,将向智能化、网络化方向发展,智能监测技术、物联网技术、互联网技术将在在线分析系统中得到广泛应用。

8.1 在线分析系统工程技术

在流程工业过程自动化控制中,已经将在线分析的成分量作为流程工业的控制参量,直接参与工业过程自动化的实时优化控制和先进过程控制;在环境监测领域,在线分析仪及分析系统已经广泛应用于环境质量的在线监测与控制,为污染源排放、环境监测监控等提供重要检测数据。由此可见,应用在线分析仪及分析系统的在线分析监测技术,已经对国民经济运行的安全节能、质量提高、污染减排、环境保护等发挥了极其重要的作用。

现代在线分析项目的应用中,已经很少是以在线分析仪单机用于过程分析,大多是采用在线分析系统技术实现过程检测应用;除了采用原位式在线分析仪单机外,其他在线分析监测项目大多是在线分析仪、样品取样处理系统,以及数据采集处理系统等集成的在线分析系统技术的应用。因此,在线分析系统集成技术已经成为在线分析应用的主流技术。

在线分析系统集成技术的应用,正在向为客户提供完善解决方案,为客户创造效益的方向发展,并追求实现在线分析系统长寿命的可靠、准确运行,从而实现了在线分析系统的集成技术与系统工程管理技术的融合,发展形成了在线分析系统工程技术。

在线分析系统工程技术正在发展成为现代在线分析监测的重要技术,是现代在线分析仪器技术应用发展的主要方向,也是分析仪器行业发展的重要技术方向。

8.1.1 在线分析系统工程技术发展

在线分析监测项目,最初都是以在线分析仪单机用于过程分析的。由于过程分析的复杂性和苛刻要求,以及早期取样式在线分析仪仅配有简陋的取样处理部件,由于样品取样处理技术不过关,造成样品取样处理部件发生的故障率,往往要比在线分析仪的故障率高,影响了在线分析的可靠性、准确性,也影响了成分量分析在过程自动化控制中的有效应用。

通过长期实践和持续改进,在线分析的样品取样处理技术及其关键部件质量的改进提高,逐步形成了样品处理系统技术;在线分析也发展成为由在线分析仪与样品处理技术集成的成套分析系统;初期的成套分析系统经过十多年的持续改进,不断完善并发展成为现代在线分析系统的集成技术,其显著特征是提高了在线分析的可靠性、准确性。

不同在线分析项目,具有不同技术要求及工况条件,面对复杂的样品条件及分析要求,在线分析的系统集成需要进行专用化设计。系统集成设计的首要任务是选择在线分析仪或分析系统类型,对取样式分析系统而言,则需要进行样品处理系统的个性化设计,以及系统流程的自动控制、输出数据处理、分析系统的安全防护设计等;某些仪器或系统还涉及化学计量学或谱图数据库等技术,才能完成在线分析项目的技术设计与系统集成。

在线分析项目的技术设计与系统集成,是根据在线分析项目样品条件的要求,即工艺测点、工况条件、测量组分、背景组分、工艺参数及环境条件等,提出能满足在线分析项目要求的技术解决方案。技术解决方案通常包括:选择在线分析系统类型及在线分析仪;样品取样、传输、处理的系统设计;分析系统流程及自动化控制的软硬件配置;数据采集处理系统的软硬件设计,以及安全防护、公用工程与附属设施设计配置等系统集成技术。

在线分析监测项目应用的最终目的,是要实现在线分析系统能长寿命的可靠、准确运行,为客户创造效益。在线分析系统的技术应用,不仅是要提出完善的技术解决方案,集成制造优质的分析系统,还需要解决分析系统项目的现场高质量运行和管理。因此,在线分析系统项目的可靠、准确运行,不仅涉及在线分析的系统集成技术,还涉及在线分析系统的工程应用及项目管理等技术的综合应用,才能确保系统的优化集成和项目的可靠运行。在线分析系统的集成技术与系统工程技术应用的融合,使得在线分析系统集成技术必然向在线分析系统工程技术的方向发展。

综上所述,在线分析系统工程技术的发展是由在线分析仪过程分析应用技术的发展为在线分析系统集成技术;而在线分析系统的集成技术与系统工程应用、工程管理等系统工程技术相融合,又发展成为在线分析系统工程技术,从而进一步保障了在线分析仪、分析系统的可靠、准确、经济的运行和具有合理的生命周期。

8.1.2 在线分析系统工程技术的主要特点

在线分析系统工程技术是在线分析工程项目应用系统工程方法实施的分析系统工程技术。其目标是按照在线分析工程项目需求,能集成、设计制造出连续稳定、准确可靠、实时监测、少维护、协调运行的在线分析系统;系统集成技术要突出系统的总体要求,强调系统的整体优化,以系统分解-集成思想为基础,进行优化设计、集成制造,以确保在线分析项目高质量的可靠运行,实现成分量信息与自动化控制信息融合的综合集成。

在线分析系统工程技术是应用系统工程理论指导的系统工程项目开发与应用技术;它是多学科的交叉技术应用,重点涉及系统优化集成技术及系统管理技术;它不仅涉及分析系统的开发、系统集成制造技术,还涉及分析项目的系统工程应用及工程管理技术,从而实现在线分析工程项目的全生命周期管理。

在线分析系统工程技术的实施,包括在线分析系统的工程设计、制造、项目管理、质量管理、工程应用等系统工程技术与工程管理,也包括在线分析仪及样品处理系统的技术创新;

还包括自动控制与信息技术等软硬件技术的融合应用。涉及项目的直接用户、相关设计院所的要求；系统集成供应商的工程设计制造；客户工程运行维护及第三方运营管理等，某些应用领域还涉及政府相关管理部门，如政府环境保护的环境监测部门。

在线分析系统项目应用系统工程技术的目的，是要实现在线分析工程项目的最优设计、最优控制和最优管理的目标，最终是为客户及社会创造效益。

因此在线分析系统工程技术的应用具有以下特点：

(1) 多学科交叉，专业性、综合性强；

(2) 突出系统总体，强调整体优化；

(3) 以分解-集成思想为基础；

(4) 包含系统工程技术与系统工程管理两大过程。

8.1.3　在线分析系统工程涉及的主要技术

在线分析系统工程应用的技术，主要包括在线分析系统的集成技术及系统工程管理技术。

系统集成技术主要包括工程项目的系统设计、制造等优化集成技术；系统工程管理技术主要包括工程项目的应用、运行与管理技术等。

在线分析项目的系统集成技术，是以系统集成供应商为主体的技术创新过程。在线分析系统的核心技术是在线分析仪技术，关键技术是样品处理系统技术。因此，在线分析系统项目集成的技术创新过程，首先是实现在线分析仪的技术创新，包括在线分析仪的新技术应用、联用分析技术的在线应用；接着是按照在线分析项目的要求，选择适用的在线分析仪，以及设计可靠的样品处理系统，解决样品处理的关键技术；最后才是对分析系统的优化集成。分析系统的优化集成包括系统工程设计、制造、质量检测及控制等，从系统项目启动、规划、研究、设计、制造、试验、检测，以及现场运行、人员培训、技术转移，直到完成交付客户使用，实施系统集成全过程的工程质量管理。

在线分析项目的系统工程管理，是以客户为主体进行的，系统集成商也要做好项目实施全过程的技术服务。从工程项目立项、招投标，到项目验收、交付使用是项目工程管理的初始阶段。

客户对在线分析项目的工程管理是从在线分析仪、分析系统交付使用时才真正开始的，客户的重点是实施在线分析项目的正常运行维护、质量控制与管理，并实现项目的预期技术经济效益，直到项目使用的生命周期结束，实施该项目工程管理的全过程。

在线分析系统的项目实施，具备了现代项目管理技术的特点，项目管理技术主要包括客户项目沟通及需求分析、为客户提供技术解决方案、项目设计与系统集成、项目质量控制、提供服务(包括设备安装调试、技术培训服务、备品备件供应)以及项目生命周期管理等。

完善解决方案是指根据客户工程项目的要求，完善地提出适用的技术解决方案，包括在线分析仪的合理选型、样品处理系统的专用性设计(含系统流程设计与配置)，必要时提供数据采集处理系统和适应环境的公用工程附属设施(含安全、防爆、防护设计)等，确保在线分析系统的可靠性、准确性，并具备系统"交钥匙工程"的条件要求。

8.1.4　在线分析系统工程技术的系统构成

在线分析系统工程技术的系统构成,主要包括在线分析系统各组成部分的设计、制造技术分析系统项目的优化设计与系统集成、制造技术,以及分析系统项目的工程管理技术等;系统项目的工程管理包括工程项目管理、质量控制、运行管理等工程管理及应用技术。在线分析系统的工程技术应用,涉及在线分析监测项目的直接用户、设计院所、系统集成商,以及第三方的运行管理。

在线分析监测项目的工程设计中,最重要的是分析系统的选型及在线分析仪的选型,然后,围绕选型的在线分析仪的要求,以及被监测的分析对象与样品条件的要求,设计专用的样品取样处理系统、数据采集处理传输系统的软硬件,以及必要的安全防腐和辅助配套设施,进行系统的优化集成,从而确保在线分析系统的可靠、准确运行。

在线分析系统工程技术应用中,如何才能做好分析系统及在线分析仪的正确选型,如何才能做好可靠的样品处理系统设计,如何才能做好分析系统流程的优化设计等一系列问题的解决,都需要有对在线分析系统集成技术的专业知识和系统工程应用管理的专业知识,只有熟悉在线分析系统各种类型的特点、各类在线分析仪技术原理与应用、样品处理系统的关键技术等设计的专业知识,并具有丰富的现场经验积累的专业技术人员,才能做好正确的分析系统选型与设计,才能运用好在线分析系统工程技术。

8.1.5　在线分析系统工程技术的展望

1. 我国在线分析系统工程技术的应用发展

国内以从事在线分析、环境监测仪器为主业的企业,如聚光科技、北京雪迪龙、河北先河等上市公司,企业规模已达到几亿到十几亿元,国内从事在线分析仪的一批老企业,如北分、南分、重庆川分等也有较大发展,已经涌现了一大批从事在线分析技术的新兴民营企业,其产业规模及专业技术发展也非常快;不少企业已经具备从在线分析仪技术创新、在线分析系统优化集成,到承担第三方运营管理等较为全面的在线分析系统工程技术。

在线分析系统技术的发展,特别是在线分析小屋的技术应用,已形成较为复杂的系统工程应用技术,不仅包括成分量的在线分析,还涉及水、电、气等公用工程设施的配套技术,有的分析系统还包括了对分析样品的温度、压力、流量等参量的检测(如 CEMS 烟气连续排放监测系统)。

在线分析系统集成供应商已经提出为客户的在线分析提供完善解决方案并按照系统工程应用项目管理要求实施,实现项目的"交钥匙工程",以及参与项目的运营管理等项目全过程的生命周期管理。

由以上分析可见,我国在线分析技术的应用发展,已经从在线分析系统技术的应用发展到在线分析系统工程技术应用发展阶段,并将得到更加深入的发展。

2. 在线分析系统工程技术的前景展望及发展任务

从国内市场需求分析,国内流程工业过程自动化的实时优化控制,安全生产、节能高效与产品质量都需要大量的在线分析仪器及分析系统,市场前景十分广阔。环境监测领域的市场需求更大,国家环境保护政策已极大推进了国内环境监测仪器产业的快速发展;特别是最近,国家再次提出要大力发展节能环保产业,节能环保产业的大力发展将对在线分析监测提出更大的需求,而在线分析监测的需求将会大力促进在线分析系统工程技术的发展,因此,我国在线分析系统工程技术将面临新的发展机遇,具有美好的发展前景。

我国对在线分析监测技术及分析仪器的发展非常重视;在有关发展规划中提出对在线分析仪器仪表及在线分析系统工程技术发展相关的任务和要求如下。

(1) 关于流程工业用控制系统和仪器仪表:要进一步提高流程工业所需要仪器仪表的稳定性和可靠性;要求在线分析仪器等主干产品的技术水平达到国际同类产品的同等水平。

(2) 高可靠性现场仪表的开发应用提出:发展"高可靠、高稳定在线分析仪器",其中重点提出开发在线质谱仪、在线近红外光谱仪、在线核磁共振分析仪和在线气相色谱仪等中高档产品。

(3) 新型传感器发展提出:发展高精度、高灵敏度、高可靠性、高稳定性的力敏、磁敏、气敏传感器及其系统的产业化,包括发展微型化、智能化、低功耗传感器及无线传感器网络。

(4) 关于环境监测仪器与系统提出:发展污染源监测系统,要以地表水污染物监测为重点,采用紫外荧光现场监测仪为系统核心监测仪器,构成水质污染源监测系统。要以在线激光气体分析仪为核心,用于气体污染源排放烟气中 NO_x、CO_2、CO、HCl、H_2S 等有害气体排放量的监测,发展气体污染源监测系统。

(5) 发展食品、农产品安全速测技术和仪器,以及样品前处理技术开发和设备。

(6) 在行业关键技术开发"分析仪器的功能部件及应用技术"提出:对分析仪器的关键部件,如检测器、四极杆、高压泵、专用光源和电源、全自动进样器等关键零部件进行攻关,提高仪器整机的稳定性和可靠性。

(7) 智能化技术的重点发展是具有自校准、自检测、自诊断、自适应功能、具有复杂运算和误差修正的数据处理能力;具有自动完成指定测量任务的功能;用于科学仪器和控制系统的专家系统软件等。

(8) 系统集成和应用技术方面重点发展不同生产厂商系统之间的无缝连接集成技术;大型项目自动化设备主供应商应具备项目策划、设计、组织、采购、验收、调试等项目管理技术。

(9) 在政策措施中提出:建立开放式平台,进行共性技术集成创新,如智能化技术、现场总线技术、系统安全技术、可靠性技术等。组织产学研有关单位共同开发、推广应用,加大对技术中心创新能力建设的支持力度等。

在线分析技术的发展关系到国民经济发展的安全节能、污染减排、环境保护,以及绿色经济、循环经济的发展,特别是涉及民生的环境污染,即空气、水及土壤污染等监测与治理;这些目标要求会进一步促进在线分析监测技术及在线分析仪应用技术的发展。从宏观发展看,国家政策的驱动及市场的推进,将给国内在线分析技术产业,以及在线分析系统工程技术带来非常大的发展机遇。

8.2　网络化在线分析仪器

随着经济全球化和全球网络化,大型实验室的数量将减少,但其资源(特别是其精密贵重仪器)将得到更充分的发挥,因为它可以面向全世界为所有"网民"服务。新的网络化跳出单台仪器自成系统的框框,把分析仪器的传感、数据采集和处理、控制等功能与网络直接融合。仪器充分利用局域网或远程网的多种专用或公用平台,使仪器功能通过网络实现强大的软件和网络功能,使仪器结构进一步模块化甚至虚拟化,功能更强,效率更高,适用性更强。对仪器用户来说网络化仪器不再是各自独立、分别工作、给出无法传递和交换的分立信息、离不开人工管理的一些仪器,而是有机、有序地分布在网络终端(不一定在同一地点)、可平行分布工作的功能系统,既可在局域网(本实验室、本企业)内工作,也可异地甚至全球联网工作。借助不断完善的各种软件,网络系统(如实验室信息管理系统,LIMS)可以实现传统仪器不可能完成的分析检测要求。

近年来崛起的互联网技术、云计算技术为在线分析系统工程技术的应用提供了可靠保障。

8.2.1 网络化仪器概述

当今时代,以 Internet 为代表的计算机网络的迅速发展及相关技术的日益完善,突破了传统通信方式的时空限制和地域障碍,使更大范围的通信变得十分容易,Internet 拥有的硬件和软件资源正在越来越多的领域得到应用,比如电子商务、网上教学、远程医疗、远程数据采集与控制、高档测量仪器设备资源的远程实时调用,远程设备故障诊断等。与此同时,高性能、高可靠性、低成本的网关、路由器、中继器及网络接口芯片等网络互联设备的不断进步,又方便了 Internet、不同类型测控网络、企业网络间的互联。利用现有 Internet 资源而不需建立专门的拓扑网络,使组建测控网络、企业内部网络及其与 Internet 的互联都十分方便,这就为测控网络的普遍建立和广泛应用铺平了道路。

把 TCP/IP 作为一种嵌入式的应用,嵌入现场智能仪器(主要是传感器)的 ROM 中,使信号的收、发都以 TCP/IP 方式进行。如此,测试系统在数据采集、信息发布、系统集成等方面都以企业内部网络(Intranet)为依托,将测控网和企业内部网及 Internet 互联,便于实现测控网和信息网的统一。在这样构成的测控网络中,传统仪器设备充当着网络中独立节点的角色,信息可跨越网络传输至所及的任何领域,实时、动态(包括远程)的在线测控成为现实,将这样的测量技术与过去的测控、测试技术相比不难发现,如今,测控能节省大量的现场布线,扩大测试系统所及的地域范围。使系统扩充和维护都极大便利的原因,就是因为在这种现代测量任务的执行和完成过程中,网络发挥了不可替代的关键作用,即网络实实在在地介入了现代测量与测控的全过程。

基于 Web 的信息网络 Intranet,是目前企业内部信息网的主流。应用 Internet 的具有开放性的互联通信标准,使 Intranet 成为基于 TCP/IP 的开放系统,能方便地与外界连接,尤其是与 Internet 连接。借助 Internet 的相关技术,Intranet 给企业的经营和管理能带来极大便利,已被广泛应用于各个行业。Internet 也已开始对传统的测试系统产生越来越大的影响。目前,测试系统的设计思想明显受到计算机网络技术的影响,基于网络化、模块化、开放性等原则,测控网络由传统的集中模式转变为分布模式,成为具有开放性、可互操作性、分散性、网络化、智能化的测试系统。网络的节点上不仅有计算机、工作站,还有智能测控仪器仪表,测控网络将有与信息网络相似的体系结构和通信模型。比如目前测控系统中迅猛发展的现场总线,它的通信模型和 OSI 模型对应,将现场的智能仪表和装置作为节点,通过网络将节点连同控制室内的仪器仪表和控制装置连成有机的测控系统。测控网络的功能将远远大于系统中各独立个体功能的总和。结果是测控系统的功能显著增强,应用领域及范围明显扩大。基于 Internet 的测控系统当之无愧地隶属于新一代的网络化仪器。

8.2.2　网络化仪器结构

1. 测控网络的发展

测控技术的进步一直受计算机和计算机网络技术发展的制约。最初诞生的传统测控系统是以单片机、PC、工控机为核心的多个分散单元的集合体。当总线出现以后,一般借助 S-100 或 PC 总线形成测试系统。但是由于连线过长和过多,用这些总线形成的测试系统的稳定性较差,抗干扰能力较弱,难以实现大范围的有效测控。随后出现的是集散控制系统,它由多台微处理机分散在现场的不同位置,彼此之间以高速数据通道进行连接。而集散控制系统的联网技术较为复杂,联网手段和网络结构均不灵活,并明显缺乏开放性。随着计算机局域网(LAN)的出现,产生了基于 LAN 的集散控制系统。与此同时,由两线制 4~20mA 标准信号发展而来的智能化现场设备和控制自动化设备之间的通信标准——现场总线与智能化测控仪器的连接,使得测控网络得以形成。其实,现场总线网络既是一种信息网络,又是一种自动化系统。作为信息网络,它所传送的是接通电源、关断电源、开闭阀门等指令和数据;作为自动化系统,与其他系统相比,其在结构上有较大变化,最显著的特征是通过网络传送信号进行联络,可由单个节点或多个网络节点共同完成所要求的自动化功能,是一种由网络集成的自动化系统。由于现场总线适应了工业控制系统应具有分散化、网络化、智能化等特点的需求,所以最近一二十年有了很大发展。同时许多国际组织,如 IEC、美国仪表学会、ISP(Interoperable System Project)、World-FIP 和 FINT(Field bus International)等,多年来为制定现场总线标准做了大量工作,结果出现了多种不同的现场总线标准,如 ISP、World FIP、HART、LonWorks 和 IEC-ISA 等。不可否认,现场总线技术对测控领域的技术进步起到了巨大的推动作用,但也正是由于多种不同总线标准的同时存在,给各公司、企业基于不同现场总线形成的测控网络之间的互联又设置了不少障碍。因此,跨地域共享、利用测控信息的需求,与这种因基于不同总线技术而不便于实现高层次集中管理、监控和决策之间的矛盾日趋明显。

2. 信息网络的发展

计算机网络出现于 20 世纪 70 年代初,20 世纪 90 年代以来,Internet 高速发展,表现出许多优越的性能。目前,在生活中,利用 Internet 可以比从前更经济、更方便和更快捷地取得信息并进行信息的交流;在工作中,Internet 的应用主要还限于传递文字、图片和办公信息等。但是人们一直在研究如何更充分地挖掘 Internet 的应用潜力,以实现"地球村"的梦想。人们已经认识到,接入 Internet 的不应仅限于狭义上的计算机,工业中的各种测量控制装置、生活中的各种家用电器、社会不同领域、层面的各种公众设备等,都应该且必将成为 Internet 的客户端。只有这样,人类才能拥有一个无处不在、无时不在的真正的全球化网络。

3. 测控网络与信息网络的融合

从上面的分析可以看到,一方面,人们希望更广泛地使用 Internet,试图接入更多的设备,以便在扩充其应用模式的同时享受其带来的更多便利;另一方面,工业化程度的加剧也给测控网络系统的发展提出了新的问题:如何方便地组建一个高效率的、智能化的、能够和其他高层网络互联的测控网络系统,以便统一集中监控和提高管理决策水平。为了达到这些目的,需要测控网络和信息网络在一定程度上能够共享资源,并且以有效的方式交换信息。所以,从测控网络和信息网络各自的发展来看,它们均已表现出走向对方并相互融合的进步趋势。为了实现这种融合,有必要研究如何保证它们之间在一定范围内能具有良好的交换性、各自的独立性和安全性。

4. 测控网络和信息网络互联

由于测试系统嵌入式的特殊性,及其在不同应用场合和项目中所要完成的功能各异,故应将测控网络与信息网络有机地融合为一体。

(1) 在某些应用中,可以对 ISO/OSI 七层模型进行简化,只保留其核心层和 TCP/IP。实际上,现行的各种现场总线在某种意义上可被看作对 ISO/OSI 模型的简化,但它们简化的标准各异,所以并不能直接应用于 Internet 接入。比如在大多数情况下,嵌入式单元只是在调试时才需要应用层,并且由于嵌入式操作系统和应用程序的一体化,会话层、表示层和应用层可在一定意义上合并。这种保留核心层和 TCP/IP 的测试系统可方便地实现网络互联。

(2) 客户/服务器(Client/Server,C/S)工作模式。C/S 工作模式作为分布式应用程序之间通信的一种有效方式,在近些年得到了非常广泛的应用,其特点是运行在服务器上的进程能为发出请求的客户提供所需的信息。正是由于有一套通用的标准,服务器和客户总是能运行于通过某种网络互联的不同平台、不同操作系统上。如果从分层体系的角度出发,C/S 仅仅是一种应用层的标准。Internet 上流行的网络/浏览器(Web/Browser,W/B)模式属 C/S 中的一种,它以 HTTP 的 HTML 为通用标准。W/B 模式为在测试系统中集成各种功能提供了一种发展方向,即客户端可以是瘦客户(在三级网络体系结构中,Web 服务器既作为一个浏览服务器,又作为一个应用服务器。在这个中间服务器中,可以将整个应用逻辑驻留其上,而只有表示层存在于客户机上。这种结构被称为“瘦客户机”),但丝毫不会影响它的网络功能。

(3) 数据库管理系统。它是测控网络的一个核心部分,为各种用户提供访问和修改数据库中存储的数据。

(4) 网络管理。由于网络的复杂性和开放性,要保证测控系统的持续性、稳定性和安全性,必须有一套严格的管理方法和程序。与普通的 Internet 系统相比,测控信息网络的管理有其特殊性,具体有不同的配置管理和严格的安全管理。对于网络管理,目前也有几种不同的协议对应于不同的应用,其中基于 TCP/IP 的简单网络管理协议(SNMP)最为流行。SNMP 主要用于 OSI 七层模型中较低层的管理,具体采用轮询的监控方式。

随着 Internet 应用范围和空间的不断拓展以及控制网络本身发展的需要,一种新的基于 Internet 的测控信息网络的产生已势不可挡。目前,测控系统的发展落后于信息网络的进步。信息网络发展中积累的经验和出现的先进技术,将为测控网络与信息网络的互联提供有益的参考。但也要看到,当前信息系统中也有不适合测控系统发展的地方。只有认真考虑各方面的问题并积极着手加以解决,实现测控网络与信息网络更好地融合,才可能得到一个全新的、有着更强大功能的测控信息网络。

8.2.3　基于 Internet 的网络化仪器

1. 网络化仪器的特点和发展

测量是为了确定量值而进行的一组操作。在早期,测量的范围主要局限于对各种现实存在的物理量的计量测试,但随着科学技术的进步和人类生产、管理模式的发展变化,测量早已突破了传统意义上的范畴,甚至已扩展到人文与社会科学领域;且近几年又正在发展形成一些新的测量领域,如软件测试、生物测试、符号法测量等。在各种测量结果上形成的形形色色的控制系统、反馈系统以及信息传播,已经成为现代化生产、管理的基本手段。

按照传统定义,测量仪器是指单独或连同其他设备一起用以实现对被测对象进行测量的装置。随着测量范围、内容、技术及其特点的不断发展,测量仪器技术同样在飞速进步。本质上讲,测量仪器主要完成三个基本功能:信号采集与控制、信号分析与处理、测得结果表达与输出。在测量仪器发展的不同阶段,实现这三方面功能的具体模块有着很大的区别。

智能仪器实现信号采集与控制、信号分析与处理功能的核心是微处理器。虚拟仪器完成信号采集与控制功能的是处于被测现场的各种测量单元,其信号分析和处理功能由运行在 PC 上的软件完成,测得结果信号的传输则是通过各种总线实施的。由于虚拟仪器的测量模块只负责信号的输入和输出,而测量、信息处理等主要功能是借助软件在微机上实现的,所以就有“软件就是仪器”的说法。现在的虚拟仪器发展正在走标准化和互操作性的道路,它所带来的好处是显而易见的。

计算机和软件的发展成为测量仪器进步的巨大推动力。而近几年水平迅速提升的信息技术、网络技术及其在测量领域的应用,又正在促使人们更新对测量仪器的传统看法。

测量与控制早已密不可分。既具有测量又带控制功能,已成为某个系统是否先进的主要标志之一。有测量和控制功能的系统被称为测控系统。测控系统本身当然具备测量仪器的三个基本功能,但它又在性能、特点上丰富了这三个方面的能力。

首先,基于 Internet 的测控系统中实现信号采集与控制的前端模块具有虚拟仪器不可比拟的强大功能,它不仅完成信号的采集和控制,在一定程度上还兼顾实施对信号的分析与传输。这主要是因为它以一个功能强大的微处理器和一个嵌入式操作系统为支撑。在这个平台上,使用者可以很方便地实现各种测量功能模块的添加、删除以及不同网络传输方式的选择。而微电子技术的发展已为实现嵌入式计算机的小型化铺平了道路。另外,基于 Internet 的测控系统最为显著的特点,是信号传输的方式发生了改变。用传统仪器进行测量,不存在信号的传输问题;用智能仪器实施测量,测得结果信号的传输也较为容易;由虚拟仪器完成的测量过程中的信号传输,是依靠专用网络实现的;而基于 Internet 的网络化测控系统对测得信号、控制信号等的传输,则是建立在公共的 Internet 上的。有了前端的嵌入式模块,系统的测量数据安全、有效的传输便成为可能。再有,基于 Internet 的测控系统对测得结果的表达和输出也有了较大的改进。一方面,不管身在何处,使用者都可以通过瘦客户机方便地浏览到各种实时数据,了解设备现在的工作情况;另一方面,在客户端的控制中心,所拥有的智能化软件和数据库系统,都可被调用来服务于测得结果的分析,以及为使用者下达控制指令或做决策提供帮助。

由于基于 Internet 的测控系统能够实现传统仪器仪表的基本功能,同时又具备传统仪器仪表所没有的一些新的特点,所以从系统的观点考虑并根据网络化仪器的定义,基于

Internet 的测控系统无疑也属于网络化仪器。基于 Internet 的测控系统这一类网络化仪器利用嵌入式系统作为现场平台,实现对需测数据的采集、传输和控制,并以 Internet 作为数据信息的传输载体,且可在远端 PC 上观测、分析和存储测控数据与信息。这种服务于随时随地获取测量信息的智能化、网络化、具有开放性和交互性的网络化测控系统,正在成为新一代网络化仪器及其系统的发展趋势。

2. 网络化仪器体系结构及实现

网络化仪器是电工电子、计算机硬件软件以及网络、通信等多方面技术的有机组合体,以智能化、网络化、交互性为特征,结构比较复杂,多采用体系结构来表示其总体框架和系统特点。网络化仪器的体系结构,包括基本网络系统硬件、应用软件和各种协议。根据前述的分析,可以将信息网络体系结构内容(OSI 七层模型)、相应的测量控制模块和应用软件,以及应用环境等有机地结合在一起,形成一个统一的网络化仪器体系结构的抽象模型。该模型可更本质地反映网络化仪器具有的信息采集、存储、传输和分析处理的原理特征。图 8-1 是网络化仪器体系结构的抽象模型。该模型将网络化仪器划分成若干逻辑层,各逻辑层实现特定的功能。

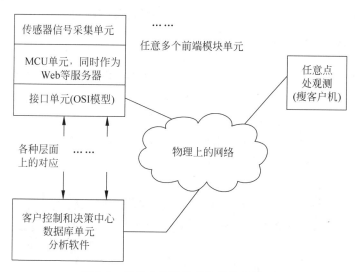

图 8-1 网络化仪器体系结构抽象模型

首先是硬件层,主要是指远端的传感器信号采集单元,包括微处理器系统、信号采集系统、硬件协议转换和数据流传输控制系统。硬件层功能的实现得益于嵌入式系统的技术进步和近年来大规模集成电路技术的发展,硬件协议转换和数据流传输控制功能可依靠 FPGA/CPLD 实现,如此使硬件具有可更改性,为功能拓展和技术升级留有空间。

网络化仪器的另一个逻辑层是嵌入式操作系统内核。该层的主要功能是提供一个控制信号采集和数据流传输的平台。该平台的前端模块单元已不再是原始意义上的单片机应用系统。它要完成的功能较多,控制起来较复杂,且在仪器中异常重要。所以,需要有一个操作系统来管理各种软硬件资源、合理调度和分配作业,以实现进程控制并提供安全服务。其前端模块单元的主要资源有处理器、存储器、信息采集单元和信息(程序和数据);主要功能是合理分配、控制处理器,控制信号的采集单元,以使其正常工作并保证数据流的有效传输。

该逻辑层主要由链路层、网络层、传输层和接口等组成。根据应用的不同,本层的具体实现方式可能不同,且可在一定程度上简化。

除上述两逻辑层外,网络化仪器还不可缺少嵌入式操作系统的服务层和应用层——根据需要,提供 HTTP、FTP、TFTP、SMTP 等服务。其中,HTTP 用以实现 Web 仪器服务;FTP 和 TFTP 用于实现向用户传送数据,从而形成用户数据库资源;而 SMTP 则用来发送各种确认和告警信息。如此,就可很容易地组成不同使用权限的系统。低级用户无须自己再安装任何应用软件,直接利用 Internet Explorer 或 Netscape 等浏览器浏览数据,就可实现对测量数据的观测。高级用户可经由网络修改配置来控制仪器在不同仪态下的运行;经网络传来的数据,可交由专门数据处理软件分析,以实现最优化的决策和控制;并且还可利用一些专门软件分析传来的数据,以实现管理信息系统应用等。

基于 Internet 的测控系统这类网络化仪器的规模可大可小,可用于城市污水处理监测、水文监测,电、水、燃气、热量等的综合计量管理,智能住宅小区监控,家用电器的网络化管理,大型工业企业的 MIS 等。目前,有些公司已经推出了多种以不同方式连接 Internet 的网络化仪器和设备,例如 Agilent 公司 1999 年就研制出了具有 Web 浏览器远程接入功能的逻辑分析仪,Cisco 公司已开始销售具备 Web 管理界面的交换机等。

8.2.4 基于物联网的网络化仪器

物联网技术的核心和基础仍然是互联网技术,物联网利用局部网络或互联网等通信技术把传感器、控制器、机器、人员和物等通过新的方式连在一起,形成人与物、物与物相连,实现信息化、远程管理控制和智能化的网络。物联网是互联网的延伸,它包括互联网及互联网上所有的资源,兼容互联网所有的应用,但物联网中所有的元素(所有的设备、资源及通信等)都是个性化和私有化的,如图 8-2 所示。

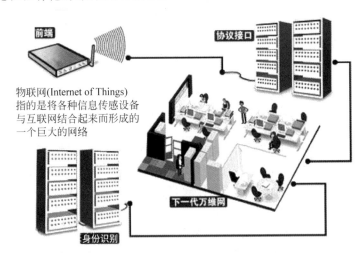

图 8-2　物联网结构示意图

1. 物联网定义

物联网(Internet of Things,IoT)指的是将无处不在的末端设备和设施,包括具备"内在智能"的传感器、移动终端、工业系统、数控系统、家庭智能设施、视频监控系统等和"外在使能"的,如贴上 RFID 的各种资产、携带无线终端的个人与车辆等"智能化物件或动物"或"智能尘埃",通过各种无线和/或有线的长距离和/或短距离通信网络实现互联互通(M2M)、应用大集成,以及基于云计算的 SaaS 营运等模式,在内网(Intranet)、专网(Extranet)和/或互联网(Internet)环境下,采用适当的信息安全保障机制,提供安全可控乃至个性化的实时在线监测、定位追溯、报警联动、调度指挥、预案管理、远程控制、安全防范、远程维保、在线升级、统计报表、决策支持、领导桌面等管理和服务功能,实现对"万物"的高效、节能、安全、环保的"管、控、营"一体化。

2. 物联网发展

物联网于 1999 年诞生,2005 年普及,2009 年大发展。

物联网(Internet of Things)这个词,国内外普遍公认的是由 MIT Auto-ID 中心的 Ashton 教授于 1999 年在研究 RFID 时最早提出的。在 2005 年国际电信联盟(ITU)发布的同名报告中,物联网的定义和范围已经发生了变化,覆盖范围有了较大的拓展,不再只是指基于 RFID 技术的物联网。

自 2009 年 8 月温家宝总理提出"感知中国"以来,物联网被正式列为国家五大新兴战略性产业之一,写入政府工作报告,物联网在中国受到了全社会的极大关注,其受关注程度是在美国、欧盟以及其他各国不可比拟的。

物联网的概念与其说是一个外来概念,不如说它已经是一个"中国制造"的概念,其覆盖范围与时俱进,已经超越了 1999 年 Ashton 教授和 2005 年 ITU 报告所指的范围,物联网已被贴上"中国式"标签。

在中国把物联网称为"传感网"。中国科学院早在 1999 年就启动了传感网的研究,并已建立了一些实用的传感网。与其他国家相比,我国技术研发水平处于世界前列,具有同发优势和重大的影响力。在世界传感网领域,中国、德国、美国、韩国等国成为国际标准制定的主导国之一。

2005 年 11 月 27 日,在突尼斯举行的信息社会世界峰会(WSIS)上,ITU 发布了《ITU 互联网报告 2005:物联网》的报告,正式提出了物联网的概念。

"智慧地球"的概念是美国 IBM 公司于 2008 年提出的。2008 年 11 月初,在纽约召开的外国关系理事会上,IBM 董事长兼 CEO 彭明盛发表了《智慧的地球:下一代领导人议程》。2005 年在中国诞生了"智慧的钥匙"(Withey),2007 年诞生了"互联网虚拟大脑"的概念。

3. 物联网技术

把网络技术运用于万物,组成物联网。如把感应器嵌入装备到油气管网、电网、路网、水网、建筑、大坝等物体中,然后将物联网与互联网整合起来,实现人类社会与物理系统的整合。超级计算机群对"整合网"的人员、机器设备、基础设施实施实时管理控制,以精细动态方式管理生产生活,提高资源利用率和生产力水平,改善人与自然的关系。物联网技术支撑如图 8-3 所示。

图 8-3 物联网四大支撑技术

(1) RFID:电子标签属于智能卡的一类,RFID 技术在物联网中主要起"使能"(Enable)作用;RFID 技术是融合了无线射频技术和嵌入式技术为一体的综合技术,在自动识别、物品物流管理有着广阔的应用前景。

(2)传感网:借助于各种传感器,探测和集成包括温度、湿度、压力、速度等物质现象的网络,是温家宝总理"感知中国"提法的主要依据之一,也是计算机应用中的关键技术。到目前为止,绝大部分计算机处理的都是数字信号。自从有计算机以来就需要传感器把模拟信号转换成数字信号计算机才能处理。

(3)M2M:这个词国外用得较多,侧重于末端设备的互联和集控管理,中国三大通信营运商正在推动 M2M 理念。

(4)两化融合:工业信息化也是物联网产业主要推动力之一,自动化和控制行业是主力,但来自这个行业的声音相对较少。

4. 物联网架构

物联网典型体系架构分为 3 层,自下而上分别是感知层、网络层和应用层。感知层实现物联网全面感知的核心能力,是物联网中关键技术、标准化、产业化方面亟待突破的部分,关键在于具备更精确、更全面的感知能力,并解决低功耗、小型化和低成本问题。网络层主要以广泛覆盖的移动通信网络作为基础设施,互联网(有线、WiFi、Mesh)、2G、3G、4G 网络,卫星网,广电电视网络,BWM 网络等,是物联网中标准化程度最高、产业化能力最强、最成熟的部分,关键在于为物联网应用特征进行优化改造,形成系统感知的网络。应用层提供丰富的应用,将物联网技术与行业信息化需求相结合,实现广泛智能化的应用解决方案,关键在于行业融合、信息资源的开发利用、低成本高质量的解决方案、信息安全的保障及有效商业模式的开发。中国移动定义的物联网结构如图 8-4 所示。

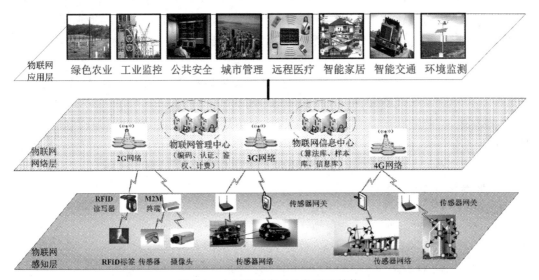

图 8-4 中国移动定义的物联网结构

物联网体系主要由运营支撑系统、传感网络系统、业务应用系统、无线通信网系统等组成。通过传感网络,可以采集所需的信息,用户在实践中可运用 RFID 读写器与相关的传感器等采集其所需的数据信息,当网关终端进行汇聚后,可通过无线网络运程将其顺利地传输至指定的应用系统中。此外,传感器还可以运用 ZigBee 和蓝牙等技术实现与传感器网关有效通信的目的。市场上常见的传感器大部分都可以检测到相关的参数,包括压力、湿度或温度等。一些专业化、质量较高的传感器通常还可检测到重要的水质参数,包括浊度、水位、溶解氧、电导率、藻蓝素、pH、叶绿素等。

运用传感器网关可以实现信息的汇聚,同时运用通信网络技术使信息可以远距离传输,并顺利到达指定的应用系统中。我国无线通信网络主要有 3G、4G、5G、WLAN、LTE、GPRS。

M2M 平台具有一定的鉴权功能,因此可以为用户提供必要的终端管理服务;同时,对于不同的接入方式,其都可顺利接入 M2M 平台,因此可以更顺利、更方便地进行数据传输。此外,M2M 平台还具备一定的管理功能,可以对用户鉴权、数据路由等进行有效的管理。而对于 BOSS 系统,其由于具备较强的计费管理功能,因此在物联网业务中得到广泛的应用。

业务应用系统主要提供必要的应用服务,包括智能家居服务、一卡通服务、水质监控服务等,所服务的对象,不仅可以为个人用户,也可以为行业用户或家庭用户。在物联网体系中,通常存在多个通信接口,对通信接口未实施标准化处理,而在物联网应用方面,相关的法律与法规并不健全,不利于物联网的安全发展。

5. 物联网的意义

物联网突破了传统思维,过去是将物理设施和 IT 设施分开,一路是机场、公路、建筑物等现实的世间万物,另一路是数据计算机、宽带等等虚拟的"互联网"。

物联网把新一代 IT 技术充分运用在各行各业之中,具体地说,就是把感应器嵌入和装备到电网、铁路、桥梁、隧道、公路、建筑、供水系统、大坝、油气管道等各种物体中,然后将物联网与现有的互联网整合起来,实现人类社会与物理系统的整合,在这个整合的网络中,存在能力超级强大的中心计算机群,能够对整合网络内的人员、机器、设备和基础设施实施实时的管理和控制,在此基础上,人类可以更加精细和动态的方式管理生产和生活,达到"智慧"状态,提高资源利用率和生产力水平,改善人与自然间的关系。

6. 云计算技术与物联网

云计算(Cloud Computing)是由分布式计算(Distributed Computing)、并行处理(Parallel Computing)、网格计算(Grid Computing)发展而来的,是一种新兴的商业计算模型。

中国网格计算、云计算专家刘鹏给出如下定义:"云计算将计算任务分布在大量计算机构成的资源池上,使各种应用系统能够根据需要获取计算力、存储空间和各种软件服务"。云计算是虚拟化(Virtualization)、效用计算(Utility Computing)、IaaS(基础设施即服务)、PaaS(平台即服务)、SaaS(软件即服务)等技术混合演进并跃升的结果。

云计算模式即为电厂集中供电模式,它的最终目标是将计算、服务和应用作为一种公共设施提供给公众,使人们能够像使用水、电、煤气和电话那样使用计算机资源。

1)云计算的服务形式

(1)软件即服务(SaaS)。

SaaS 服务提供商将应用软件统一部署在自己的服务器上,用户根据需求通过互联网向厂商订购应用软件服务,服务提供商根据客户所定软件的数量、时间的长短等因素收费,并且通过浏览器向客户提供软件的模式。

这种服务模式的优势是,由服务提供商维护和管理软件、提供软件运行的硬件设施,用户只需拥有能够接入互联网的终端,即可随时随地地使用软件。客户不再像传统模式那样在硬件、软件、维护人员方面花费大量资金,只需要支出一定的租赁服务费用,通过互联网就可以享受到相应的硬件、软件和维护服务。对于小型企业来说,SaaS 是采用先进技术的最好途径。

目前,Salesforce.com 是提供这类服务最有名的公司,Google Docs,Google Apps 和 Zoho Office 也属于这类服务。

(2) 平台即服务(PaaS)。

把开发环境作为一种服务来提供。这是一种分布式平台服务,厂商提供开发环境、服务器平台、硬件资源等服务给客户,用户在其平台基础上定制开发自己的应用程序并通过其服务器和互联网传递给其他客户。

PaaS 能够给企业或个人提供研发的中间件平台,提供应用程序开发、数据库、应用服务器、试验、托管及应用服务。

(3) 基础设施即服务(IaaS)。

IaaS 即把厂商的由多台服务器组成的云端基础设施,作为计量服务提供给客户。它将内存、I/O 设备、存储和计算能力整合成一个虚拟的资源池为整个业界提供所需要的存储资源和虚拟化服务器等服务。这是一种托管型硬件方式,用户付费使用厂商的硬件设施。

AmazonWeb 服务(AWS)、IBM 的 BlueCloud 等均是将基础设施作为服务出租。

IaaS 的优点是用户只需低成本硬件,按需租用相应计算能力和存储能力,大大降低了用户在硬件上的开销。云计算的服务类型如图 8-5 所示。

图 8-5　云计算服务类型

Google Docs 类似于微软的 Office 的一套在线办公软件。用户只需一台接入互联网的计算机和浏览器即可在线处理和搜索文档、表格、幻灯片,并可以通过网络和他人分享并设置共享权限,http://docs.google.com。

Google AppEngine 的用户可以使用 Python 和 Java 在 Google 的基础架构上开发和部署运行自己的应用程序。每个 Google AppEngine 应用程序可以使用达到 500MB 的持久存储空间及可支持每月 500 万综合浏览量的带宽和 CPU,并且可根据用户的访问量和数据存储需要的增长轻松扩展。

物联网与云计算支撑平台的结合如图 8-6 所示。

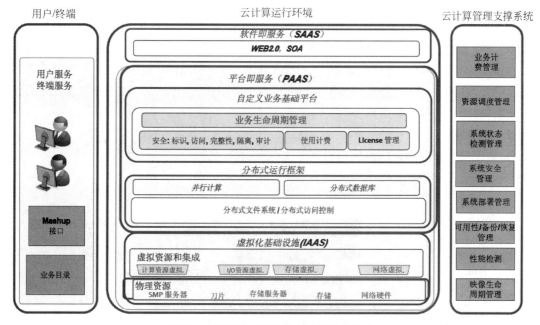

图 8-6 物联网与云计算支撑平台的结合

云计算是一种按使用量付费的模式,这种模式提供可用的、便捷的、按需的网络访问,进入可配置的计算资源共享池(资源包括网络,服务器,存储,应用软件,服务),这些资源能够快速提供,只需投入很少的管理工作,或与服务供应商进行很少的交互。

2)云计算对产业链的影响

对于服务器厂商而言,云计算及数据中心都对服务器系统的需求急剧膨胀,市场前景巨大;对于终端设备厂商而言,网络化的云计算为终端设备,特别是小型移动设备的多元化、个性化发展提供了重要机遇;云计算将推动普适计算发展。

云计算可以为中小企业的信息化带来切实好处:信息化业务及管理平台部署到云计算平台上,极大降低了投资成本、管理成本及维护成本,中小企业信息化云计算的好处如图 8-7 所示。

图 8-7 中小企业信息化云计算的好处

云计算已成为不可阻挡的发展趋势,但我们的国家安全将面临严重的威胁。有关国计民生的大量信息将掌控在国外的服务提供商手中,众多敏感和热点信息对于国外政府和厂商来说毫无机密可言;大量社会和经济活动依赖于这些云计算服务,可能被中断从而因此蒙受巨大的损失;云计算平台可能会形成不良信息的发布平台。从国家安全的角度考虑,中国需要发展自主的云计算系统与平台,并掌握其关键核心技术。

8.2.5　企业全过程物联网监管综合解决方案

企业全过程物联网监管系统以各种监测技术为基础,以多网合一为核心,以企业信息化为主导,实现企业生产工艺在线监管、重点设备运行监管、厂区视频监控、厂区无组织有毒有害气体监测和厂区火灾报警监测集中管理;建立企业中控、监管信息中心,为实现企业的安全、稳定、持久生产提供最有效平台。

1. 方案构成

企业全过程物联网监管系统以物联网技术为核心,整体设计框架包括智能传感层、智能传输层、智能应用层,设计框架如图 8-8 所示。

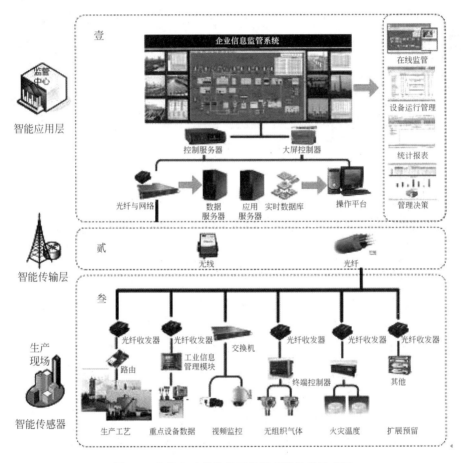

图 8-8　企业全过程物联网监管系统结构示意图

智能传感层通过各种智能化手段,实现信息监管对象多样化数据(生产工艺所有数据、重点设备运行数据、厂区视频监控数据、无组织有毒有害气体数据、火灾报警数据和其他扩展数据等)的获取;智能传输层根据现场就地情况,选配最优的数据传输方式;智能应用层根据企业信息化要求,通过监管平台建设,实现各种贯穿生产全过程的企业管理目标。

2. 方案特点

(1) 生产工艺在线监管(整体工艺流程和分段工艺流程),确保生产过程稳定、正常运行;

（2）重点设备运行管理,确保重点设备连续、稳定、安全运行;

（3）生产过程有毒有害气体监管和厂区火灾报警监管,确保生产的人身安全和财产安全;

（4）生产工段视频监管,实现远程指挥和异常取证;

（5）生产数据的统计与报表,实现生产过程数据的统计与报表输出。

根据监管具体管理需求,建立管理决策体系,实现全面统筹企业生产。

8.2.6　基于 Internet 网络化在线分析仪器应用

对大气污染源排放的颗粒物(也称烟尘)、气态污染物(包括 SO_2、NO_x、CO、CO_2 等)进行浓度和排放总量连续监测的装置,称为"烟气排放连续监测系统","烟气"既包含烟尘颗粒物,又包含气态污染物,与国际上通称的 CEMS(Continuous Emission Monitoring System)相一致。CEMS 是高科技产品,属于贵重、精密的仪器分析系统。

1. 烟气排放连续监测系统分类

烟气排放连续监测系统可分为两类:

（1）用于设备(除尘、脱硫、锅炉燃烧工况等)运行状态检查,返回运行参数,从而提高设备运行效能,故障诊断等。

（2）应环保要求,用于排放达标监探和排污计量。

目前烟气排放连续监测系统有很多成功的实例。如 BKS—3000 烟气排放连续监测系统,适用于各种锅炉连续废气排放量的监测,采用直接抽取法,可以连续在线监测颗粒物的浓度、二氧化硫浓度、氮氧化合物浓度、氧气含量、烟气温度、烟气压力、烟气流速,还可以增加一氧化碳、二氧化碳、湿度、氯化氢、氟化氢、氨气、碳氢化合物等参数的测量。其控制计算机可以将所测到的数据进行处理和存储。可以通过网络与上级环保部门的计算机连接,环保部门可以方便、快捷地调用监测数据。企业内部可以通过局域网根据访问权限对数据库进行操作,如读取数据、修改状态参数甚至对系统进行直接操作,由于采用直接抽取法测量烟气中的污染物浓度,系统可以用标准气对分析仪进行在线标定,保证监测数据的正确性。气体分析采用的是非分散红外吸收法;含氧量的监测采用寿命可达 10 年的顺磁氧分析仪器。

2. 烟气排放连续监测系统组成

一般 CEMS 系统的组成分为三部分:烟尘颗粒物浓度监测子系统、气态污染物监测子系统、烟气参数监测子系统。另外,再加上最后的数据采集处理与通信子系统,进行数据存储、处理、报表打印及联网,这样就构成了一个完整的 CEMS 系统。

颗粒物监测子系统目前应用最多、可靠性最强、使用寿命长的是光透射测尘仪,用来监测烟尘浓度和排放总量。

气态污染物监测子系统主要由采样探头、预处理装置、气体分析仪、系统控制与数据采集器、零气和标准气组成,用于监测气态污染物(SO_2、NO_x、CO、CO_2 等)浓度和排放总量。

烟气参数监测子系统主要用来测量烟气流速、烟气温度、烟气压力、烟气含氧量等,用于排放总量的计算和相关浓度的折算。

数据采集处理与通信子系统由数据采集器和计算机系统构成,实时采集各项被监测参数数据值,并记录、存储,形成日、月、年报表,生成历史趋势等各种图表、故障报警等。同时完成丢失数据的补偿,并将数据报表传输到有关部门。

系统组成如图 8-9 所示,包括系统控制与数据采集系统、气体分析仪、颗粒物分析仪、温度、压力、流速监测仪、样气采集系统、样气预处理系统、保护反吹系统、自动标定系统。

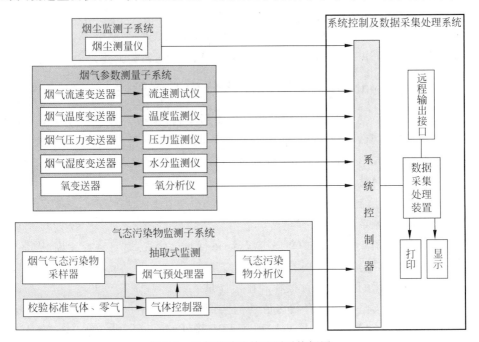

图 8-9　烟气排放连续监测系统框图

3. 在线分析仪表选型

烟气排放在线监测系统(CEMS)成功与否的关键在于检测仪表的选型设计与仪表系统的集成,因过程分析面对的困难与问题很多:高温、高粉尘、高水分、负压及腐蚀性等恶劣气体条件;应保证必要的检测准确度;应有较快的反应速度;应易安装、易标定;防尘、防溅、防腐等防护要求;应有较高的自动化程度,较少的维护工作量。因此应分析被测对象特征,再研究设计与生产工艺条件相匹配、相适应的分析检测仪表并予以集成解决。

1) 气体成分分析

过去主要采用传统的分析方法如化学分析法、气相色谱法,其缺点是:必须对烟气进行人工取样,在实验室进行分析,其中操作者的操作技能对分析的精度有很大影响;而且传统方法只能单一成分地逐个进行检测分析,不具备多重输入和信号处理功能;分析费时,响应速度慢,效率低,难以实时地分析工况。

工业过程中产生的气体成分通常采用两种采样方式进行自动测量。

一种是在线方式:采用最新光学技术,在不影响被测气体本身状态时于烟道上进行实时的直接测量。其原理是气流通过测量孔同时吸收仪器发出的光使光强衰减,测出衰减程度即确定了 SO_2 含量。该法具有以下特点:利用 SO_2 对一定波长紫外光的强吸收特性消除其他成分影响;可测范围大,可达 $0\sim6000mg/Nm^3$。但采用此类检测方式的仪表价格很高,如德国 SICK 公司的 MW31 型($0\sim6000mg/Nm^3$)约 30 万元;虽带有三重反射镜的测量管内置净化空气导流装置,但可能仍难确保光学界面无尘,增加了维护量。

另一种是抽取方式：即将气体从烟道中抽取出来进行预处理后、再分析确定其含量。在线检测方法主要有热导式、红外线式和紫外线三种。不同测量方法与系统集成方式其适应性、性价比均不同。

热导式是基于混合气体中不同气体组分的导热系数(转变为热丝电阻值的变化)不同的原理,许多企业应用情况欠佳,冒正压时维护量较大,负压大时难以抽取样气；虽一次购置成本低,但长期运行难维护、维修成本较高。此法不能用于检测低浓度(≤0.5%)SO_2 的场合。

紫外线式是基于被测气体组分分子对紫外光选择性的辐射吸收原理,最大特点是采用长寿命空心阴极灯作光源,稳定性较高；适宜在线测量低浓度 SO_2 烟气,但在同等性能、功能情况下仪表价格较高。

红外线式则基于非分光红外吸收测量法的原理,分层四气室的独特设计具有理想的抗干扰能力；其测量范围宽,从 0～100ppm 至 0～100% SO_2,适应用于低浓度 SO_2 波动范围较大的场合；其性能指标优越,重复性好,零点与量程漂移小于 ±1% F.S./7d。若设计匹配有效的预处理装置(粉尘过滤、除水、除酸、压力流量调节、抽气泵、冷凝器)和电控单元等,则可实现在线检测的高稳定性、高准确性运行,尤其是 ABB 公司(德国 Hartman & Braun) Uras14 NDIR 红外分析仪在国内有着良好的应用业绩。

2) 粉尘浓度测量

目前国外主要采用光透射原理：当可控光源穿过带有微小颗粒的气体时,一个高灵敏度的传感器可检测出被微小颗粒吸收的光能,并将其与参比光进行比较从而确定透射值或浊度值,再进一步得出粉尘浓度值。如法国 OLDHAM 公司的 6000 系列烟气分析仪采用直接测量方式,利用传统的红外吸收原理及最新的窄带干涉滤光片技术、集气体成分测量与粉尘测量于一体,简化了测量和处理过程。

此类仪表具有以下特点：以光学技术为基础,自动完成测量、控制、线性测试以及污染物检测功能,反应速度快、无采样处理过程；带有反吹装置,防止光学镜头面不受污染；具备快速切断阀可在吹扫装置失效后自动保护仪器；安装简便,发射与检测单元可通过法兰安装在烟管两侧；多种信号输出(0/2/4～20mA 模拟输出、数字输出、RS-232 与 RS-485 通信接口)和显示,可满足各类测量、控制与系统集成要求。

3) 烟气流量检测装置

国内外目前流量检测方法与装置很多,但要解决好粉尘堵塞与可能存在的腐蚀以及降温后的冷凝等问题,解决大管径、低流速、宽量程比、低静压等问题,达到预期的准确性与可靠性,须慎重选型设计。

热导式流量计特点：美国 INTEK 公司、KURZ 公司的产品进入中国市场多年,检测 SO_2 烟气流量也有多年成功经验,其性能稳定,数据准确可靠；维护与运行成本低,管径增大购置成本增加不多；采用插入式安装结构,拆装检修方便；信号直接由非电量变换成电量,便于信号处理；在小流量、介质的雷诺数很低的情况下有较好的测量精度。该类流量计近年来在国内外有较好的信誉和市场,但不太适宜于污染物(有黏性的)多、介质的温度变化剧烈的流体流量测量。

节流式流量计,采用满管式安装与测量,精度略高、有国际标准可循,但也有其局限性：管径越大造价越高、安装检修不便,维护工作量大；介质压力传输会带来堵塞,降温引起冷凝加剧腐蚀、结垢;使用中影响精度的因素多如工况参数变化、前后直管段不够、锐角磨损等,都会使其不确定度增大;测量范围窄(仅为3∶1),压损大、能耗大运行费用高。

均速管流量计,原理上与节流式流量计同属于差压式流量计,精度较节流式流量计略低,但比单点测量法略高,因其测得的是管截面上介质的平均速度,具有一定的代表性,反映了管内流速分布变化规律;造价比节流法低,但它避免不了上述节流式流量计的其他缺点,在流速较高、粉尘较多时易堵塞,而在低流速时输出差压小;其流量系数受测管大小、工艺管径比、安装等因素的影响。

涡街流量计,可采用插入式结构测量中心点的流速,不存在差压式流量计的缺陷,在粉尘干燥、流速较高情况下,发生堵塞的可能性小,信噪比高,维护量不大。应用中应注意振动与仪表运行可靠性选择问题。涡街流量计灵敏度高,但难以长期适应含尘环境(注:当粉尘浓度小于 $100g/Nm^3$ 时,一般可不考虑粉尘浓度对流量测量示值的影响)。

弯管流量计结构简单,内无任何附加节流件、插入件和可动部件,不易堵塞、无压力损失,因此适用于大管径、低流速、低静压、多粉尘与腐蚀较强的场合,但它对 90°弯头的结构尺寸有要求:圆滑、管内无毛刺;对于特大管径安装检修复杂;输出差压也较小。

在正确选型设计与安装调试的同时,为了确保准确测量,除了应定期进行维护维修工作外,必要时应设计安装定期吹扫、清洗仪表探头装置,定期处理探头上黏结的污物、信号取压口与引压口及引压管的粉尘沉积或堵塞等。

4) 监测系统的网络构架

系统设计应考虑开放性、低成本、高可靠性和良好的扩充性。完整的分布式监测管理系统应采用分布式数据采集、控制技术和多层结构组建监控中心,下设多个子站系统,抛弃专业架构而采用 PC-based 开放系统,每个子系统都可独立运行。

系统各部分功能如下:在线自动监测仪表对各监测点的烟气实时采样、进行预处理,及时可靠地对烟气排放情况——粉尘浓度、SO_2 浓度和烟气流量进行检测、处理、转换和信号传输或通信。监测子站根据需要可设在区域较集中的一些过程仪表主控室内,各子站内安装一套监测计算机系统或利用现场已有的计算机过程测控系统;该系统能完成检测仪表输出信号的采集、数据处理、存储、显示、记录和统计等功能;能实现与监测中心站计算机的实时、远距离数据传输。监测中心站负责接收子站传输的信息和其他污染源的监测信息;负责对监测信息分类、筛选和综合分析;完成对数据的统计、运算、处理,能自动生成各种报表和综合分析与管理;具有存储、显示、记录与打印、统计与查询检索功能;具备与其他信息中心联网、与离线式监测计算机通信的功能,具备系统管理与设备通信自检等功能。

在通信解决方案上有多种方式可选,无线通信方案有其优点,如易解决通信问题,可降低成本,可简化安装,采用大功率天线可增加通信距离等,但利小于弊:一是企业现场环境恶劣,大量房屋和炉窑等设施会阻塞或影响调频信号的传输;二是电气、电力设施多会产生复杂多样的电磁干扰,加上许多企业开展移动通信的集团消费后建有 GSM 等基站产生射频干扰;三是电台的设立须申请并定期缴纳无线电频道占用费,受约束因素多。

若采用 MODEM 方式,则存在占用企业程控电话多、传输速度慢、信息量小的问题;中间设备环节多,不利于系统的整体可靠性;敷设电缆问题同样无法避免。因此,MODEM 方式可在监测网络尚未建立起来之前,对前攻关的单点进行数据采集,待今后网络建立起来后转为网络通信。

在 BKS-3000 烟气排放连续监测系统中,一台控制计算机可以同时与多个(最多时可达 8 个监测点)在线监测点相连,以总线方式进行通信,并实时处理各点所测量的数据。同时可以通过电话线,经调制解调器与上级环保部门联网。每个监测点由一整套的监测仪器和传感器及数据采集系统组成,如图 8-10 所示。

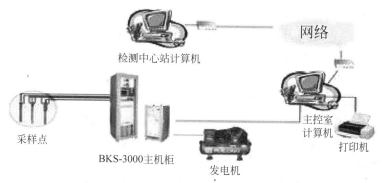

图 8-10　烟气监测系统结构示意图

4. BKS-3000 烟气排放连续监测系统的特点

(1) 只需一个分析单元即可实现对 4 种烟气成分的连续监测。可以同时与多个测量点相连,实现多点多参数同时测量,只需一个分析单元即可实现对最多 4 种烟气成分的监测,包括 NO_x、SO_2、CO 和 O_2(可根据用户需求选择测量参数)。将多个监测项目的监测功能集成在一个分析单元内,体现了当今烟气连续监测系统的发展方向。

(2) 完善的软件支持。界面友好,支持多线程功能和联机帮助,并且在断电或系统出现死机时,软件可以自动回到原来的运行状态,系统继续运行并且数据不丢失。

(3) 模块化设计。当系统需要增加测量气体参数时可以最大限度地利用现有的分析仪器资源,为今后的扩展提供了一个开放的平台。维护简单,费用低。

(4) 多选择性。有可以实现在 1200℃ 高温条件下(冶金、水泥行业)进行在线监测的系统,也有可以专门用于垃圾焚烧炉(包括医用垃圾)的在线监测系统(除上述参数外还可以测定汞蒸气浓度和二噁英),还有用于监测脱硫脱氮效率的在线监测系统。

(5) 在线自动标定功能。该系统具有自动标定功能并自带标准气,只要预先设定自动标定时间间隔,就可以做到自动标定。

(6) 远程监控。系统具有接收远程指令的功能,可以通过电话线或 GPRS 或 CDMA 与系统连接,输入正确的口令,便可接收远程指令并根据指令进行动作,然后将有关的信息传输给指令发出点,为远程诊断和查询提供了方便。

(7) 支持一托二。硬件和软件支持一托二的安装,采用 PLC 方案控制,具有很好的稳定性、可靠性。完善的软件功能可以输出并显示多个测量点的参数、曲线以及多种数据的比较,监测结果一目了然。

该套系统还具有良好的除水、除尘功能。整套系统功能的配置,为系统长期安全、稳定的运行提供了保证。

8.3 在线分析系统工程应用案例

8.3.1 VOCs 监测全面解决方案

挥发性有机化合物的成分复杂,所表现出的毒性、刺激性、致癌作用对人类健康造成较大的影响,因此,研究环境中挥发性有机物的存在、来源、分布规律、迁移转化及其对人体健康的影响逐渐受到人们的重视,对它的排放监控和环境监测迫在眉睫。

聚光科技集多年环境监测系统的研发与应用经验成功推出了烟气 VOCs 排放连续监测系统、环境大气 VOCs 在线监测系统以及水质 VOCs 在线监测系统,主要应用于对各种工业污染源排放有机物、环境大气中有机物以及各类水体中挥发性有机物的实时监测。本系列在线气相色谱仪采用国际先进技术,性能稳定可靠,自动化程度高,检测范围宽,高品质的硬件和高集成的智能化处理软件使仪器满足实时监测的苛刻要求。

1. 系统架构

整个方案依托先进的物联网架构,由智能感知层、智能传输层和管理决策层构成,如图 8-11 所示。

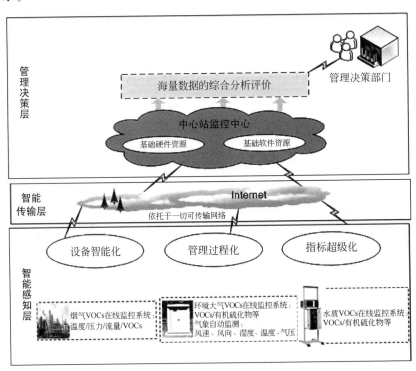

图 8-11 VOCs 监测全面解决方案

2. 各子系统构成

智能感知层分别由烟气 VOCs 在线监控系统(图 8-12)、水质 VOCs 在线监控系统(图 8-13)、环境大气 VOCs 在线监控系统(图 8-14)组成,各子系统可独立运行。

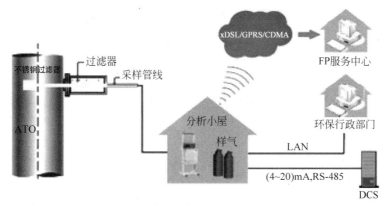

图 8-12　工业烟气 VOC 在线监测系统

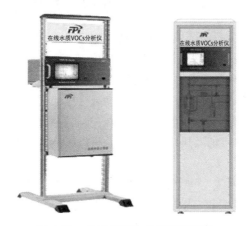

图 8-13　水质 VOCs 在线监测系统

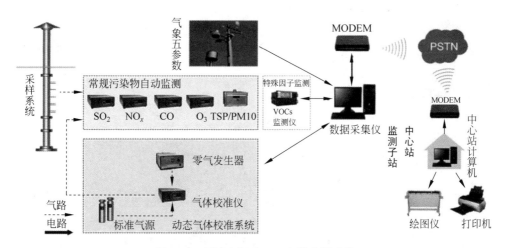

图 8-14　环境大气 VOCs 在线监测系统

3. 方案特点

应用领域全面：石化化工、工业园区、化工园区、城市大气、工业废水、饮用水、地表水和地下水等在线监测。

监测范围宽：可监测烟气 VOCs、环境大气 VOCs 和水质 VOCs，检测范围从 ppb 级至百分含量。

先进的仪表设备：采用荷兰 SYNSPEC 产品或自主研发产品，已通过 CPA、CMC、UMEG 和 CE 等权威认证。

丰富的集成经验：国内 VOCs 监测领域集成案例最多的供应商，市场占有率达到 90%。

权威的行业地位：共同参与编制国家计量检定规程《在线式气相色谱仪检定规程》，致力于 VOCs 在线监测技术在中国环境监测领域的应用。

可靠稳定的色谱部件和气路设计：采用进口十通阀、Agilent 色谱柱和 PID 检测器，使用寿命长。

高灵敏度检测器：PID、FID、TCD 和 ECD 多种检测器可供选择，大大提高灵敏度和选择性。

8.3.2　大气复合污染(灰霾)监测解决方案

近年来我国以灰霾为代表的区域性大气复合物污染问题日益突出，"三区九群"地带能见度大幅下降，年均灰霾污染天数占总天数的 30%～50%，严重威胁人民群众身体健康，已成为当前迫切需要解决的环境问题。准确监测和预测灰霾等区域性大气复合污染，是当前我国在应对气候变化和满足区域大气复合污染控制等重要国家需求时需要解决的关键科学问题。本方案可实现灰霾污染 24 小时连续自动监测、监测数据的自动收集和传输、灰霾污染的预测预警、灰霾污染的特征及机理研究，并为灰霾污染的政府决策提供辅助支持。

1. 系统构成

灰霾监测系统由颗粒物浓度与组分、气象、能见度与大气光学性质监测、大气化学成分 4 个模块组成。同步监测能见度、光辐射等气象参数及 O_3、CO、PM2.5(1.0)、VOCs 等空气质量参数。根据客户需求可实现基本站、标准站和超级站等多级配置，如图 8-15 所示。

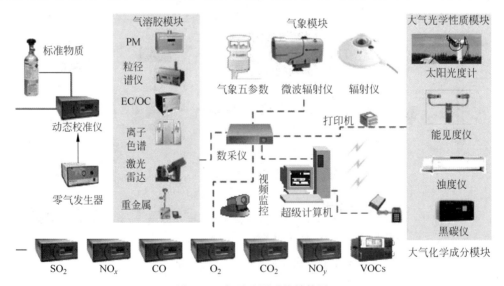

图 8-15　灰霾监测系统结构图

2. 方案特点

全方位的监测因子：多参数协同监测，涵盖灰霾成因、本质、条件、表观，可满足客户对灰霾监测、评价和研究需求。

先进的仪表配置：集成领域内国际顶级水平的厂商监测设备。

专业的系统功能：大气复合污染软件平台,可实现灰霾在线监测、等级自动判定和分析展示。

丰富的集成经验：承担杭州、苏州、南京、上海多个复合污染超级站建设项目总集成。

8.3.3　大气环境质量预警预报系统

日渐增大的环境压力及复合型的大气环境污染趋势对环保部门提出了更高管理要求,不仅需要回答环境空气质量现状,还需要解释环境监测结果,预测未来的变化趋势。

聚光科技大气环境质量预警预报系统解决方案基于 B/S、J2EE、Oracle、WebGIS 等系统架构和技术平台,可集成中科院大气所的 NAQPMS 模型、美国 EPA 的 CMAQ 模式、CAMx 或 STEM 模式等数值预报模型模式构建的空气质量数值预报运算模型系统,建立空气质量预报运算、会商、发布、演示的可视化平台,并基于空气质量模型模拟预测服务于环保业务管理和空气污染综合防治决策。

该解决方案实现了大气环境质量现状的客观化评价,变化趋势的科学化预警预报,同时为大气环境信息及时发布、环境风险的预先防范、环境调控决策的模拟分析提供了科学工具。

1. 系统构成

大气环境预警预报系统总体架构由硬件支撑、数据资源、模式系统和应用系统四大模块组成,如图 8-16 所示。

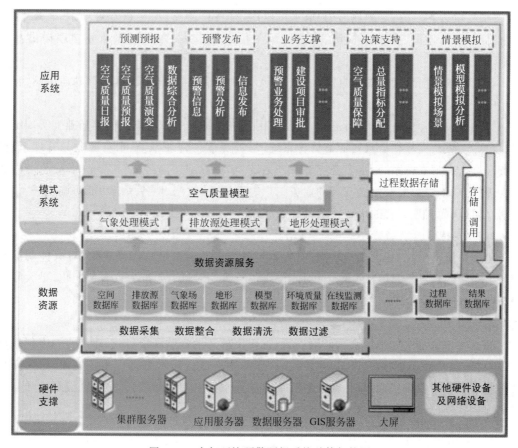

图 8-16　大气环境预警预报系统总体架构图

2. 系统成果

多模式预报集成,更准确的预报服务;多手段发布途径,更有效的预警防范;全过程污染追踪,更精准的业务管理;自由化情景模拟,更科学的决策评估。

空气质量预报、空气质量演变过程模拟、空气质量污染预警、空气质量预警信息发布、空气质量预报公众发布典型应用于环保局和环境监测中心。

8.3.4　水资源管理综合解决方案

聚光水资源智能化管理系统以标准规范体系、指标评价体系为依托,综合运用网络及信息技术,对行政边界监测、水源地监测、取水口监测、排污口监测、水生态监测、地下水监测、水雨情监测、灌区监测、实验室检测、应急监测等实行信息化管理,实现水资源信息自动感知。通过与软硬件平台结合,建立水资源信息管理系统、水资源业务管理系统、水资源调配决策支持系统、水资源应急指挥支持系统、水资源纳污防控支持系统,并形成对内业务管理和对公众信息发布及业务办理的门户。

1. 方案构成

水资源管理综合信息平台参考物联网总体架构,由下至上包括三层:智能传感层、智能传输层、智能应用层,设计框架如图 8-17 所示。

智能感知层实现数据采集与感知,通过水质监测站的智能化改造,数据采集传输改造等,实现行政边界监测、水源地监测、取水口监测、排污口监测、水生态监测、地下水监测、水雨情监测、灌区监测、实验室检测、应急监测等信息的采集,为水资源业务管理提供基础数据。

智能传输层把感知到的信息高效、安全、无差错传输,需要传感器网与移动通信网、互联网相融合。

智能终端与管理决策层建设使信息化应用系统在统一的应用集成框架基础上实现统一门户,单点登录,充分整合水资源监管各系统(水资源信息管理系统、水资源业务管理系统、水资源调配决策支持系统、水资源应急管理系统、水资源纳污防控支持系统、水资源对内业务管理门户、水资源公众信息发布和业务门户等系统)的数据,使各系统功能协调统一、信息共享互通,从而实现完善的水资源监管体系建设。

2. 方案特点

监管系统平台化,帮助用户快速随需应变,敏捷开发;系统功能模块化,对软件功能精细分类和管理;服务管理集成化,对功能模块进行可靠装配;系统和仪表智能化,最大限度提高效率,降低运维成本。

3. 典型应用

湖南省城镇污水处理厂水质监测项目,杭州市排污纳管监测项目,天津经济开发区水质监测项目,营城污水处理厂进出口中控仪表,赤峰中心城区污水处理厂系统集成,慈溪市城市排水有限公司系统集成项目,浙江省饮用水源地水质自动监测项目,钱塘江流域水质自动监测项目。

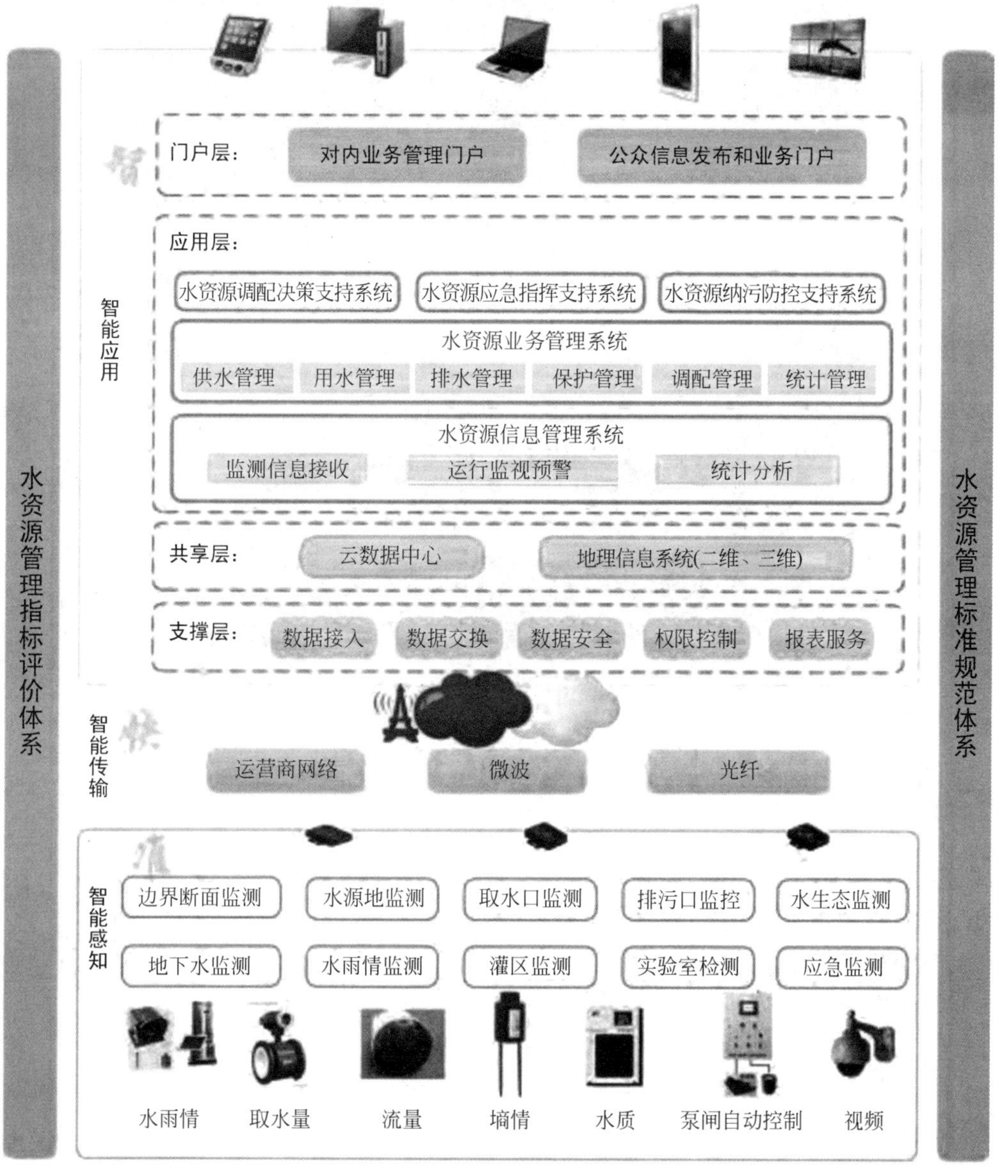

图 8-17　水资源管理综合信息平台

8.3.5　"智慧环保"综合解决方案

智慧环保综合解决方案充分利用云计算、物联网、移动互联网等新一代信息技术,针对以大气环境、水环境为核心的多种环境监测对象,以感知为先、传输为基、计算为要、管理为本,构建环境与社会全向互联的智慧型环保感知网络,实现环境监测监控的现代化和智能化,实现环保物联网技术的标准化和产业化,探索环保物联网系统建设、运维的市场化和社会化,达到"测得准、传得快、算得清、管得好"的智慧环保总体目标。

1. 系统构成

智慧环保系统总体设计分为智能传感层、传输层、智慧应用层,如图 8-18 所示。

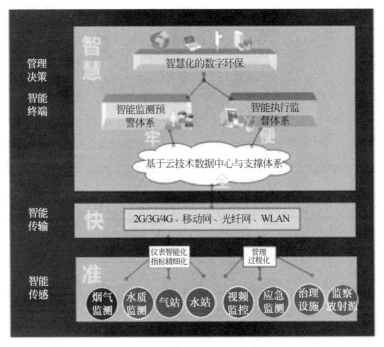

图 8-18　智慧环保系统示意图

　　智慧环保系统具体建设内容分为"三体系、三平台、九系统",其中三体系是指环境信息标准规范体系、安全保障体系、运行维护体系;三平台指环境信息感知平台、信息化基础设施支撑平台、应用支撑平台;九系统包括污染源全过程监管系统、环境质量智能监控及分析系统、环境预测预警系统、环境二三维地理信息系统、环境数据中心系统、业务一体化系统、环境应急指挥系统、环境管理智慧决策系统、智慧应用服务门户系统。

2. 智慧环保的四大创新主题

(1) 全面感知,科学预警;

(2) 精细管理,智慧决策;

(3) 透明环保,便捷服务;

(4) 快速响应,高效应急。

3. 方案特点

1) 基于设备智能化的物联网监控体系

通过对采用智能化设备对设备运行状态、污染物排放状况进行全面感知,结合中心端信息化平台实现智能化应用。

2) 基于软件系统支撑平台快速构建应用

采用高质、稳定、兼容性强的开发技术,快速构建统一的环境软件系统支撑平台;将各管理业务的个性化业务和数据处理流程插件化,达到将各独立管理业务应用系统融合为一体的目标。

3) 环境数据整合及空间信息共享

采用数据交换、数据整合、数据挖掘、数据展示技术,充分整合多源异构数据,建设面向全局的数据中心;同时,提供 ARCGIS 平台开发空间信息共享服务。

典型应用于迁安市环保局：环境监控中心"三位一体"项目，株洲市环保局智慧环保平台建设，上海奉贤区环保局智慧环保建设。

思考题

8-1 简述在线分析系统构成。

8-2 简述在线分析系统工程技术的发展。

8-3 简述网络化仪器的组成。

8-4 简述物联网技术构成。

8-5 简述云计算技术的作用。

8-6 简述水质监测的系统组成与应用。

8-7 简述环境监测的系统组成与应用。

参 考 文 献

[1] 于洋.在线分析仪器[M].北京：电子工业出版社，2006.

[2] 乔奉华.现代分析仪器及其进展[J].现代企业教育，2013(5)下：349-350.

[3] 仪器信息网."细数"诺贝尔奖中的科学仪器研发成果[EB/OL]（2012-10-11）.http://www.instrument.com.cn/news/20121011/083714.shtml.

[4] 我国分析仪器行业2010年发展综述及未来展望[EB/OL]（2011-2-25）.http://www.njwde.com/NewsInfo.asp?id=118.

[5] 仪器信息网.《仪器仪表行业"十二五"发展规划》出台[EB/OL]（2011-08-25）.http://www.instrument.com.cn/news/20110825/066977.shtml.

[6] 李恒进.高炉煤气分析系统在天钢炼铁厂的应用[C].第六届中国在线分析仪器应用及发展国际论坛暨展览会论文，CIOAE2013：70-74.

[7] 仪器信息网.仪器仪表行业十二五之行业关键技术[EB/OL]（2011-07-07）.http://www.instrument.com.cn/news/20110707/064483.shtml.

[8] 国家统计局.1-5月我国仪器仪表制造业主营业务收入2979.8亿[EB/OL]（2014-06-30）.http://www.cis.org.cn/NewsDeltailed.aspx?id=481&PID=19.

[9] 仪器信息网.工信部：回顾科学仪器行业"十一五"发展成就[EB/OL]（2011-04-02）.http://www.instrument.com.cn/news/20110402/059147.shtml.

[10] 中国仪表网.科学仪器已成抢占科技战略制高点必备手段[EB/OL]（2010-09-14）.http://www.ybzhan.cn/news/detail/16175.html.

[11] 罗伯特E谢尔曼.过程分析仪样品处理系统技术[M].冯秉耘，高长春，译.北京：化学工业出版社，2004.

[12] 王森.在线分析仪器手册[M].北京：化学工业出版社，2008.

[13] 四方光电.气体监控解决方案：冶金行业[EB/OL].http://www.gassensor.com.cn/fangan/typeid/7.html.

[14] 王森，周谋.天然气的取样和样品处理技术[C].第六届中国在线分析仪器应用及发展国际论坛暨展览会论文，CIOAE2013：331-340.

[15] 在线分析仪器与分析系统设计与应用6[EB/OL].http://wenku.baidu.com/view/4ab15b46336c1eb91a375dc3.html.

[16] 武汉华敏测控技术股份有限公司[EB/OL].http://www.china-huamin.com/index.html.

[17] 王森.在线分析仪表工作手册[M].北京：化学工业出版社，2013.

[18] 时代新维[EB/OL].http://www.timepower.cn/index.php.

[19] 岛津分析检测仪器[EB/OL].http://www.shimadzu.com.cn/an/index.html.

[20] 王森.仪表工试题集：现场仪表分册[M].2版.北京：化学工业出版社，2011.

[21] 安捷伦科技公司.气相色谱[EB/OL].http://cn.chem.agilent.com/en-US/Products-Services/Instruments-Systems/Gas-Chromatography/Pages/default.aspx.

[22] 质谱仪介绍[EB/OL].http://wenku.baidu.com/view/cc467279a26925c52cc5bffb.html?re=view.

[23] 王森.仪表常用数据手册[M].2版.北京：化学工业出版社，2010.

[24] 湿度测量[EB/OL].http://wenku.baidu.com/view/a4c0a59951e79b89680226b3.html.

[25] 周在杞.微波检测技术[M].北京：化学工业出版社，2008.

[26] 李国刚.水质化学需氧量COD在线自动分析仪的发展现状[J].干旱环境监测，2011(12)：66-69.

[27] 项光宏.水质在线监测技术研究及应用[J].控制工程,2011(17):111-114.

[28] 孙继洋.基于紫外吸收原理的在线水质 COD 测量仪设计[J].光学仪器,2001(2):34-38.

[29] MENG Q Y,ZHOU W. Research of online monitoring system of COD in waste water based on the light absorption method[C]. ICDMA 2013,2013,P1018-1021.

[30] 张思祥.污水 COD 在线快速检测仪的研制及其性能分析[J].现代仪器,2003(5):23-26.

[31] 翟家骥.在线分析仪器在污水处理厂中的应用[C].CIOAE2013:179-182.

[32] 李姗姗.燕山石化乙烯裂解炉氧分析仪优化改造[C].CIOAE2013:123-126.

[33] 在线分析仪器及分析系统设计与应用技术 3[EB/OL]. http://wenku. baidu. com/view/ 2fa65c375a8102d276a22fc1. html.

[34] 重庆川仪分析仪器有限公司[EB/OL]. http://www. cqcf. com.

[35] 冯红年,徐虎,李鹰,等.在线气相色谱仪研制及天然气能量计量应用[C].CIOAE2013:138-143.

[36] 吴莉.电感耦合等离子体——质谱/发射光谱法测定生物样品、中药及水样中的微痕量元素[D].成都:四川大学,2007.

[37] 在线分析仪器及分析系统设计与应用技术 4[EB/OL]. http://wenku. baidu. com/view/ 1036d518fad6195f312ba6c0. html.

[38] 北京北分麦哈克分析仪器有限公司[EB/OL]. http://www. baif-maihak. com.

[39] 庄美华,朱辉忠,蔡伟星,等.应用 ICP-MS 分析汽油中微量的砷、汞、铅[J].分析测试技术与仪器,2005(4):300-302.

[40] 西门子.过程分析仪表[EB/OL]. https://www. industry. siemens. com. cn/automation/cn/zh/ sensor-systems/process-analytics/Pages/Default. aspx.

[41] 黄志勇,吴熙鸿,胡广林,等.高效液相色谱/电感耦合等离子体质谱联用技术用于元素形态分析的研究进展[J].分析化学,2002(11):1387-1393.

[42] 何蔓,林守麟,胡圣虹.氢化物发生进样与 ICP-MS 检测方法的联用[J].光谱学与光谱分析,2002(3):464-469.

[43] 湿度测量[EB/OL]. http://wenku. baidu. com/view/76f11370f242336c1eb95ed9. html? re=view.

[44] 王森.烟气排放连续监测系统(CEMS)[M].北京:化学工业出版社,2014.

[45] 柏俊杰,王森.天然气水露点在线分析监测技术[C].CIOAE2013:362-372.

[46] 朱卫东,徐淮明.在线分析系统工程技术的应用发展与前景展望[C].CIOAE2013:160-165.

[47] 物联网关键技术介绍[EB/OL]. http://wenku. baidu. com/link? url=DhMpLjv6J3t2eaS5FS54 yQa7ZZ1mB8gm2hubFnGC87ki _ avrgFJD _ 3NJnjm5I3ga4HU6dm4OwW6io _ yhweDbYerTCGhP-XY05suklxwbtdy.

[48] 聚光科技.环境管理:智能化烟气在线监测系统[EB/OL]. http://www. fpi-inc. com/solution. php.

[49] 云计算的原理及其运用[EB/OL]. http://wenku. baidu. com/view/2ea0eb1db7360b4c2e3f6452. html.

[50] 仪器信息网.《仪器仪表行业"十三五"发展规划建议》编制完成[EB/OL](2016-06-20). https:// www. instrument. com. cn/news/20160620/193997. shtml.

[51] 中国仪器仪表行业协会.中国仪器仪表行业协会发布仪器仪表行业"十四五"规划建议[EB/OL] (2020-12-31). http://www. cima. org. cn/nnews. asp? vid=29894.

[52] 仪器信息网. 2019 年度中国科学仪器行业发展报告[EB/OL](2020-09-29). https://www. instrument. com. cn/download/shtml/959325. shtml.